U0350949

地震差动与结构非线性输出

——方法、程序开发及实践

柳国环　赵大海　著

科学出版社

北京

内 容 简 介

本书第 1 章重点提出并推导了地下相干函数，为地下的多点地震动模拟提供了关键性理论依据，还总结了一致和地表多点地震动的基本理论，最后开发了一致、地表和地下多点地震动可视化程序 MEGMS 和 MEUMS；第 2 章针对 ABAQUS 做了相关子程序 TJU.Plastic-E 和 TJU.Plastic-S 开发等一系列工作，并进行了验证；第 3 章和第 4 章开发了基于 C♯ 语言的可视化导航式 TJU.SAP2ABAQUS 接口程序，给出了详细的操作流程及使用步骤，提出并实现了 INP 格式的人工边界地震力快速输入方法，编制了可视化程序；第 5 章扼要介绍小波变换的理论，开发了可直接用于分析结构弹塑性响应的可视化程序；第 6～9 章分别以超高层建筑、复杂大跨空间展览馆、跨海/江桥梁和大跨越输电塔典型工程为背景，对之前相应章节提出的方法和编制的程序进行实践性检验，并对非线性计算输出结果给出详尽分析。

本书可供土木工程结构抗震计算、动力弹塑性分析以及地震和结构工程等专业的高年级本科生、研究生及相关科研人员等参考使用。

图书在版编目（CIP）数据

地震差动与结构非线性输出：方法、程序开发及实践 / 柳国环，赵大海著. —北京：科学出版社，2015.12
　　ISBN 978-7-03-046867-3

　　Ⅰ.①地… Ⅱ.①柳… ②赵… Ⅲ.①抗震结构—结构分析
Ⅳ.①TU352.101

中国版本图书馆 CIP 数据核字（2015）第 302991 号

责任编辑：刘凤娟　赵敬伟 / 责任校对：邹慧卿
责任印制：肖　兴 / 封面设计：陈　敬

科 学 出 版 社 出版
北京东黄城根北街 16 号
邮政编码：100717
http://www.sciencep.com

中国科学院印刷厂 印刷

科学出版社发行　各地新华书店经销

*

2016 年 1 月第 一 版　　开本：720×1000 1/16
2016 年 1 月第一次印刷　　印张：16 1/4　插页：2
字数：327 000

定价：98.00 元
（如有印装质量问题，我社负责调换）

前　　言

随着经济的快速发展和城市规模的不断扩大,超高层建筑、大跨空间结构、跨海/江桥梁、大跨越输电塔等大型复杂工程不断涌现。对于此类结构的抗震分析,通常需要进行复杂的非线性计算,会用到计算能力足够强大的有限元程序。ABAQUS 具有强大的非线性计算能力,但它的前处理功能与其自身分析计算能力相比并不突出,特别是建立复杂工程模型时,会占用大量时间。相比而言,SAP2000 更具有直观的用户界面和便捷的操作功能,较为方便快速建立模型,但在结构大震弹塑性与倒塌等强非线性分析方面并不十分吸引人,该方面发展空间较大。容易想到,首先通过 SAP2000 中建模,然后在 ABAQUS 中分析,不失为一条捷径。基于此,开发了基于 C♯语言的 SAP2000 模型转化到 ABAQUS 的接口程序 TJU. SAP2ABAQUS,极大地提高了在 ABAQUS 中建立复杂模型的效率,编制了直接与 ABAQUS 进行数据相互调用的显式算法 VUMAT 子程序 TJU. Plastic-E 和隐式算法 UMAT 子程序 TJU. Plastic-S。同时,结合一系列工程,系统介绍了开发的系列程序并进行了结构复杂非线性地震反应分析,旨在方便广大工程和科研人员参考。

地震反应计算结果不仅取决于结构模型与计算方法等因素,还直接依赖于地震动输入本身。对于大跨展览馆、跨海/江桥梁、大跨越输电塔等大跨复杂空间结构而言,场地效应以及地震动的空间变化会显著影响此类结构的弹塑性甚至可能的倒塌发展过程。为此,作者开发了地表/地下多点地震动模拟可视化程序 TJU. MEGMS 和 TJU. MEUMS,以及方便进行土-结构相互作用的接口程序 TJU. SAP2ABAQUS 的实体转换模块,通过对多个实际工程的分析,详细阐述了地震动多点输入和超大震作用下大跨复杂空间结构体系的抗震薄弱环节和弹塑性反应。希望本书的出版,可为大跨等复杂结构的抗震分析提供有益参考。

本书第 1 章重点提出并推导了地下相干函数,为地下的多点地震动模拟提供了关键性理论依据,还总结了一致和地表多点地震动的基本理论,最后开发了一致、地表和地下多点地震动可视化程序 MEGMS 和 MEUMS;第 2 章针对 ABAQUS 做了相关子程序开发等一系列工作,并进行了验证;第 3 章和第 4 章开发了基于 C♯语言的可视化导航式 TJU. SAP2ABAQUS 接口程序,给出了详细的操作流程及使用步骤,提出并实现了 INP 格式的人工边界地震力快速输入方法,编制了可视化程序;第 5 章扼要介绍小波变换的理论,开发了可直接用于分析结构弹塑性响应的可视化程序;第6～9章分别以超高层建筑、复杂大跨空间展览馆、跨海/江桥梁和大跨越输电塔典型工程为背景,对之前相应章节提出的方法和编制的程序进行实践性检验,并对非线性计算输出结果给出详尽分析。

感谢国家自然科学基金(51408409)与河北省高等学校科学技术研究项目(YQ2013015)的支持;感谢天津大学练继建教授的鼓励与支持,感谢所在科研团队学术氛围的熏陶以及团队各方面给予的无形帮助;感谢大连理工大学伊廷华教授在小波及程序编制方面的讲解与帮助;感谢天津城建大学的杨德健教授和王清龙硕士;感谢燕山大学刘伟和沈鹏娟硕士。

由于作者时间和水平有限,书中难免存在不足之处,恳请专家、学者和同行批评指正,以便日后进一步完善。

作　者

2015 年 11 月 13 日

目　　录

前言

第 1 章　地震(差)动合成理论、方法和程序开发与验证 ……………………… 1

1.1　引言 ……………………………………………………………………… 1

1.2　一致地震动生成理论、方法与程序开发 ……………………………… 2

  1.2.1　一致地震动合成理论和方法简述 ………………………………… 2

  1.2.2　一致地震动可视化程序编制流程 ………………………………… 4

  1.2.3　一致地震动程序有效性验证 …………………………………… 4

1.3　地表非一致地震动生成理论、方法与程序 MEGMS 开发 ………… 6

  1.3.1　地表非一致地震动生成理论和方法简述 ……………………… 6

  1.3.2　地表非一致地震动可视化程序编制流程 ……………………… 10

  1.3.3　地表非一致地震动程序有效性验证 …………………………… 11

1.4　地下非一致地震动生成理论、方法与程序 MEUMS 开发 ………… 13

  1.4.1　地下非一致地震动生成理论推导 ……………………………… 13

  1.4.2　地下非一致地震动可视化程序编制流程 ……………………… 20

  1.4.3　地下非一致地震动可靠性验证及结果分析 …………………… 22

1.5　本章小结 ……………………………………………………………… 28

参考文献 ……………………………………………………………………… 29

第 2 章　钢与混凝土本构关系、子程序 TJU. Plastic-S/E 开发及验证 …… 30

2.1　引言 ……………………………………………………………………… 30

2.2　常用钢材与混凝土本构关系 ………………………………………… 31

  2.2.1　钢材骨架曲线与滞回规则的 3 种情形 ………………………… 31

  2.2.2　混凝土单轴骨架曲线、加卸载规则及其改进 ………………… 33

2.3　ABAQUS 子程序 TJU. Plastic-S/E 开发与验证 …………………… 35

  2.3.1　主程序与显/隐式子程序链接流程图与程序开发 …………… 35

  2.3.2　显/隐式子程序的使用 ………………………………………… 38

  2.3.3　钢筋与素混凝土循环加载的数值与试验结果对比 ………… 42

　　2.3.4　构件低周反复加载的数值与试验结果对比 ……………… 43

　2.4　本章小结 …………………………………………………………… 48

　参考文献 ……………………………………………………………………… 49

第3章　基于 C♯ 读取 . SDB 格式的 TJU. SAP2ABAQUS 接口开发及验证 …… 50

　3.1　引言 ………………………………………………………………… 50

　3.2　可视化 TJU. SAP2ABAQUS 程序开发 ……………………………… 51

　　3.2.1　开发读取 . SDB 格式的 TJU. SAP2ABAQUS 缘由和流程 … 51

　　3.2.2　梁、壳、实体、边界与组转换技术与对应格式 …………… 52

　　3.2.3　可视化程序 TJU. SAP2ABAQUS 导航式功能与说明 ……… 55

　　3.2.4　显/隐式算法对应的不同纤维 inp 文件数据处理方法 …… 67

　　3.2.5　TJU. SAP2ABAQUS 定义计算方法的说明 ………………… 68

　　3.2.6　TJU. SAP2ABAQUS 中钢筋层的定义与说明 ……………… 69

　　3.2.7　悬链线索建模及转化说明 …………………………………… 71

　　3.2.8　SAP2000 OAPI 介绍 ………………………………………… 74

　3.3　可视化 TJU. SAP2ABAQUS 程序转换前后对比与验证 …………… 76

　　3.3.1　钢筋/圆(方)钢管/(十)工字型钢-混凝土构件 ………… 76

　　3.3.2　角/工字钢、箱型钢及圆钢管 ……………………………… 77

　　3.3.3　剪力墙和楼板 ………………………………………………… 78

　　3.3.4　柔性索 ………………………………………………………… 79

　　3.3.5　框架结构 ……………………………………………………… 79

　　3.3.6　输电塔 ………………………………………………………… 80

　　3.3.7　边界 …………………………………………………………… 82

　　3.3.8　命名与分组 …………………………………………………… 83

　3.4　可视化 TJU. SAP2ABAQUS 使用与说明 …………………………… 85

　　3.4.1　TJU. SAP2ABAQUS 地震动格式与说明 …………………… 85

　　3.4.2　TJU. SAP2ABAQUS 输出 inp 文件与说明 ………………… 86

　　3.4.3　钢管混凝土和型钢混凝土数据转换方法说明 ……………… 88

　3.5　本章小结 …………………………………………………………… 90

　参考文献 ……………………………………………………………………… 91

第4章　边界-地基系统在 TJU. SAP2ABAQUS 中的转化功能开发与验证 …… 92

　4.1　引言 ………………………………………………………………… 92

4.2　人工边界 ··· 92

4.2.1　人工边界原理简述 ······························· 92

4.2.2　INP 格式的弹簧和阻尼的确定方法 ··········· 94

4.3　TJU.SAP2ABAQUS 中边界条件-地基功能开发与验证 ··········· 98

4.3.1　TJU.SAP2ABAQUS 中边界条件-地基功能开发 ··········· 98

4.3.2　TJU.SAP2ABAQUS 中边界条件-地基功能验证 ··········· 108

4.4　INP 格式人工边界的快速输入方法与地震力计算程序 ··········· 114

4.4.1　INP 格式人工边界的地震力快速输入方法 ··········· 114

4.4.2　节点反力程序开发 ······························· 117

4.5　本章小结 ··· 120

参考文献 ··· 121

第 5 章　小波、程序及其弹塑性应用分析 ······················· 122

5.1　引言 ··· 122

5.2　小波理论 ··· 122

5.2.1　小波变换的相关定义及性质 ····················· 122

5.2.2　小波变换与傅里叶变换的比较 ··················· 125

5.2.3　正交小波基与取样定理 ························· 126

5.3　Morlet 小波 ··· 130

5.3.1　Morlet 小波定义及其时频窗 ···················· 130

5.3.2　Morlet 小波变换系数的实用算法 ··············· 131

5.4　小波程序与算例 ··· 133

5.4.1　小波可视化程序 ································· 133

5.4.2　弹性计算与说明 ································· 134

5.4.3　弹塑性计算与说明 ······························· 138

5.5　本章小结 ··· 141

参考文献 ··· 141

第 6 章　超高层建筑(多)罕遇和超大震动力弹塑性分析 ··········· 142

6.1　引言 ··· 142

6.2　工程背景与有限元模型 ··································· 142

6.2.1　工程概述 ··· 142

6.2.2 材料与几何属性 ·· 142

6.2.3 天然与人工波模拟及频谱特性 ························ 144

6.2.4 模型转换与几何属性转换前后对比 ·················· 146

6.2.5 模态与频谱分析对比及模型动力特性验证 ········· 149

6.3 多/罕遇地震下结构动力反应计算与分析 ················· 150

6.3.1 多/罕遇地震作用下的时程及其频谱分析 ·········· 150

6.3.2 楼层位移、位移角包络线与讨论 ··················· 155

6.3.3 结构基底剪力时程及其分析 ························· 157

6.3.4 剪力墙应力、应变反应分析 ························· 158

6.3.5 外框架梁、柱塑性铰出现与发展 ··················· 159

6.4 超大震下结构动力反应与薄弱环节 ····················· 160

6.4.1 超大震下结构的连续动力反应状态 ··············· 160

6.4.2 超大震下结构的薄弱环节现象和理论分析 ········· 161

6.5 本章小结 ··· 162

参考文献 ·· 162

第7章 大跨空间展览馆地震动力弹塑性及倒塌模式分析 ············ 164

7.1 引言 ··· 164

7.2 工程概况与有限元模型 ···································· 165

7.2.1 工程概述 ··· 165

7.2.2 材料与几何属性 ····································· 165

7.2.3 多点地震动输入、模拟及验证 ····················· 167

7.2.4 模型转换与几何属性转换前后对比 ················ 171

7.2.5 自振与频谱对比及与模型动力特性验证 ··········· 172

7.3 一致与多点激励(单向)的结构动力反应 ··············· 173

7.3.1 结构体系多/罕遇地震作用下的时程及其频谱分析 ··· 173

7.3.2 最大柱底剪力和弯矩统计与原因分析 ············· 175

7.3.3 剪力墙最大应力与结构顶点位移统计 ············· 177

7.3.4 结构框架部分的动力反应分析 ··················· 178

7.4 一致与多点激励(三向)的结构动力反应 ··············· 179

7.4.1 结构体系多/罕遇地震作用下的时程及其频谱分析········· 179

7.4.2 最大柱底剪力和弯矩统计与原因分析 ……………………………… 181

7.4.3 剪力墙最大应力、损伤分析与结构顶点位移统计………………… 182

7.4.4 结构框架部分的动力反应分析 …………………………………… 184

7.5 竖向多点激励反应的数值计算、建议及其理论依据……………… 186

7.5.1 竖向模态与频谱分析 ……………………………………………… 186

7.5.2 竖向地震动输入波形特征与加速度反应对比 …………………… 187

7.5.3 竖向多点输入下结构反应分析 …………………………………… 187

7.6 超大震下结构体系动力反应与薄弱环节 ……………………… 190

7.6.1 超大震下结构杆系构件的塑性铰发展及连续动力反应状态 …… 191

7.6.2 超大震下结构楼板、剪力墙的连续动力反应状态……………… 192

7.6.3 超大震下结构的薄弱环节现象及其讨论 ………………………… 193

7.7 本章小结 ……………………………………………………… 194

参考文献………………………………………………………………… 195

第8章 人工边界-地基-大跨斜拉桥地震弹塑性和破坏机制 ……… 197

8.1 引言 ………………………………………………………………… 197

8.2 工程简介与有限元模型 ………………………………………… 198

8.2.1 工程概述 …………………………………………………………… 198

8.2.2 材料与几何属性 …………………………………………………… 198

8.2.3 人工边界刚度和阻尼的确定 ……………………………………… 199

8.2.4 地表/地下多点地震动模拟、验证及输入 ……………………… 199

8.2.5 人工边界-地基-斜拉桥转换与几何属性对比 ………………… 201

8.3 地基及人工边界对斜拉桥体系自振特性的影响与分析 ……… 203

8.3.1 固定边界-地基对斜拉桥动力特性的影响与分析 ……………… 203

8.3.2 人工边界-地基对斜拉桥结构动力特性的影响与分析………… 204

8.4 大震和超大震作用下斜拉桥地震弹塑性分析 ………………… 206

8.4.1 一致输入与多点输入下斜拉桥地震反应对比 …………………… 206

8.4.2 单独斜拉桥与地基-桩-桥耦合结构地震反应对比 …………… 212

8.4.3 粘弹性人工边界地震输入的高效加载途径 …………………… 216

8.4.4 固定边界与人工边界对斜拉桥体系地震弹塑性反应的影响 …… 217

8.4.5 固定边界与人工边界斜拉桥体系破坏模式与薄弱环节 ……… 220

8.5　地震诱发波浪力及其对斜拉桥地震反应的影响 ……………………… 222

　　8.5.1　地震诱发波浪力的基本介绍与程序 ………………………………… 222

　　8.5.2　小震与波浪力激励下斜拉桥反应与理论分析 ……………………… 225

　　8.5.3　大震与波浪力激励下斜拉桥反应与理论分析 ……………………… 227

8.6　本章小结 …………………………………………………………………… 229

参考文献 ……………………………………………………………………………… 230

第 9 章　大跨越输电塔-线体系地震动力弹塑性与薄弱环节 ……………… 231

9.1　引言 ………………………………………………………………………… 231

9.2　ABAQUS 显式计算条件下重力加载方式与理论依据 ………………… 232

　　9.2.1　加载方式与依据 ……………………………………………………… 232

　　9.2.2　加载步长与结果验证 ………………………………………………… 233

9.3　工程简介与有限元模型 …………………………………………………… 235

　　9.3.1　工程概述 ……………………………………………………………… 235

　　9.3.2　钢管混凝土主材与 3000m 级悬链线索 …………………………… 235

　　9.3.3　多点地震动模拟、验证以及输入 …………………………………… 237

9.4　输电塔-线体系模态分析、现象分析与理论解释 ……………………… 240

　　9.4.1　重力加载施加初始刚度与模态计算 ………………………………… 240

　　9.4.2　模态的规律性分析与特征 …………………………………………… 241

　　9.4.3　模态计算结果的理论解释 …………………………………………… 243

9.5　一致与多点超大震作用下输电塔-线体系地震反应与薄弱环节 …… 243

　　9.5.1　一致地震作用下动力反应分析 ……………………………………… 244

　　9.5.2　多点地震作用下动力反应分析与薄弱环节 ………………………… 245

　　9.5.3　超大震作用下结构体系倒塌模式 …………………………………… 246

9.6　本章小结 …………………………………………………………………… 247

参考文献 ……………………………………………………………………………… 248

第1章 地震(差)动合成理论、方法和程序开发与验证

1.1 引　　言

抗震分析包含三个要素,分别为:输入、结构体系和输出。其中,输入(即地震动时程)作为三要素之一,对结构的地震动力响应具有重要影响。目前,结构抗震分析中地震动的输入主要分为两种:一致地震动输入和非一致地震动输入。二者的差别在于一致输入在各个支座间不会产生相对位移,结构的内力只与上部结构与支座之间的相对位移有关;而非一致输入将在支座处产生差动效应,结构内力受到差动输入的影响。而且,在考虑局部场地效应的非一致地震动输入中,地震动可能由于场地土的不同而具有不同的频谱特性,这可能对结构的动力响应产生更大的影响。由于地震动的时空变异性早已被实际观测所验证,所以一般认为地表非一致地震动输入总是比一致地震动输入更加符合实际。对于平面尺寸较小的工业及民用建筑,不同支座间地震动的相干性很高,使用一致地震动输入就可以满足实际要求。但是,对于大跨结构(如:大跨桥梁、隧道、边坡和输水管道等)则需要输入非一致地震动来分析其动力响应。相比一致地震动输入,非一致输入并不一定使结构的内力分布或稳定性处于更加不利的状态。

人们对地震动时空变异性的认识是一个不断发展的过程,地震动时程在时域上的非平稳性很早就被人们所认识,而对于空间变异性的认识则相对较晚。目前,非一致地震动分析主要针对地表地震动,其空间变异性主要体现在"横向"。但是,对于一些涉及地下的建筑结构,严格地说,将地表地震动时程输入到地下支座是不合理的。由于输入的不合理性,自然难以得到合理、可靠的结果。因此,对地震动的空间变异性分析应该延伸到"竖向",考虑地下不同深度处地震动的差异性。

本章首先简要回顾了一致地震动、地表多点地震动生成的理论和方法;然后详细研究了地下多点地震动生成的理论途径,并给出严格的推导;针对一致地震动、地表多点地震动和地下多点地震动,更新开发了地震动生成程序;最后,通过数值算例验证了所开发程序的准确性和有效性。

1.2　一致地震动生成理论、方法与程序开发

1.2.1　一致地震动合成理论和方法简述

一致地震动是地震动输入中较为简单的情况,它可以由规范反应谱直接生成,具体步骤为:首先,由规范反应谱转化为输入地震动的功率谱;然后,由功率谱计算地震动不同频率成分谐波的幅值与相位角;最后,经谐波叠加生成地震动时程。传统的反应谱-功率谱转化方法有直接转化法和逐步积分法两种,下面分别简单介绍。

直接转化法:首先假设地面运动为平稳高斯过程,对于任一频率 ω,地震动输入的加速度功率谱密度函数 $S_{\mathrm{in}}(\omega)$ 与输出的加速度功率谱密度函数 $S_{\mathrm{out}}(\omega,\omega_0)$ 之间的关系为

$$S_{\mathrm{out}}(\omega,\omega_0)=H(\omega,\omega_0)S_{\mathrm{in}}(\omega)=\frac{\omega_0^4+4\omega_0^2\xi^2\omega^2}{(\omega^2-\omega_0^2)^2+4\omega_0^2\xi^2\omega^2}S_{\mathrm{in}}(\omega) \tag{1.1}$$

上式中,ω_0 和 ξ 分别为单自由度系统的自振频率和阻尼比;$H(\omega,\omega_0)$ 表示系统的传递函数。

在有限的持续时间 T 内,结构绝对加速度的最大值为有限值,以 $\ddot{u}_{\max}(t)$ 来表示。由于它是一个随机变量,反应谱 $R(\omega)$ 就可以近似定义为 $\ddot{u}_{\max}(t)$ 的平均值。因此,存在一定的概率,使得 $\ddot{u}_{\max}(t)$ 高于 $R(\omega)$,设此概率为 r 并称之为超越概率。在结构阻尼比较小的情况下,应用随机理论来推导输入功率谱的公式如下:

$$S_{\mathrm{in}}(\omega)=\frac{\xi}{\pi\omega}R^2(\omega)\Big/\left\{-\ln\left[\frac{-\pi}{\omega T}\ln(1-r)\right]\right\} \tag{1.2}$$

该公式将输入地震动的加速度功率谱密度函数 $S_{\mathrm{in}}(\omega)$ 与反应谱 $R(\omega)$ 直接联系起来。根据规范得到 $R(\omega)$ 之后,再确定参数 r,T,ξ 的值,即可直接计算得到地震动输入的加速度功率谱函数。

逐步积分法:逐步积分法应用随机振动理论,间接地建立了功率谱密度函数与反应谱之间的关系。与直接转化法相比,逐步积分法更为严谨,结果更为精确,计算过程也更为复杂。本章程序开发所使用的方法即为逐步积分法。

方程(1.1)已经给出了地震动输入与输出的加速度功率谱密度的关系。那么,在平稳激励作用下,对于阻尼比为 ξ、自振频率为 ω_0 的单自由度体系而言,其输出加速度功率谱密度函数的均方值可以表示为

$$\sigma_{\mathrm{out}}^2(\xi,\omega_0)=\int_0^\infty S_{\mathrm{out}}(\omega,\omega_0)\mathrm{d}\omega=\int_0^\infty\frac{\omega_0^4+4\omega_0^2\xi^2\omega^2}{(\omega^2-\omega_0^2)^2+4\omega_0^2\xi^2\omega^2}S_{\mathrm{in}}(\omega)\mathrm{d}\omega \tag{1.3}$$

则由随机振动理论可知,该体系的最大绝对加速度为

$$A_{\max}(\omega,\xi)=F\sigma_{\mathrm{out}} \tag{1.4}$$

其中,F 为绝对加速度过程的峰值因子。

以上便是求解平稳地震动功率谱密度函数的相关公式。而对于非平稳地震动的情形,为应用上述理论,应定义包络函数 $E_n(t)$,本书对包络函数的定义如下:

$$E_n(t) = \begin{cases} (t/t_1)^2, & t < t_1 \\ 1, & t_1 < t < t_2 \\ e^{-c(t-t_2)/(\Delta f)}, & t_2 < t \end{cases} \qquad (1.5)$$

式中,t_1,t_2 分别为主震平稳段的起始、终止时间,c 为衰减系数。

对于地表非平稳地震动,应用以上模型,输入的加速度功率谱密度函数 $S'_{\text{in}}(\omega)$、输出的加速度功率谱密度函数 $S'_{\text{out}}(\omega,\omega_0)$ 及其均方值 $\sigma'^2_{\text{out}}(\xi,\omega_0)$ 分别为

$$S'_{\text{in}}(\omega) = E_n^2(t)S_{\text{in}}(\omega) \qquad (1.6)$$

$$S'_{\text{out}}(\omega,\omega_0) = E_n^2(t)S_{\text{out}}(\omega,\omega_0) \qquad (1.7)$$

$$\sigma'^2_{\text{out}}(\xi,\omega_0) = E_n^2(t)\sigma^2_{\text{out}}(\xi,\omega_0) \qquad (1.8)$$

显然,上述方程建立了平稳与非平稳两种情形下,功率谱密度函数之间的关系,这样就可以应用平稳理论的相关成果来进行非平稳地震动的分析。为此,取非平稳地震动在持时 T_d 内的平均值作为等效地面平稳震动的加速度均方值,从而近似得到结构在非平稳地震动输入下的峰值反应,即

$$\overline{\sigma'^2_{\text{out}}} = \left[\int_{t_1/\sqrt{2}}^{T_d+t_1/\sqrt{2}} E_n^2(t)\sigma^2_{\text{out}}\mathrm{d}t \right] \Big/ T_d = \left\{ \left[\int_{t_1/\sqrt{2}}^{T_d+t_1/\sqrt{2}} E_n^2(t)\mathrm{d}t \right] \Big/ T_d \right\} \sigma^2_{\text{out}} = M\sigma^2_{\text{out}}$$

$$(1.9)$$

上式中,M 是考虑非平稳输入的因子,与时间包络函数的参数及地震持时有关。强度超过 50% 的峰值反应称为地震动持时。因此,按照上面叙述的方法可以得到不同频率成分的非平稳输入下体系的最大绝对加速度峰值:

$$A' = F\overline{\sigma'^2_{\text{out}}} = F\sqrt{M}\sigma_{\text{out}} \qquad (1.10)$$

根据上述关于非平稳地震动体系最大绝对加速度幅值的分析,可以对比其与规范反应谱的异同,从而确定功率谱模型参数,具体内容参见文献[1]。

以上分析完成了规范反应谱到输入地震动功率谱的转化,为一致地震动的生成奠定了基础。不同频率成分的结构响应幅值 A 可以由式(1.4)或(1.10)求出,则对应圆频率为 ω 的谐波成分可以由下式求出

$$\ddot{u}(\omega) = A\cos[\omega t + P'(\omega)] \qquad (1.11)$$

上式中引入了随机相位角 $P'(\omega)$,其范围为 $0 \sim 2\pi$,体现了地震动的随机特性。

然后,将不同的频率成分进行叠加,获得地震动时程

$$\ddot{u}'(t) = \sum_{\omega=\omega_1}^{\omega_n} \ddot{u}(\omega) \qquad (1.12)$$

上式中，ω_1 和 ω_n 分别代表离散频率域的最小值和最大值。

注意到式(1.12)生成的是时间域内平稳的地震动时程，还需要乘以包络函数以生成非平稳地震动时程，即

$$\ddot{u}(t) = E_n(t)\ddot{u}'(t) \tag{1.13}$$

以上简单介绍了一致地震动生成的理论方法，下面将对一致地震动生成程序编制流程进行介绍。

1.2.2　一致地震动可视化程序编制流程

本程序预先给定了三种规范反应谱[2-4]，分别来自公路桥梁、建筑和电力设施抗震设计规范。程序的编制流程如图1.1：

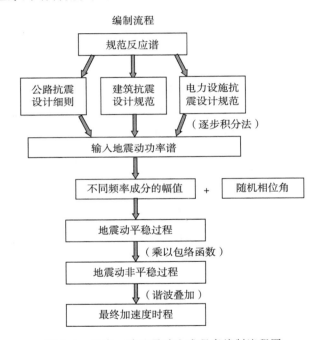

图 1.1　地表一致地震动生成程序编制流程图

1.2.3　一致地震动程序有效性验证

根据上面的理论方法和编制流程，开发了一致地震动生成可视化程序 TJU. AEM(Artificial Earthquake Motion)，界面如下图所示。本算例选择公路桥梁抗震设计细则中给出的规范反应谱，其中参数(包括桥梁分类、设防烈度、场地类型、区划图特征周期和阻尼比)均在图 1.2 中给出，生成的一致地震动加速度时程如图 1.3 所示。

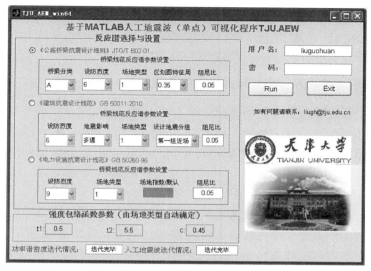

图 1.2　一致地震动可视化程序界面

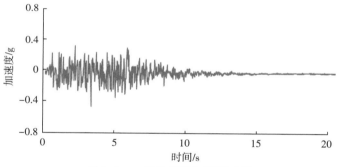

图 1.3　一致地震动加速度时程

为了验证加速度时程的准确性,下面给出了它的实际反应谱和规范反应谱的拟合情况。如图 1.4 所示,二者拟合良好,表明加速度时程具有较好的准确性和可靠性。

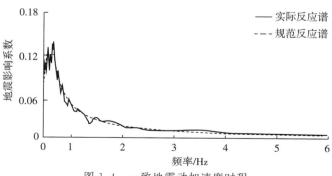

图 1.4　一致地震动加速度时程

1.3　地表非一致地震动生成理论、方法与程序 MEGMS 开发

1.3.1　地表非一致地震动生成理论和方法简述

地表非一致地震动生成是指在模拟结构输入地震动时考虑地面运动的空间变化效应(即行波效应、相干效应和局部场地效应)的影响[5]。传统的一致地震动的模拟方法只考虑地面运动随时间变化的特性,而没有考虑地面运动的空间变异性。事实上,地震作用过程中,从震源释放出来的能量以波的形式传至地表。波在传播过程中,由于路径距离不同必然产生相位差,经过地层分界面以及到达地表之后必然产生反射、干涉等现象,而且由于不同区域场地土自振特性的不同,也必然会引起输入地震动的差异。地震观测结果同样证明了地震动空间变异性的客观存在[6]。因此,非一致输入是更加合理的地震动输入模式。一致地震动输入假定结构各支点的地震作用时程完全相同,对于平面尺寸较小的结构是可以接受的,但对于平面尺寸较大的结构,例如桥梁、管线、核电站、坝体、大尺度边坡等,地面运动的空间变化将对结构反应产生重要影响[7,8]。显然,关于非一致地震动输入的研究主要是针对这些平面尺寸较大的结构提出来的。

地表非一致地震动一般通过目标功率谱和相干函数生成,并由目标反应谱拟合,使所生成的地震动适用于不同类别的场地。金井清、胡聿贤-周锡元和 Clough-Penzien 功率谱模型以及 Harichandran-Vanmarcke、Hao Hong 和 QWW 相干函数模型在本章所介绍的地表非一致地震动生成程序中均有所涉及。对于可视化程序中反应谱的选取,参见建筑、桥梁和电力抗震设计规范[2-4]。下面对几种涉及的功率谱和相干函数模型进行简要地介绍:

白噪声功率谱模型

1947 年,Houser 将加速度功率谱密度函数假定为白噪声模型

$$S(\omega)=S_0 \quad -\infty \leqslant \omega \leqslant \infty \tag{1.14}$$

式中,S_0 是白噪声过程谱强度因子,为常数。

实际上,地震动的频率是在一定范围内分布的,为避免地震动时程方差 $\int_{-\infty}^{\infty} S(\omega)\mathrm{d}\omega$ 趋于无穷,提出了有限带宽白噪声修正式的定义域:$-\omega_0 \leqslant \omega \leqslant \omega_0$,$\omega_0$ 为截止频率。该功率谱模型分析过程简单,计算方便,物理意义明确。但是,地震动作为一个非平稳的随机过程,与白噪声存在本质区别,实测地震动时程也表明实际功率谱与有限带宽白噪声谱有很大的差异。

金井清功率谱模型

Kanai-Tajinmi(金井清)功率谱模型于 1960 年由日本的金井清和田冶见宏提出,此模型假设地震动过程中基岩的振动过程为白噪声,将基础与基岩之间的土层模

拟为线性单自由度振动体系的线性滤波器,其表达式如下:

$$S(\omega) = \frac{1 + 4\xi_g^2 \ (\omega/\omega_g)^2}{[1 - (\omega/\omega_g)^2]^2 + 4\xi_g^2 \ (\omega/\omega_g)^2} S_0 \tag{1.15}$$

式中,ω_g 和 ξ_g 分别为场地土的卓越圆频率和阻尼比,S_0 为基岩加速度(白噪声)谱强度因子。

Kanai-Tajinmi(金井清)谱物理意义明确,形式简单,在结构抗震分析中得到了广泛的应用。但是,该模型作为平稳随机地震动的模型,夸大了低频地震动的能量,用于长周期的结构分析时,得到的结果并不理想。同时,该模型不满足地面运动速度和位移在 $\omega = 0$ 处是有限值的条件(即不满足二次可积条件)。针对上述不足,很多学者在该模型的基础上尝试使用不同形式的线性滤波器,用以改进地震动的功率谱模型。

胡聿贤-周锡元功率谱模型

1962 年胡聿贤和周锡元引入参数 ω_c 对 Kanai-Tajinmi(金井清)模型进行了修正,得到新的功率谱模型如下所示:

$$S(\omega) = \frac{1 + 4\xi_g^2 \ (\omega/\omega_g)^2}{[1 - (\omega/\omega_g)^2]^2 + 4\xi_g^2 \ (\omega/\omega_g)^2} \cdot \frac{\omega^6}{\omega^6 + \omega_c^6} S_0 \tag{1.16}$$

式中 ω_c 的作用是控制低频含量,ω_c 越大,地震动低频含量越小。

Clough-Penzien 功率谱模型:

Clough 和 Penzien 在结构动力学专著中提出了一种修正金井清低频能量的方法。该方法在原来模型的基础上串联了一个单自由度过滤层,如下式所示:

$$S(\omega) = \frac{\omega_g^4 + 4\xi_g^2 \omega_g^2 \omega^2}{(\omega_g^2 - \omega^2)^2 + 4\xi_g^2 \omega_g^2 \omega^2} \cdot \frac{\omega^4}{(\omega_f^2 - \omega^2) + 4\xi_f^2 \omega_f^2 \omega^2} S_0 \tag{1.17}$$

式中,ω_f 为第二个过滤层的卓越频率,应取小于 ω_g 的值,ξ_f 为第二个过滤层的阻尼比,可取为与 ξ_g 相同的值。该模型对低频有很强的抑制作用。

上面给出了本节程序开发所涉及到的功率谱模型。另外,欧进萍、杜修力、洪峰、彭凌云等学者在金井清功率谱模型的基础上各自提出了修正功率谱模型。本章中不再一一介绍。

Harichandran-Vanmarcke 相干函数模型

$$\gamma_{ij}(\omega, d_{ij}) = A\exp\left[-\frac{2d_{ij}}{\alpha\theta(\omega)}(1 - A + \alpha A)\right] + (1 - A)\exp\left[-\frac{2d_{ij}}{\theta(\omega)}(1 - A + \alpha A)\right] \tag{1.18}$$

$$\theta(\omega) = K\left[1 + \left(\frac{\omega}{\omega_0}\right)^b\right]^{-\frac{1}{2}} \tag{1.19}$$

式(1.18)中,d_{ij} 表示 i、j 两点的距离。根据 SMART-1 地震台网的加速度记录的统计结果,文献[9]给出了模型参数:$A = 0.736$,$\alpha = 0.147$,$K = 5210$,$\omega_0 = 6.85\mathrm{rad/s}$,$b = 2.78$。

Hao Hong 相干函数模型

$$\gamma_{ij}(\omega,d_{ij})=\mathrm{e}^{-\beta d_{ij}}\exp\left[-\alpha(\omega)\sqrt{d_{ij}}\left(\frac{\omega}{2\pi}\right)^2\right] \tag{1.20}$$

其中,

$$\alpha(\omega)=\frac{2\pi a}{\omega}+\frac{b}{2\pi}\omega+c \tag{1.21}$$

该模型共有四个参数,即 β,a,b 和 c,模型拟合了 SMART-1 台阵的十七次强震记录,得出了十七次参数值。

屈铁军-王君杰-王前信(QWW)相干函数模型:

$$\gamma_{ij}(\omega,d_{ij})=\exp\left[-a(\omega)d^{b(\omega)}\right] \tag{1.22}$$

上式中: $a(\omega)=a_1\omega^2+a_2$, $b(\omega)=b_1\omega+b_2$。 其中, $a_1=0.00001678$, $a_2=0.001219$, $b_1=-0.005500$, $b_2=0.7674$。该模型综合了以 SMART-1 台阵和 EPRI 台阵为主的四个密集台阵的几十次地震记录,对于测点间距在 100m 以内和测点间距大于 100m 的地震动都能较好地模拟。

在非一致地震动模拟时,行波效应可采用相位角 $\varphi_{ij}(\omega,d)$ 表示。在实际工程中,通常我们假定平面内各种波的传播速度相同,此时相位角可以写为

$$\varphi_{ij}(\omega,d)=\frac{\omega d_{ij}}{v_{\mathrm{app}}} \tag{1.23}$$

上式中, v_{app} 为视波速。

下面从理论上对地表非一致地震动的生成过程进行简要介绍。首先,根据所选取的目标功率谱和目标相干函数生成功率谱矩阵如下:

$$S(\omega)=\begin{bmatrix} S_{11}(\omega) & S_{12}(\omega) & \cdots & S_{1i}(\omega) \\ S_{21}(\omega) & S_{22}(\omega) & \cdots & S_{2i}(\omega) \\ \vdots & \vdots & & \vdots \\ S_{i1}(\omega) & S_{i2}(\omega) & \cdots & S_{ii}(\omega) \end{bmatrix} \tag{1.24}$$

上式中, i 表示所需生成的不同位置处的地震动条数, $S_{kk}(\omega)(k=1,\cdots,i)$ 表示 k 位置处地震动的自功率谱密度,是由频率离散后对应函数值组成的列向量。注意到 $S_{11}(\omega)$, $S_{22}(\omega)$,$\cdots$, $S_{ii}(\omega)$ 在不同位置处是相同的,同为目标功率谱。 $S_{kl}(\omega)(k=1,\cdots,i;l=1,\cdots,i$ 且 $k\neq l)$ 表示 k 位置与 l 位置处地震动的互功率谱密度,可以通过相干函数和功率谱密度的关系进行计算:

$$\gamma_{kl}(\omega,d_{kl})=\frac{|S_{kl}(\omega)|}{\sqrt{S_{kk}(\omega)S_{ll}(\omega)}}, \quad k=1,\cdots,i;l=1,\cdots,i \text{ 且 } k\neq l \tag{1.25}$$

上式中,各点功率谱密度函数相同,并考虑 k,l 两点之间的距离所引起的相位差,将式(1.23)代入式(1.25)可以得到下式:

$$|S_{kl}(\omega)|=\gamma_{kl}(\omega,d_{kl})S_{kk}(\omega)\cdot\mathrm{e}^{-\mathrm{i}\varphi kl} \tag{1.26}$$

上式中, $\mathrm{i}=\sqrt{-1}$ 为虚数单位。

　　将式(1.26)代入式(1.24)即得到考虑空间相干效应和行波效应的地表非一致地震动功率谱矩阵。为了进一步得到不同频率成分的幅值和相位角,应对功率谱矩阵 $S(\omega)$ 进行克劳斯基分解(Cholesky Decomposition),即把一个对称正定的矩阵表示成一个下三角矩阵和其转置的乘积,取下三角矩阵,如下式:

$$S'(\omega) = \mathrm{chol}\left[S(\omega)\right] = \begin{bmatrix} S'_{11}(\omega) & 0 & \cdots & 0 \\ S'_{21}(\omega) & S'_{22}(\omega) & \cdots & 0 \\ \vdots & \vdots & & \vdots \\ S'_{i1}(\omega) & S'_{i2}(\omega) & \cdots & S'_{ii}(\omega) \end{bmatrix} \tag{1.27}$$

上式中的 $S'_{kl}(\omega)$ 代表 l 处的地震动对 k 处地震动的影响,这时可以通过下两式分别计算地震波不同频率成分的幅值和相角:

$$A_{kl}(\omega) = 2\sqrt{\Delta\omega}\left|S'_{kl}(\omega)\right| \tag{1.28}$$

$$P_{kl}(\omega) = \mathrm{imag}\left\{\log\left[S'_{kl}(\omega)\right]\right\} \tag{1.29}$$

上两式中, $A_{kl}(\omega)$ 和 $P_{kl}(\omega)$ 分别代表不同频率成分情况下, l 位置的地震动在 k 位置处产生的相干地震动的幅值和相位角。那么, k 位置处的地震动加速度时程 $\ddot{u}_k$ 可以由下式得出:

$$\ddot{u}''_k(t) = \sum_{l=1}^{n}\int_{\omega_{\min}}^{\omega_{\max}} A_{kl}(\omega)\cos\left[\omega t + P_{kl}(\omega) + P'_{kl}(\omega)\right]\mathrm{d}\omega \tag{1.30}$$

上式中, $\omega_{\min}$ 和 $\omega_{\max}$ 分别表示所考虑频域区段的最大值和最小值;为了考虑地震动的随机性,式(1.30)中引入了随机数 $P'_{kl}(\omega)$,它代表在 $(0\sim2\pi)$ 区域内随机变化的相位角。

　　注意到由上式生成的地表地震动是一列平稳随机过程,需要乘以包络函数 E_n 以反映其随时间变化的非平稳性。包络函数一般均包含上升段、平稳段和下降段三个部分。本章选取了一个应用广泛且形式较简单的包络函数进行计算与编程:

$$E_n = \begin{cases} (t/t_1)^2, & t < t_1 \\ 1, & t_1 < t < t_2 \\ \mathrm{e}^{-c(t-t_2)/(\Delta f)}, & t_2 < t \end{cases} \tag{1.31}$$

式中, t_1 , t_2 分别为主震平稳段的起始、终止时间, c 为衰减系数; Δf 表示所考虑的最大频率范围和最小频率范围之差。

　　因此,多点地震动可以进一步表示为

$$\ddot{u}'_k(t) = E_n\ddot{u}''_k(t) \tag{1.32}$$

　　为了反映场地条件对地震动的影响,需要选择适合目标场地的反应谱函数,并对由上式生成的地震动加速度时程进行目标反应谱的拟合。首先,对地震动加速度时程进行傅里叶变换,并通过傅里叶谱求出加速度时程的幅值谱和相位谱,如下所示:

$$\ddot{u}'_k(\omega) = \int_{-\infty}^{+\infty}\ddot{u}'_k(t)\mathrm{e}^{-\mathrm{i}\omega t}\mathrm{d}t \tag{1.33}$$

$$A'_k(\omega) = |\ddot{u}'_k(\omega)| \tag{1.34}$$

$$P_k(\omega) = \mathrm{imag}\{\log[\ddot{u}'_k(\omega)]\} \tag{1.35}$$

通过上面三式求出了地震动加速度时程不同频率成分的幅值和相位角，下面要对 $\ddot{u}'_k(\omega)$ 进行目标反应谱拟合：

$$A_k(\omega) = \frac{R_t}{R_s} A'_k(\omega) \tag{1.36}$$

上式中，R_t 为目标反应谱值，R_s 为求得的实际加速度时程的反应谱值。

然后，对拟合后的频率成分进行傅里叶逆变换，并取其实部：

$$\ddot{u}_k(t) = \mathrm{real}\left[\frac{1}{2\pi}\int_{-\infty}^{+\infty} A_k(\omega)\mathrm{e}^{iP_k(\omega)}\mathrm{e}^{i\omega t}\mathrm{d}t\right] \tag{1.37}$$

$\ddot{u}_k(t)$ 即为最终生成的地表非一致地震动加速度时程。以上分析介绍了地表非一致地震动的理论推导过程，由于其涉及公式较多，计算较复杂，需要通过计算机编程进行实现，下面的章节对计算程序的编制情况和可靠性验证进行了介绍与说明。

1.3.2　地表非一致地震动可视化程序编制流程

地表非一致地震动可视化程序编制流程如图 1.5 所示。首先，选择目标功率谱、相干函数和反应谱。本程序有不同的模型可供选择，分别为：功率谱——金井清模型、Clough-Penzien 模型和胡聿贤-周锡元模型；相干函数——Hao 相干函数、Harichan-dran-Vanmarcke 相干函数和 QWW 相干函数；反应谱——建筑抗震规范反应谱（GB50011-2010）、桥梁抗震设计规范反应谱（CJJ166-96）和电力设施抗震设计规范反应谱（GB50260-2008）。其次，由目标功率谱和相干函数生成多点地震动功率谱矩阵，对矩阵进行 Cholesky 分解，并进一步计算得到地震动不同频率分量的幅值和相位，将各个频率分量叠加得到地震动平稳过程。然后，考虑时域内的非平稳性，将该平稳过程乘以包络函数得到地震动非平稳过程。最后，对该过程进行反应谱拟合，得到最终的地表非一致地震动加速度时程。

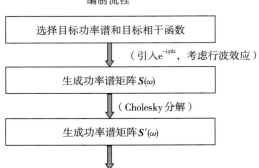

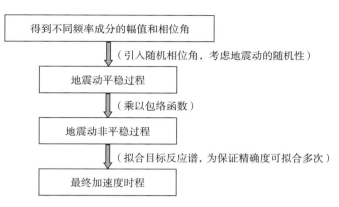

图 1.5　地表非一致地震动生成程序编制流程图

1.3.3　地表非一致地震动程序有效性验证

　　为了验证所开发的地震动生成程序 TJU. MEGMS（Multi-support Earthquake Ground Motion Simulation）的有效性，本节利用该程序生成了 5 条地震波，为节省篇幅，分别选取第 1 和第 2 条地震波，给出了它们的加速度时程，并进行了功率谱、相干函数和反应谱的验证。地震动生成所选择的目标功率谱、相干函数和反应谱分别为 Clough-Penzien 功率谱、Hao 相干函数和桥梁抗震设计规范反应谱，其具体参数选取和支座点坐标如图 1.6 所示。

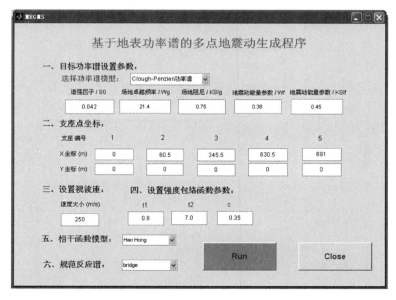

图 1.6　地表非一致地震动生成可视化程序界面

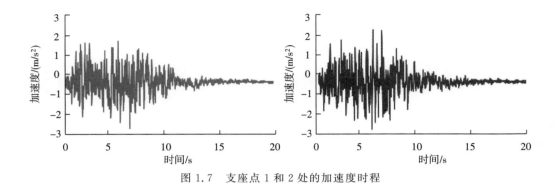

图 1.7　支座点 1 和 2 处的加速度时程

　　图 1.7 给出了支座点 1 和 2 处的加速度时程，振动持续时间为 20s。如图 1.8 所示，两条地震动时程的实际和目标功率谱拟合良好。

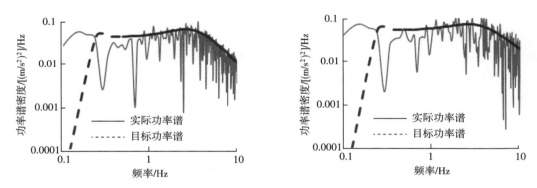

图 1.8　加速度时程实际功率谱和目标功率谱的拟合情况

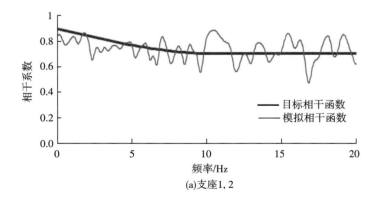

(a)支座1, 2

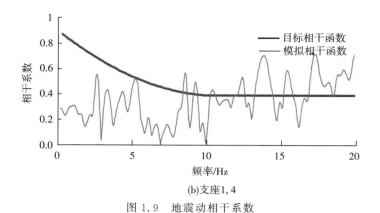

(b)支座1,4

图 1.9 地震动相干系数

图 1.9 给出了支座 1,2 和支座 1,4 的相干系数。其中,1,2 两点之间的相干性较好,1,4 两点之间的相干性较差。其原因是:点 1 与点 2 之间距离较小(60.5m);点 1 与点 4 之间的距离相对较大(630.5m)。由此可见,相干性关系与实际情况相一致。

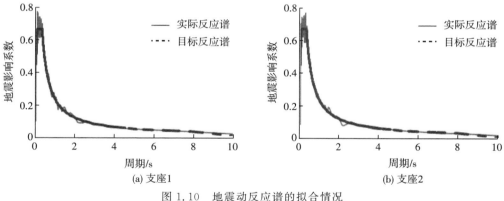

(a) 支座1

(b) 支座2

图 1.10 地震动反应谱的拟合情况

图 1.10 给出了支座点 1 和 2 处的地震动实际和目标反应谱的拟合情况。由上图可知,地震动对应的实际反应谱和目标反应谱拟合良好。这里有必要指出,单次拟合可能不能保证实际和目标反应谱拟合的精确度,因此在编程时可以考虑进行多次(比如 3 次)拟合。最终生成的地震动时程充分考虑了空间变异性,其实际功率谱、相干函数和反应谱与所选择的目标函数之间均拟合良好,具有较好的实用性和可靠性。

1.4 地下非一致地震动生成理论、方法与程序 MEUMS 开发

1.4.1 地下非一致地震动生成理论推导

结构在地震荷载作用下的动力反应与地震动输入有很大关系,特别是大跨桥梁、

边坡、管道等长距离结构,其动力反应受地震动多点输入影响更大。目前,有关非一致地震动的研究中,地震动输入常局限在地表地震动[10-13],地下地震动则很少涉及。然而,对于包含地下结构的建筑物或考虑土-结构相互作用时,将地表地震动施加于地下结构或土体是不合理的,这将导致结构动力分析难以得到客观真实的结果。之所以将地表地震动作为地下地震动输入,主要是因为缺乏可以生成地下多点地震动的有效理论模型。

正如模拟地表多点地震动一样,对地下地震动的模拟同样需要首先得到对应的地下反应谱,功率谱和相干函数。在本章中,根据随机振动理论基本原理和规范给出的反应谱和功率谱模型,结合多层土体的传递函数提出了地下地震动反应谱和功率谱模型的推导方法。然后,进一步推导出了地下不同深度两点的相干函数,并对各个模型及参数的物理意义进行了解释说明。为了方便快捷的实现地下多点地震动的模拟,开发了地下多点地震动模拟程序 TJU. MEUMS(Multi-support Earthquake Underground Motion Simulation)并对其进行了有效性验证。下面对地下多点地震动模拟的理论推导进行详细叙述。

图 1.11 给出了地震波在岩土体中的传播情况,为了简便起见,岩土体分为两层,分别为上覆土层和下层基岩。多层岩土体的情况与单上覆土层岩土体(为了叙述方便,以下称为单层岩土体)相似,将在后面的内容中详细叙述。

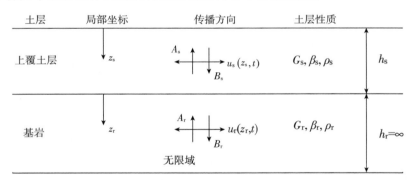

图 1.11　地震波在单层岩土体中的传播

如图 1.11 所示,z 代表土层的局部坐标值;h 代表土层的厚度;A 和 B 分别代表上行波和下行波的幅值;下标 s 和 r 分别代表与上覆土层和基岩相关的物理量;$u(z,t)$ 代表地震波的水平向位移函数;ρ,G 和 η 分别代表土层的密度、剪切模量和粘滞系数。

岩土体中的一维波动方程可以表示如下:

$$\rho \frac{\partial^2 u_s}{\partial t^2} = G \frac{\partial^2 u_s}{\partial z_s{}^2} + \eta \frac{\partial^3 u_s}{\partial z_s{}^2 \partial t} \tag{1.38}$$

对应圆频率为 ω 的位移函数由下式表示:

$$u_s(z_s,t) = U(z_s) \mathrm{e}^{\mathrm{i}\omega t} \tag{1.39}$$

将式(1.39)代入式(1.38)可以得到偏微分方程,如下:

$$(G+\mathrm{i}\omega\eta)\frac{\partial^2 U}{\partial z_\mathrm{s}^2}=\rho\omega^2 U \tag{1.40}$$

求解得

$$U(z_\mathrm{s})=A\mathrm{e}^{\mathrm{i}k_\mathrm{s}^* z_\mathrm{s}}+B\,\mathrm{e}^{-\mathrm{i}k_\mathrm{s}^* z_\mathrm{s}} \tag{1.41}$$

上式中,k_s^* 表示复波数,由下式定义:

$$(k^*)^2=\frac{\rho\omega^2}{G+\mathrm{i}\omega\eta}=\frac{\rho\omega^2}{G^*} \tag{1.42}$$

其中,G^* 为复剪切模量,可以从下式得到

$$G^*=G+\mathrm{i}\omega\eta \tag{1.43}$$

临界阻尼比 ξ 和粘滞系数 η 具有如下所示的关系:

$$\omega\eta=2G\xi \tag{1.44}$$

大量实验表明,临界阻尼比 ξ 和剪切模量 G 几乎不随频率变化而变化。因此,可以将复剪切模量表示为

$$G^*=G(1+2\mathrm{i}\xi) \tag{1.45}$$

联立式(1.39)和式(1.41),可以得到波在土层和基岩中传播的位移函数:

$$u_\mathrm{s}(z_\mathrm{s},t)=A_\mathrm{s}\mathrm{e}^{\mathrm{i}(\omega t+k_\mathrm{s}^* z_\mathrm{s})}+B_\mathrm{s}\mathrm{e}^{\mathrm{i}(\omega t-k_\mathrm{s}^* z_\mathrm{s})} \tag{1.46}$$

$$u_\mathrm{r}(z_\mathrm{r},t)=A_\mathrm{r}\mathrm{e}^{\mathrm{i}(\omega t+k_\mathrm{r}^* z_\mathrm{r})}+B_\mathrm{r}\mathrm{e}^{\mathrm{i}(\omega t-k_{(\mathrm{r})}^* z_\mathrm{r})} \tag{1.47}$$

考虑到地表不存在剪应力,有下式:

$$\tau(0,t)=G_\mathrm{s}\gamma(0,t)=G_\mathrm{s}^*\frac{\partial u_\mathrm{s}(0,t)}{\partial z_\mathrm{s}}=0 \tag{1.48}$$

将式(1.46)代入式(1.48)得到

$$G_\mathrm{s}^*\,\mathrm{i}k_\mathrm{s}^*\,(A_\mathrm{s}-B_\mathrm{s})\mathrm{e}^{\mathrm{i}\omega t}=0 \tag{1.49}$$

根据上式,可以得到图层中上行波和下行波幅值的关系:

$$A_\mathrm{s}=B_\mathrm{s} \tag{1.50}$$

不同土层交界面的位移协调条件和应力连续条件可以由如下两式表示:

$$u_\mathrm{s}(z_\mathrm{s}=h)=u_\mathrm{r}(z_\mathrm{r}=0) \tag{1.51}$$

$$\tau_\mathrm{s}(z_\mathrm{s}=h)=\tau_\mathrm{r}(z_\mathrm{r}=0) \tag{1.52}$$

将式(1.46)和式(1.47)代入式(1.51),得到

$$A_\mathrm{s}(\mathrm{e}^{\mathrm{i}k_\mathrm{s}^* h}+\mathrm{e}^{-\mathrm{i}k_\mathrm{s}^* h})=A_\mathrm{r}+B_\mathrm{r} \tag{1.53}$$

联立式(1.46),(1.47)和(1.52),并根据剪应力的定义$(\tau=G_\mathrm{s}^*\frac{\partial u}{\partial z})$,可以得到如下方程:

$$A_\mathrm{s}G_\mathrm{s}^*\,k_\mathrm{s}^*\,(\mathrm{e}^{\mathrm{i}k_\mathrm{s}^* h}-\mathrm{e}^{-\mathrm{i}k_\mathrm{s}^* h})=G_\mathrm{r}^*\,k_\mathrm{r}^*\,(A_\mathrm{r}-B_\mathrm{r}) \tag{1.54}$$

式(1.54)可以进一步简化为

$$\alpha_z^*\,A_\mathrm{s}(\mathrm{e}^{\mathrm{i}k_\mathrm{s}^* h}-\mathrm{e}^{-\mathrm{i}k_\mathrm{s}^* h})=A_\mathrm{r}-B_\mathrm{r} \tag{1.55}$$

上式中α_z^*表示复阻抗率,定义为

$$\alpha_z^* = \frac{G_s^* k_s^*}{G_r^* k_r^*} \tag{1.56}$$

联立方程(1.53)和(1.55),求解得

$$A_r = \frac{1}{2} A_s [(1+\alpha_z^*) e^{ik_s^* h} + (1-\alpha_z^*) e^{-ik_s^* h}] \tag{1.57}$$

$$B_r = \frac{1}{2} A_s [(1-\alpha_z^*) e^{ik_s^* h} + (1+\alpha_z^*) e^{-ik_s^* h}] \tag{1.58}$$

如果不存在上覆土层,那么基岩表面出露成为自由表面,向上传播的地震波在自由表面的振幅为$2A_r$。如果上覆土层存在,其表面的振幅可以由下式计算:

$$A_s = \frac{2A_r}{(1+\alpha_z^*) e^{ik_s^* h} + (1-\alpha_z^*) e^{-ik_s^* h}} \tag{1.59}$$

那么,传递函数可以表示为

$$H(\omega) = \frac{A_s}{A_r} = \frac{2}{(1+\alpha_z^*) e^{ik_s^* h} + (1-\alpha_z^*) e^{-ik_s^* h}} \tag{1.60}$$

根据欧拉公式,式(1.60)可以简化为

$$H(\omega) = \frac{1}{\cos k_s^* h + i \alpha_z^* \sin k_s^* h} \tag{1.61}$$

式(1.46)中$A_s e^{i(\omega t + k_s^* z_s)}$一项表示上覆土层中向上传播的地震波,可以将其表示在复平面中,如图1.12。类似地,$B_s e^{i(\omega t - k_s^* z_s)}$表示上覆土层中向下传播的地震波,其与$A_s e^{i(\omega t + k_s^* z_s)}$振幅相同,相位相反。因此,二者的虚部正负相反,抵消为0,实部相同,变为原来的两倍。方程(1.46)可以改写为下式:

$$u_s(z_s, t) = 2A_s \cos(\omega t + k_s^* z_s) \tag{1.62}$$

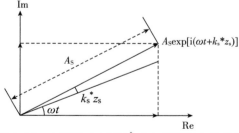

图1.12　上行波$A_s e^{i(\omega t + k_s^* z_s)}$在复平面中的表示

图1.13给出了位移函数$u_s(z_s, t)$的振幅、周期和相位角,其中相位角τ只与坐标z_s有关,可以由下式表示:

$$\tau = \frac{k_s^* z_s}{\omega} = \sqrt{\frac{\rho}{G^*}} z_s \tag{1.63}$$

以上给出了只存在一层上覆土层的岩土体的传递函数推导过程,并对位移函数

的振幅、周期和相位角进行了说明。下面将在单层岩土体的基础上推导多层岩土体的传递函数。

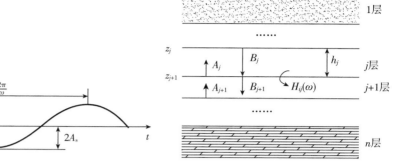

图 1.13　位移函数 $u_s(z_s,t)$ 的幅值、周期和相位　　　图 1.14　地震波在多层岩土体中的传播

如图 1.14 给出了地震波在多层岩土体中的传递情况。下标 j 表示与第 j 层土体相关的物理量；$H(\omega)$ 表示土层之间的传递函数，其他符号的意义与图 1.11 相同。

地震波在多层岩土体中的传递和在单层岩土体中是相似的，只不过传递函数的形式更为复杂。根据以上的分析，第 j 层地震波在水平方向的位移函数可以表示为

$$u_j(z_j,t)=A_j \mathrm{e}^{\mathrm{i}(\omega t+k_j^* z_j)}+B_j \mathrm{e}^{\mathrm{i}(\omega t-k_j^* z_j)} \tag{1.64}$$

第 j 层和第 $j+1$ 层土体接触面上的位移协调条件和应力连续条件可以表示如下：

$$A_j \mathrm{e}^{\mathrm{i}k_j^* h_j}+B_j \mathrm{e}^{-\mathrm{i}k_j^* h_j}=A_{j+1}+B_{j+1} \tag{1.65}$$

$$\alpha_j^*(A_j \mathrm{e}^{\mathrm{i}k_j^* h_j}-B_j \mathrm{e}^{-\mathrm{i}k_j^* h_j})=A_{j+1}-B_{j+1} \tag{1.66}$$

上式中，α_j^* 表示第 j 层土体的复阻抗率，可由下式计算：

$$\alpha_j^*=\frac{G_j^* k_j^*}{G_{j+1}^* k_{j+1}^*} \tag{1.67}$$

联立式（1.65）和（1.66），得到

$$A_{j+1}=\frac{1}{2}A_j[(1+\alpha_j^*)\mathrm{e}^{\mathrm{i}k_j^* h_j}+(1-\alpha_j^*)\mathrm{e}^{-\mathrm{i}k_j^* h_j}] \tag{1.68a}$$

$$B_{j+1}=\frac{1}{2}A_j[(1-\alpha_j^*)\mathrm{e}^{\mathrm{i}k_j^* h_j}+(1+\alpha_j^*)\mathrm{e}^{-\mathrm{i}k_j^* h_j}] \tag{1.68b}$$

由于自由表面剪应力恒为零，$j+1$ 层土体内地震波位移函数可以通过下列递推方程得到

$$A_{j+1}=a_{j+1}^*(\omega)A_1 \tag{1.69a}$$

$$B_{j+1}=b_{j+1}^*(\omega)B_1 \tag{1.69b}$$

$$A_1=B_1 \tag{1.70}$$

其中，任意一层土体对应的系数 $a_{j+1}^*(\omega)$ 和 $b_{j+1}^*(\omega)$ 可以由式（1.69a）和（1.69b）得到。

任意两层土体之间的传递函数可以表示如下：

$$H_{ij}(\omega)=\frac{a_i^*(\omega)+b_i^*(\omega)}{a_j^*(\omega)+b_j^*(\omega)} \tag{1.71}$$

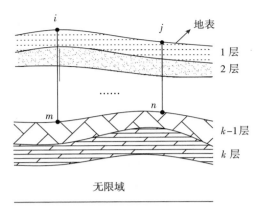

图 1.15　地层几何图

如图 1.15 所示,假设地震波由地下某处的 m 点和 n 点分别传至地表 i 点和 j 点。下面对地表 i、j 两点和地下 m、n 两点的互功率谱密度函数进行分析,目的是找出二者之间的关系。

根据随机振动基本原理,任意两点振动的自功率谱密度函数 $S_{mm}(\omega)$ 和 $S_{ii}(\omega)$ 与这两点之间的传递函数 $H_{im}(\omega)$ 存在如下关系:

$$\frac{S_{mm}(\omega)}{S_{ii}(\omega)} = |H_{im}(\omega)|^2 \qquad (1.72)$$

根据式(1.72),由地表功率谱和地表到地下的传递函数可求得地下功率谱。

假设 i、j 两点的振动为简谐振动,其不同时刻的振动情况如图 1.16 所示。

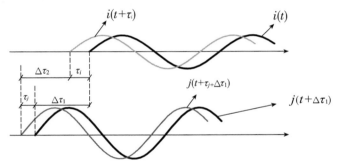

图 1.16　地表 i、j 两点振动的相位差

根据互功率谱密度函数的定义,有

$$S_{ij}(\omega) = \frac{1}{2\pi}\int_{-\infty}^{\infty} R_{ij}(\Delta\tau_1)\, \mathrm{e}^{-\mathrm{i}\omega\Delta\tau_1}\,\mathrm{d}\Delta\tau_1 \qquad (1.73)$$

上式中,$R_{ij}(\Delta\tau_1)$ 为 i、j 两点振动的互相关函数,可以由下式计算:

$$R_{ij}(\Delta\tau_1) = E[i^{(\omega)}(t)j^{(\omega)}(t+\Delta\tau_1)] \qquad (1.74)$$

由于 i、j 两点的振动只相差一个相位和振幅,所以有下式成立:

$$j^{(\omega)}(t+\Delta\tau_1) = \frac{A_{(\omega)}^{(j)}}{A_{(\omega)}^{(i)}} i^{(\omega)}(t+\tau_i-\tau_j+\Delta\tau_2) \qquad (1.75)$$

其中,$A_{(\omega)}^{(i)}$ 表示简谐振动在 i 点的振幅,$A_{(\omega)}^{(j)}$ 表示简谐振动在 j 点的振幅。

将式(1.75)代入式(1.74)得到

$$R_{ij}(\Delta\tau_1) = E\left[i^{(\omega)}(t)\frac{A_{(\omega)}^{(j)}}{A_{(\omega)}^{(i)}}i^{(\omega)}(t+\tau_i-\tau_j+\Delta\tau_2)\right] = \frac{A_{(\omega)}^{(j)}}{A_{(\omega)}^{(i)}}R_{ii}(\tau_i-\tau_j+\Delta\tau_2) \qquad (1.76)$$

将式(1.76)代入式(1.73)得到

$$S_{ij}(\omega) = \frac{A_{(\omega)}^{(j)}}{2\pi A_{(\omega)}^{(i)}} \int_{-\infty}^{\infty} R_{ii}(\tau_i - \tau_j + \Delta\tau_2)\, \mathrm{e}^{-\mathrm{i}\omega\Delta\tau_1}\, \mathrm{d}\Delta\tau_1$$

$$= \frac{A_{(\omega)}^{(j)}}{2\pi A_{(\omega)}^{(i)}} \int_{-\infty}^{\infty} R_{ii}(\tau_i - \tau_j + \Delta\tau_2)\, \mathrm{e}^{-\mathrm{i}\omega\Delta\tau_2}\, \mathrm{e}^{\mathrm{i}\omega(\tau_j - \tau_i)}\, \mathrm{d}(\tau_i - \tau_j + \Delta\tau_2) \quad (1.77)$$

其中，τ_i 和 τ_j 是常数，$\Delta\tau_2$ 为积分变量。

由于积分变量 $\Delta\tau_2$ 在无穷域上变化，因此上式中的初始相位差对积分的最终结果没有影响。式（1.77）可以写为

$$S_{ij}(\omega) = \frac{A_{(\omega)}^{(j)}}{2\pi A_{(\omega)}^{(i)}} \int_{-\infty}^{\infty} R_{ii}(\Delta\tau_2)\, \mathrm{e}^{-\mathrm{i}\omega\Delta\tau_2}\, \mathrm{e}^{\mathrm{i}\omega(\tau_j - \tau_i)}\, \mathrm{d}(\Delta\tau_2)$$

$$= \frac{A_{(\omega)}^{(j)}}{2\pi A_{(\omega)}^{(i)}} \mathrm{e}^{\mathrm{i}\omega(\tau_j - \tau_i)} S_{ii}(\omega) \quad (1.78)$$

同理，地下 m, n 两点的互功率谱密度函数也可以表示为

$$S_{mn}(\omega) = \frac{A_{(\omega)}^{(n)}}{2\pi A_{(\omega)}^{(m)}} \mathrm{e}^{\mathrm{i}\omega(\tau_n - \tau_m)} S_{mm}(\omega) \quad (1.79)$$

因此，得到地表 i, j 两点和地下 m, n 两点的互功率谱密度函数的关系式：

$$\frac{S_{mn}(\omega)}{S_{ij}(\omega)} = \frac{\dfrac{A_{(\omega)}^{(n)}}{2\pi A_{(\omega)}^{(m)}} \mathrm{e}^{\mathrm{i}\omega(\tau_n - \tau_m)} S_{mm}(\omega)}{\dfrac{A_{(\omega)}^{(j)}}{2\pi A_{(\omega)}^{(i)}} \mathrm{e}^{\mathrm{i}\omega(\tau_j - \tau_i)} S_{ii}(\omega)}$$

$$= \mathrm{e}^{\mathrm{i}\omega(\tau_i - \tau_m)} \mathrm{e}^{\mathrm{i}\omega(\tau_n - \tau_j)} |H_{im}(\omega)|\, |H_{jn}(\omega)| \quad (1.80)$$

根据定义，地震动反应谱可由下式计算：

$$R_i(\omega, \xi) = r_i(p)\sigma_i \quad (1.81)$$

上式中，$R_i(\omega, \xi)$ 表示反应谱函数；$r_i(p)$ 表示峰值系数；ω, ξ, P 和 σ_i 分别表示圆频率、阻尼比、超越概率和方差。

反应谱公式常表示为如下形式：

$$R_i(\omega, \xi) = k_i \sqrt{S_{ii}(\omega)} \quad (1.82)$$

上式中，k_i 表示与超越概率，周期，圆频率和阻尼比相关的系数。

对于地表 i 点和地下 m 点地震动的反应谱，存在以下关系：

$$\frac{R_m(\omega, \xi)}{R_i(\omega, \xi)} = \frac{k_m}{k_i} \sqrt{\frac{S_{mm}(\omega)}{S_{ii}(\omega)}} = |H_{im}(\omega)| \quad (1.83)$$

由式（1.83）可知，根据地表一点的反应谱和地表到地下的传递函数，就可以求出地下一点地震动的反应谱。

根据定义，地表 i, j 两点和地下 m, n 两点的相干函数可以表示为

$$\rho_{ij}(\omega) = \frac{S_{ij}(\omega)}{\sqrt{S_{ii}(\omega) S_{jj}(\omega)}} \quad (1.84)$$

$$\rho_{mn}(\omega) = \frac{S_{mn}(\omega)}{\sqrt{S_{mm}(\omega) S_{nn}(\omega)}} \quad (1.85)$$

式（1.85）除以式（1.84），得

$$\frac{\rho_{mn}(\omega)}{\rho_{ij}(\omega)} = \frac{S_{mn}(\omega)}{S_{ij}(\omega)} \frac{\sqrt{S_{ii}(\omega)S_{jj}(\omega)}}{\sqrt{S_{mm}(\omega)S_{nn}(\omega)}} = \frac{S_{mn}(\omega)}{S_{ij}(\omega)} |H_{mi}(\omega)| |H_{nj}(\omega)| \quad (1.86)$$

地表和地下两点互功率谱的关系可由式（1.80）确定，因此有

$$\frac{\rho_{mn}(\omega)}{\rho_{ij}(\omega)} = |e^{i\omega(\tau_i - \tau_m)} e^{i\omega(\tau_n - \tau_j)}| = |e^{i\omega[(\tau_i - \tau_m) - (\tau_j - \tau_n)]}| \quad (1.87)$$

上式中，相位角 τ_i、τ_j、τ_m 和 τ_n 可以由公式（1.63）求出。为了方便，将式（1.63）重新列出。

$$\tau = \frac{k^* z}{\omega} = \sqrt{\frac{\rho}{G^*}} z$$

由上式可知，密度 ρ 和复剪切模量 G^* 完全由对应的土层决定，在同一土层内不发生变化。因此，地表和地下两点振动的相位差主要由两点之间各土层的深度决定。如果 i，m 两点和 j，n 两点之间各土层厚度相等，如图 1.17（a）所示，则相位差（$\tau_i - \tau_m$）和（$\tau_j - \tau_n$）相等，此时地表 i，j 两点和地下 m，n 两点的相干函数相同。如果 i，m 两点和 j，n 两点之间各土层厚度不相等，如图 1.17（b）所示，则相位差（$\tau_i - \tau_m$）和（$\tau_j - \tau_n$）也不相等，此时地下 m，n 两点的相干函数可以根据公式（1.87）求得。

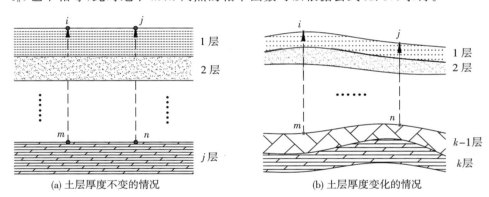

(a) 土层厚度不变的情况　　　　　　　(b) 土层厚度变化的情况

图 1.17　不同情况下的岩土体地层几何图

因此，地下多点地震动可以通过地表非一致地震动的模拟方法，利用前面求出的地下功率谱，反应谱和相干函数得到。

1.4.2　地下非一致地震动可视化程序编制流程

根据 1.4.1 节的分析，地下非一致地震动的模拟在理论上已不存在困难。地下地震动模拟程序首先需要确定频率范围，并对给定范围的频率按照一定的间隔离散为一系列频率点，并在对应的频率点处计算传递函数和功率谱等函数。接下来，应指定地表到地下一点的岩土层数，并对每层岩土体指定相关参数，主要包括：剪切模量、密度、阻尼比和高度。之后的步骤和参数设置类似于地表地震动生成程序。地下多

点地震动模拟程序将按照 1.4.1 节的理论公式计算地下地震动加速度时程,并将地下模拟功率谱、相干函数和反应谱与地下目标功率谱、相干函数和反应谱进行比较,并给出对比曲线图。

为了便于可视化程序的说明与编制,下面给出地下地震动功率谱,反应谱和相干函数的计算流程图。

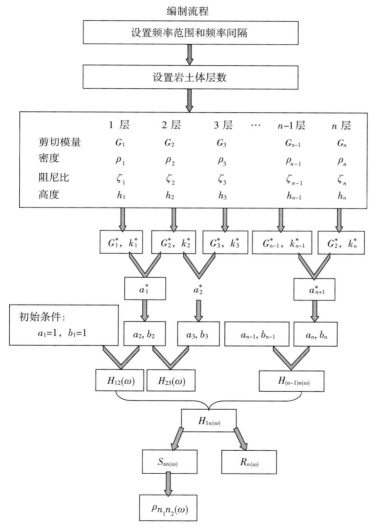

图 1.18 地下功率谱、相干函数和反应谱计算流程图

基于地下功率谱和相干函数,即可生成地下多点地震动功率谱矩阵,进而得到初步的地下地震动加速度时程,再经过地下反应谱拟合,即可得到最终的地下地震动加速度时程。具体过程与 1.3.1 节所述的地表非一致地震动生成方法类似,这里不再赘述。

如图 1.19 给出了地下多点地震动模拟可视化程序的界面。相比地表多点地震动模拟程序,该界面主要增加了频率设置和地层参数设置两块内容。

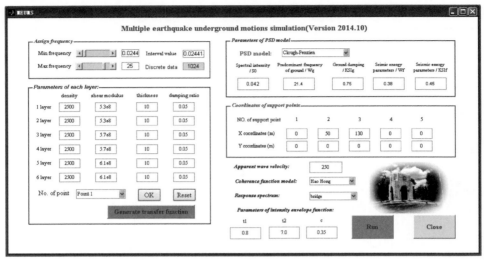

图 1.19　地下多点地震动模拟可视化程序界面

1.4.3　地下非一致地震动可靠性验证及结果分析

为了验证所开发程序的有效性,对如图 1.20 所示的地层地质情况进行地下多点地震动模拟,对地表和地下地震动时程进行对比,并考察地下模拟功率谱、相干函数和反应谱与地下目标功率谱、相干函数和反应谱的拟合情况。

如图 1.20 所示,A,B 和 C 为地表三点。与之对应,A′,B′ 和 C′ 为地下不同深度处三点,这三点对应的地震动加速度时程将被模拟。相关水平和垂直距离均在图中给出。

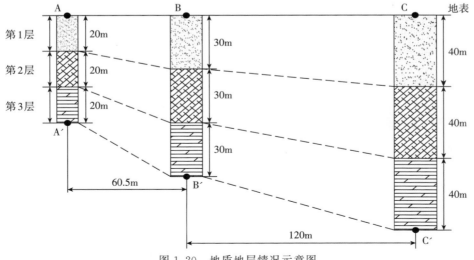

图 1.20　地质地层情况示意图

如图 1.20 所示,从地表各点到地下各点共分三层岩土体,并且各层岩土体厚度随水平距离变化而变化。表 1.1 给出了各层土体的密度、剪切模量和阻尼比等参数。

表 1.1　岩土层相关参数

岩土层	密度 /(kg/m³)	剪切模量 /MPa	阻尼比	厚度 / m		
				AA′	BB′	CC′
1	2500	530	0.05	20	30	40
2	2500	570	0.05	20	30	40
3	2500	610	0.05	20	30	40

地表目标功率谱、相干函数、反应谱和各点坐标等相关参数的设置与本章 1.3.3 节地表多点地震动生成类似,这里不再赘述,各参数值见图 1.21 所示。

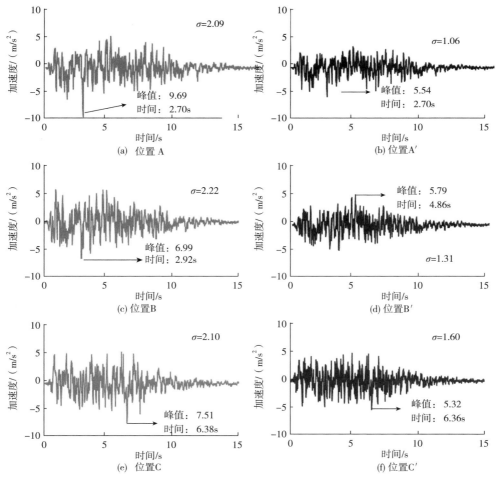

图 1.21　地表和地下各点加速度时程

* σ:表示加速度时程的方差

如图 1.21 所示，为地表和地下各点加速度时程对比。地表加速度时程的峰值均大于地下加速度时程，这一点与实际情况相符，体现了场地对地震动的放大作用。

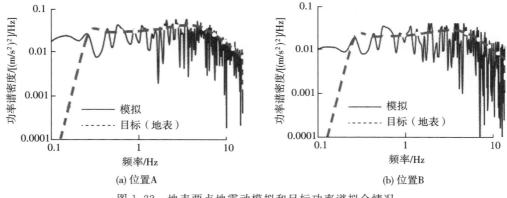

图 1.22　地表两点地震动模拟和目标功率谱拟合情况

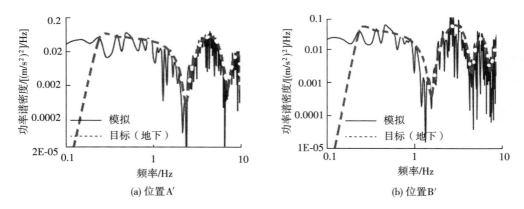

图 1.23　地下两点地震动模拟和目标功率谱拟合情况

如图 1.22 和图 1.23 所示，地表和地下地震动的模拟功率谱和目标功率谱拟合较好。需要注意的是，地表目标功率谱曲线（见图 1.22）呈平滑状，这是因为该功率谱曲线是多条类似场地的地震动功率谱曲线的平均值，具有统计特性。然而，地下目标功率谱曲线呈明显的波动状，其原因是由于地下功率谱是地表功率谱和岩土体传递函数平方的乘积［如公式（1.72）所示］。其中，岩土体的传递函数在物理意义上只针对特定地质地层情况，不具有统计特性，在数学上，是一条呈明显波动状态的曲线（见图 1.24）。因此，得出的地下目标功率谱也是一条明显波动状的曲线。图 1.25 直观地给出了地下功率谱曲线的生成过程以及呈波动状的原因。

图 1.26 给出了地表两点和对应地下两点的模拟和目标相干函数对比。从图上可以看出，地表和地下目标相干函数在频率为 0 时均趋近于 1，而且随着频率的增

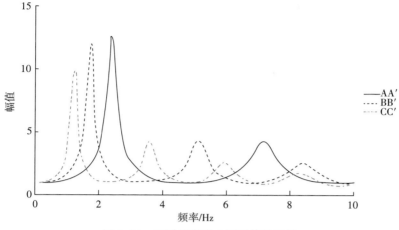

图 1.24　不同厚度岩土层的传递函数

大,地表和地下目标相干函数的差距逐渐增大。图 1.26 之所以表现出上述性质,与本例所采用的 Hao 相干函数模型有关,详细内容参加本章 1.3.1 节,这里为了叙述方便,将 Hao 相干函数模型[公式(1.88)和(1.89)]重新写出,如下所示。

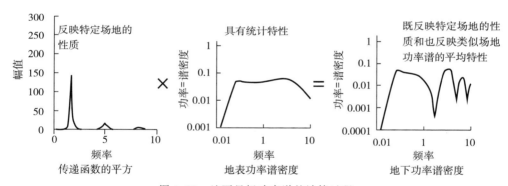

图 1.25　地下目标功率谱的计算过程

Hao 相干模型:

$$\gamma_{ij}(\omega, d_{ij}) = e^{-\beta l_{ij}} \exp\left[-\alpha(\omega)\sqrt{d_{ij}}\left(\frac{\omega}{2\pi}\right)^2\right] \qquad (1.88)$$

其中,

$$\alpha(\omega) = \frac{2\pi a}{\omega} + \frac{b}{2\pi}\omega + c \qquad (1.89)$$

公式(1.42)中的 $-\beta d_{ij}$ 是很小的常数,而 $-\alpha(\omega)\sqrt{d_{ij}}\left(\dfrac{\omega}{2\pi}\right)^2$ 随频率的减小而趋近于 0,因而从整体上看,当频率逐渐减小,地表目标相干函数接近于 1。地下目标相干函数为地表目标相干函数与一常数的乘积,而该常数在频率趋近于 0 时也趋近于 1,且随频率增大趋于无穷小[如公式(1.87)所示],因而地下目标相干函数在频率为

0 时等于 1,并随着频率的增大,地表和地下目标相干函数差距越来越大。图 1.26 (b)中所示相干函数的值要比图 1.26(a)中略小,主要原因是 AB(A′B′)的距离小于 BC(B′C′)的距离,因而相干性更好。

　　本例中,地表目标反应谱取自城市桥梁抗震设计规范(CJJ 166-2011)。图 1.27 给出了不同位置地表目标反应谱和地下目标反应谱的对比情况。与功率谱曲线类 似,地表目标反应谱曲线分为上升段、平台段和下降段,各段呈平滑状,而地下目 标反应谱曲线呈明显波动状态。这是因为反应谱曲线是多条类似场地地震动反应 谱曲线的平均值,具有统计特性。而地下目标功率谱曲线是由地表翻译谱曲线与 岩土体传递函数的乘积得到[如公式(1.79)所示],其中,岩土体的传递函数在物 理意义上只针对特定地质地层情况,不具有统计特性,在数学上,是一条呈明显波 动状态的曲线(见图 1.24)。因此,得出的地下目标反应谱也是一条呈明显波动状 态的曲线。图 1.28 直观地给出了地下功率谱曲线的生成过程以及呈波动状的 原因。

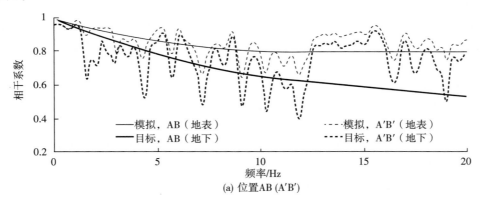

(a) 位置AB (A′B′)

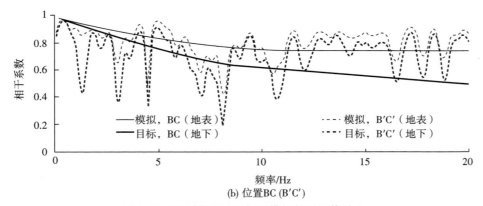

(b) 位置BC (B′C′)

图 1.26　不同位置处目标和模拟相干函数对比

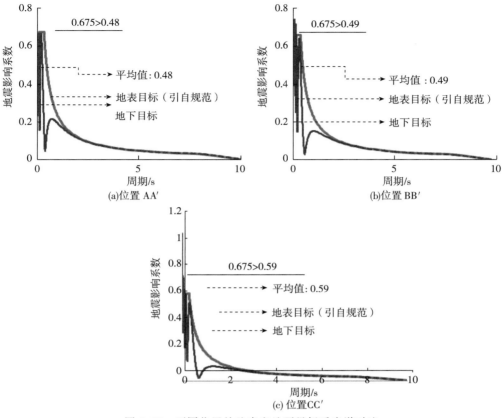

图 1.27 不同位置处地表和地下目标反应谱对比

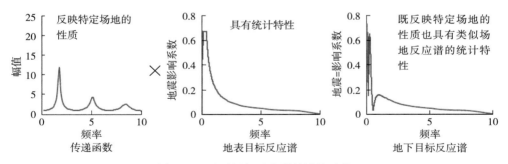

图 1.28 地下目标反应谱的计算过程

图 1.27 中,地表目标反应谱的平台段值为 0.675,而地下目标反应谱对应于平台段的地震影响系数平均值分别为 0.48、0.49 和 0.59,均小于地表反应谱值,体现了岩土体对地震的放大作用。图 1.29 给出了不同位置处模拟和目标地下反应谱的拟合情况,从图中可以看出二者拟合良好。

以上分析及论述给出了地下地震动加速度时程、地下目标和模拟功率谱、相干函

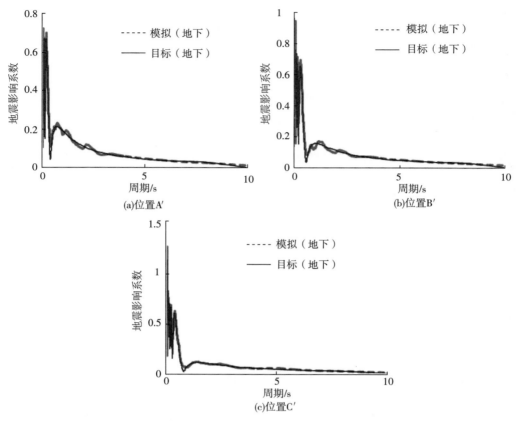

图 1.29　不同位置处模拟和目标地下反应谱拟合情况

数和反应谱及对应三者的拟合情况，并对地下目标功率谱、相干函数和反应谱的特点进行了说明。实际表明，地下目标谱和模拟谱拟合良好，所生成的地下地震动加速度时程合理、可信，地下非一致地震动模拟可视化程序具有较好的实用性和准确性。

1.5　本章小结

本章首先简要回顾了一致地震动和地表多点地震动生成的理论和方法；然后详细研究地下多点地震动生成的理论途径，并给出严格推导；最后针对一致地震动、地表多点地震动和地下多点地震动，更新开发了地震动生成程序。简要总结如下：

（1）开发了可视化程序 TJU.AEM（Artificial Earthquake Motion），该程序界面简洁、直观、易于操作，适用于公路桥梁、工业与民用建筑以及电力设施的一致地震动生成。

（2）基于地表非一致地震动理论，开发了可视化程序 TJU.MEGMS（Multi-support Earthquake Ground Motion Simulation），该程序包括了多种功率谱、相干函数和反应谱理论模型，用户可以针对具体情况进行选择，以生成更加符合实际情况的地震动时程。

(3) 提出了地下非一致地震动的模拟方法,推导出了地下非一致地震动功率谱和反应谱模型,在此基础上进一步推导出了地下不同深度两点处的相干函数数学模型,并解释了理论模型及参数的物理意义。

(4) 开发了可视化程序 TJU. MEUMS (Multi-support Earthquake Underground Motion Simulation),用于生成地下非一致地震动加速度时程。区别于 TJU. MEGMS 程序,该程序增加了地下支座点到地表的岩土层物理性质的输入,方便生成复杂地质条件下的地下地震动时程。对功率谱、相干函数和反应谱的地表和地下模型进行了对比,通过它们的目标和实际模型的拟合情况,说明了时程结果的合理性,进而表明该程序具有实用性和可靠性。

参 考 文 献

[1] 柳国环,练继建,刘卓,等. 功率谱参数的误差源及其对多点地震动和大跨桥梁结构反应的敏感性分析[J]. 哈尔滨工业大学学报,2015,47(7):1-6.

[2] JTG/T B02-01-2008. 公路桥梁抗震设计细则[S]. 北京:人民交通出版社,2008.

[3] GB 50011-2010. 建筑抗震设计规范[S]. 北京:中国建筑工业出版社,2010.

[4] GB 50260-96. 电力设施抗震设计规范[S]. 北京:中国计划出版社,1996.

[5] Hao H,Nawawi C. Spatial ground motion variation site amplification effects [C]. Proceedings of a Conference Held by the Australian Earthquake Engineering Society,Albury,2005.

[6] Loh C H. Analysis of the spatial variation of seismic waves and ground movements from SMART-1 array data [J]. Earthquake Engineering and Structural Dynamics,1985,13(5):561-581.

[7] 柳国环,国巍. 结构地震差动输入——理论、模型和方法[M]. 北京:科学出版社,2015.

[8] Alam M,Kim D. Spatially varying ground motion effects on seismic response of adjacent structures considering soil-structure interaction [J]. Advances in Structural Engineering,2014,17(1):131-142.

[9] 潘晓东. 非平稳随机地震下堤坝非线性有效应力动力响应可靠度分析[D]. 杭州:浙江大学,2004.

[10] Clough R W,Penzien J. Dynamics of structure (2nd edition) [M]. New York:McGraw-Hil,1993.

[11] Bi K,Hao H. Numerical simulation of pounding damage to bridge structures under spatially varying ground motions [J]. Engineering Structures,2013,46(1):62-76.

[12] Zhang N,Xia H,Roeck G D. Dynamic analysis of a train-bridge system under multi-support seismic excitations [J]. Journal of Mechanical Science and Technology,2010,24(11):2181-2188.

[13] Berrah M,Kausel E. Response spectrum analysis of structures subjected to spatially varying motions [J]. Earthquake Engineering and Structural Dynamics,1992,21(6):461-470.

第 2 章 钢与混凝土本构关系、子程序 TJU. Plastic-S/E 开发及验证

2.1 引 言

当今,随着经济的快速发展和社会的不断进步,建筑结构形式日益多样化,大跨、超高层等复杂超限结构日益增多。根据我国现行规范的要求,超限结构的地震反应需要作为一项专门的工作(例如:结构在大震作用下的动力弹塑性表现行为)来进行,计算结果是否符合相关规范和(或)规程的规定需要做进一步审查。比如,《建筑抗震设计规范》(GB50011-2010)[1]第 3.6.2 条规定,不规则且具有明显薄弱部位可能导致重大地震破坏的建筑结构,应进行罕遇地震作用下的弹塑性变形分析,可根据结构特点采用静力弹塑性分析或弹塑性时程分析方法;《高层建筑混凝土结构技术规程》(JGJ3-2010)[2]第 5.1.13 条规定,对于 B 级高度的高层建筑结构和复杂高层建筑结构,宜采用弹塑性静力或动力分析方法验算薄弱层的弹塑性变形。

一般情况下,对于这种复杂结构和超高层结构的计算通常需要用到非线性计算能力相对较强的大型有限元分析软件,比如:ABAQUS、PERFORM-3D 和 LS-DY-NA 等。ABAQUS 是一套功能强大的工程模拟有限元软件,具有丰富的单元及材料库、强大的非线性计算功能,它不仅可以模拟各种复杂线性和非线性的固体力学问题,在多物理场耦合模拟方面也有不俗的表现,可以做到系统级的分析与研究。ABAQUS 软件的核心程序涉及隐式和显式两种算法,隐式算法需要迭代计算以满足相应的容差,而显式算法无需迭代,但一般需要将步长设置比较小(与结构体系中单元尺寸有关)以得到可靠、可信的计算结果。其中,隐式算法可以用来求解线性、非线性静力与动力问题,而显示算法主要用来求解动力问题,尤其是冲击、爆炸等短时或瞬态问题,对于断裂、接触等高度非线性复杂问题求解也非常有效。

ABAQUS 软件允许用户编制子程序并与主程序对接来实现动力弹塑性分析,相应隐式和显式算法的接口子程序头文件分别为 UMAT 和 VUMAT,用户可以利用 UMAT 和 VUMAT 中已有的变量参数,直接与程序中需要额外定义的变量共同开发相应的本构子程序代码。基于 ABAQUS 软件平台,作者做了大量程序的开发、验证与工程分析等系列工作[3-5]。

本章主要内容包括:

(1)改进了混凝土材料卸载后再加载曲线的滞回规则,避免加载曲线与卸载曲线在拐点前相交的可能性,并使得再加载曲线形状更接近于试验曲线(先凹后凸的曲

线)形状;

(2)给出了 ABAQUS 中隐式算法子程序 UMAT 与显式算法子程序 VUMAT 之间的区别与联系,并按照 UMAT 与 VUMAT 的语法规则,开发了能够直接与 ABAQUS 主程序保持数据相互调用的隐式算法 UMAT 子程序 TJU. Plastic-S 以及显式算法 VUMAT 子程序 TJU. Plastic-E;

(3)将编制的子程序分别用于钢筋束、混凝土、钢筋混凝土、型钢混凝土以及钢管混凝土构件的弹塑性分析,通过数值模拟与试验结果的相互对比,检验了相关程序的可行性、计算精度与可靠性。

本章关于 ABAQUS 子程序的系列开发工作具有基础性,可为后续章节采用 ABAQUS 分析实际工程,确保得到可靠的计算结果提供了可行、可信的前提条件。

2.2　常用钢材与混凝土本构关系

2.2.1　钢材骨架曲线与滞回规则的 3 种情形

本节重点介绍钢材常用的三种滞回曲线加、卸载规则,钢材的骨架曲线按照《混凝土结构设计规范》(GB50010-2010)中所建议的骨架曲线,如图 2.1(a)所示。对于如图 2.1(b)所示的滞回曲线,其滞回规则如式(2.1)所示,相关参数的意义标注在图 2.1(b)上。

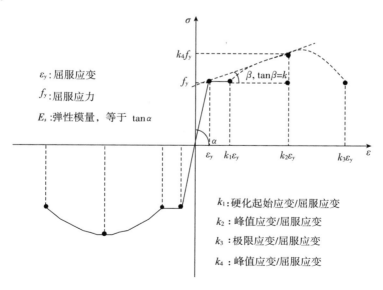

(a)骨架曲线

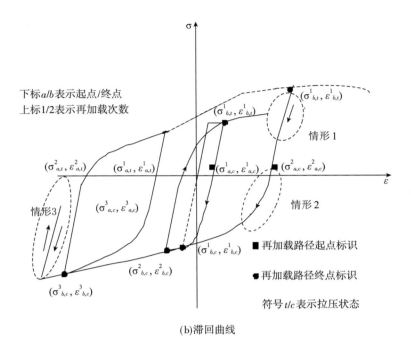

(b)滞回曲线

图 2.1　钢材本构骨架曲线和滞回曲线示意图

钢材加、卸载规则分以下三种情形加以说明：

（1）对于所有卸载：均按照弹性模量斜率计算；

（2）对于穿越平衡位置后的反向加载：ε_a 和 σ_a 分别表示卸载后再加载路径起点的应变和应力，一般取滞回曲线与横坐标的交点，此时 $\sigma_a = 0$。其中，ε_b 和 σ_b 分别表示卸载后再加载路径终点的应变和应力（初始值取为起始屈服点对应的量值）。如果再加载方向的钢筋在加载历史进程中尚未发生过屈服，则 ε_b 和 σ_b 分别取钢筋初始屈服点的应变 ε_b 和应力 f_y；如果再加载方向的钢筋曾发生过屈服，则取该加载方向钢筋历史进程中的最大应变和应力。

$$\sigma = [E_s(\varepsilon - \varepsilon_{a,x}^i) + \sigma_{a,x}^i] - (\frac{\varepsilon - \varepsilon_{a,x}^i}{\varepsilon_{b,x}^i - \varepsilon_{a,x}^i})^p [E_s(\varepsilon - \varepsilon_{a,x}^i) - (\sigma_{b,x}^i - \sigma_{a,x}^i)] \qquad (2.1)$$

其中，

$$p = \frac{E_s(1 - k/E_s)(\varepsilon_{b,x}^i - \varepsilon_{a,x}^i)}{E_s(\varepsilon_{b,x}^i - \varepsilon_{a,x}^i) - (\sigma_{b,x}^i - \sigma_{a,x}^i)} \quad , x = c \text{ 或 } t \qquad (2.2)$$

（3）对于在平衡位置一侧的卸载后再加载，钢筋应力 σ 为

$$\sigma = E_s(\varepsilon - \varepsilon_{a,x}^i) + \sigma_{a,x}^i \qquad (2.3)$$

上述各式中，σ 和 ε 分别表示滞回曲线函数中的因变量（应力）和自变量（应变），k 表示等效硬化斜率，一般取峰值强度和屈服强度两点所确定直线的斜率 $\tan\beta$，如图

2.1(a)所示。之所以这样处理,其目的是通过确定式(2.1)至式(2.3)中的参数,描述接近于实际钢材反复加载下的力学行为。

2.2.2　混凝土单轴骨架曲线、加卸载规则及其改进

低周反复荷载作用下,混凝土材料的骨架曲线表现比较稳定,并且与单调荷载作用下的表现具有很好的一致性。但是,由于混凝土材料本身具有多相、多孔、不匀质的特性,以及组成材料相对复杂等原因,致使低周反复荷载作用下混凝土滞回曲线的表现与钢材相比更难以被准确量化。比如,混凝土构件在加载过程中,局部会产生裂纹等损伤现象,而且损伤会逐渐积累,这就直接导致混凝土构件随后表现出来的刚度逐渐减小,即刚度退化。目前的文献中,描述混凝土滞回曲线的规则颇为多见,但多限于一次加、卸载过程试验,而这显然不能完全反映荷载多次反复作用下混凝土的表现行为,而混凝土材料在这种反复加、卸载作用下的表现行为,更符合随机荷载作用下(例如:地震)的实际情况。

图 2.2(a)为混凝土单轴受压应力－应变骨架曲线,图 2.2(b)为混凝土反复荷载作用下滞回曲线的示意图。图中,σ 与 ε 分别表示应力和应变,下标 un,s 和 un,e 分别表示卸载始点和终点,下标 l,m 表示加载路径中的拐点,上标中的 i 和 j 分别表示第 i 次由骨架曲线卸载后第 j 次加载或卸载次数。

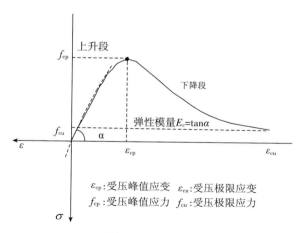

(a)单轴受压应力-应变骨架曲线

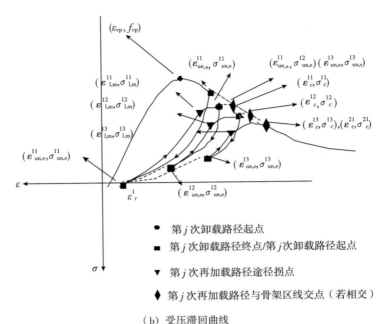

● 第 j 次卸载路径起点

■ 第 j 次卸载路径终点/第 j 次卸载路径起点

▼ 第 j 次再加载路径途径拐点

◆ 第 j 次再加载路径与骨架区线交点（若相交）

（b）受压滞回曲线

图 2.2　混凝土单轴本构骨架和受压滞回曲线示意图

（1）往复受压混凝土的卸载规则

为体现残余应变随加、卸载次数增加而逐渐累积增大，以及卸载刚度的逐渐退化，依据文献[3]、[6]和[7]，混凝土的压应变 ε_{ca}^{i} 按下式计算：

$$\varepsilon_{ca}^{i}=\max\left(\frac{\varepsilon_{c0}}{\varepsilon_{c0}+\varepsilon_{un,s}^{i1}},\frac{0.09\varepsilon_{un,s}^{i1}}{\varepsilon_{c0}}\right)\sqrt{\varepsilon_{c0}\varepsilon_{un,s}^{i1}} \tag{2.4}$$

式中，ε_{c0} 为混凝土的峰值压应变，依据文献[6]取值。

《混凝土结构设计规范》（GB50010-2010）中所述直线卸载规则，是按照式（2.5）确定的更新割线刚度 E_r^i 后直接计算当前应力的方法。为了更准确描述混凝土的卸载过程，本节依据文献[7]，通过卸载初始点应力 $\sigma_{un,s}^{ij}$、初始点应变 $\varepsilon_{un,s}^{ij}$、残余应变 ε_r^i 以及当前步的应变 ε，共同描述卸载曲线，如式（2.6）所示。

$$E_r^{ij}=\frac{\sigma_{un,e}^{ij}-\sigma_{un,s}^{ij}}{\varepsilon_{un,e}^{ij}-\varepsilon_{un,s}^{ij}},\sigma=E_r^i(\varepsilon-\varepsilon_r^i) \tag{2.5}$$

式中，$\varepsilon_{un,e}^{ij}$ 表示卸载终点（也是再加载的起点）的应变，$\sigma_{un,e}^{ij}$ 表示卸载终点的应力，分别与 $\varepsilon_{un,s}^{ij}$ 和 $\sigma_{un,s}^{ij}$ 相对应。

$$\sigma=\sigma_{un,s}^{ij}\frac{(\varepsilon-\varepsilon_r^i)^2}{(\varepsilon_{un,s}^{ij}-\varepsilon_r^i)^2} \tag{2.6}$$

（2）往复受压再加载规则改进

与卸载路径不同，卸载后再加载路径曲线存在拐点（再加载过程中，曲线先表现为凹形曲线,而后形状发生变化的点)。本节同样分段考虑加载规则,但为了更准确描述再加载曲线路径,这里定义为:第一段曲线凹(非二次曲线),第二段曲线凸(非直线),并给出拐点位置的应变和应力规则如下:

$$\sigma = \begin{cases} \sigma_{\mathrm{un,e}}^{ij} + \Gamma_{r_1}^{ij} (\sigma_{\mathrm{l,m}}^{ij} - \sigma_{\mathrm{un,e}}^{ij}), & \varepsilon \leqslant \varepsilon_{\mathrm{l,m}}^{ij} \\ \sigma_{\mathrm{l,m}}^{ij} + \Gamma_{r_2}^{ij} (\sigma_{\mathrm{un,s}}^{ij} - \sigma_{\mathrm{l,m}}^{ij}), & \varepsilon > \varepsilon_{\mathrm{l,m}}^{ij} \end{cases} \tag{2.7}$$

式中,$\varepsilon_{\mathrm{l,m}}^{ij}$ 与 $\sigma_{\mathrm{l,m}}^{ij}$ 分别表示再加载曲线拐点位置的应变和应力,$\Gamma_{r_1}^{ij}$ 和 $\Gamma_{r_2}^{ij}$ 分别定义为再加载曲线拐点前、后的应力增量影响系数,以下给出相应定义参数的计算公式:

$$\varepsilon_{\mathrm{l,m}}^{ij} = \varepsilon_r^i + 0.75(\varepsilon_{\mathrm{un,s}}^{ij} - \varepsilon_r^i) \tag{2.8}$$

$$\sigma_{\mathrm{l,m}}^{ij} = \sigma_{\mathrm{un,e}}^{ij} + 0.6(\sigma_{\mathrm{un,s}}^{ij} - \sigma_{\mathrm{un,e}}^{ij}) \tag{2.9}$$

$$\Gamma_{r_1}^{ij} = \left(\frac{\varepsilon - \varepsilon_{\mathrm{un,e}}^{ij}}{\varepsilon_{\mathrm{l,m}}^{ij} - \varepsilon_{\mathrm{un,e}}^{ij}} \right)^{1.25} \tag{2.10}$$

$$\Gamma_{r_2}^{ij} = k \left(\frac{\varepsilon - \varepsilon_{\mathrm{l,m}}^{ij}}{\varepsilon_{\mathrm{un,s}}^{ij} - \varepsilon_{\mathrm{l,m}}^{ij}} \right)^{0.6}, \quad k = 0.9^i \tag{2.11}$$

式(2.11)中,$k = 0.9^i$ 定义为卸载后再加载段拐点之后刚度退化参数,与骨架曲线上卸载的次数 i 有关,该值随 i 增大而减小。

这里要强调的是,编制程序时需要调用 ABAQUS 主程序中的参数,需要注意与上述表达式中物理参数符号相统一。

2.3　ABAQUS 子程序 TJU. Plastic-S/E 开发与验证

2.3.1　主程序与显/隐式子程序链接流程图与程序开发

ABAQUS 具备丰富的、可模拟任意实际形状的单元库,并拥有与之对应的各种材料模型库,可以模拟大多数典型工程材料的力学性能。同时,对于用户指定的特殊材料,ABAQUS 主程序还提供了用于二次开发的材料接口子程序,对应的隐式与显式算法的头文件分别为 UMAT 和 VUMAT。用户可利用其相应接口编制子程序,并按照本构关系和滞回规则定义变量,通过调用材料参数与主程序状态变量实现无缝对接。ABAQUS 隐式子程序 UMAT 和显式子程序 VUMAT 与主程序链接的基本框架,分别如图 2.3 和图 2.4 所示。

如图 2.3 所示,采用 UMAT 的隐式算法子程序,需要更新应力、应变和相关的状态变量,还要更新材料本构的雅克比矩阵[应力增量对应变增量的导数($\mathrm{d}\Delta\sigma/\mathrm{d}\Delta\varepsilon$)]。通过当前更新的雅克比矩阵、应变矩阵以及几何属性,可以得到单元刚度矩阵的增量,进而就可获得当前局部坐标系下的单元刚度矩阵,同时结合单元的局部与整体坐标系的关系,形成结构的整体刚度矩阵,并更新结构的整体刚度矩阵,计算结构的节点位移与构件的应力、应变等反应,判断计算结果是否满足收敛容差,如满足则进入下一步,否则减小当前增量步的积分步长,直至满足收敛容差。

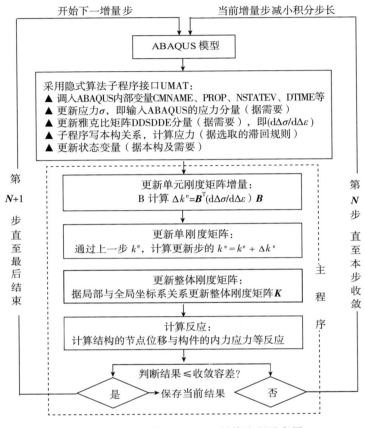

图 2.3　UMAT 与 ABAQUS 链接流程示意图

　　隐式算法计算中,ABAQUS 软件有一套有效的自动控制迭代过程与收敛判断的方法,比如在收敛困难时自动减小增量步。默认情况下,如果后一次迭代误差比前一次还大,或者经过 16 次迭代还未能满足精度要求,软件会自动把增量步改为原来的 1/4,再次进行迭代。这一过程将一直持续下去,直到收敛或是增量步达到用户设定的最小增量步。相反,如果连续两个增量步里面都只用不到 5 次迭代就收敛了,ABAQUS 就认为收敛比较容易,会自动将增量步放大到原来的 1.5 倍,以减少计算时间。运用 ABAQUS 进行计算时,通常并不需要修改这些参数,选用的默认设置即可。

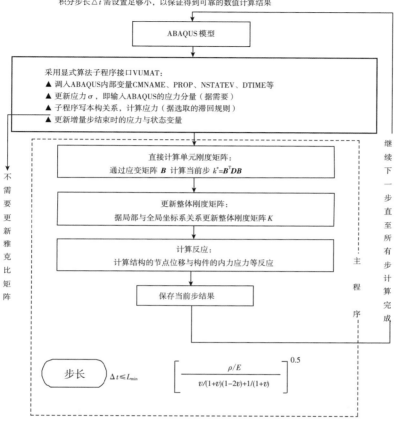

图 2.4　VUMAT 与 ABAQUS 链接流程流程图

如图 2.4 所示,采用 VUMAT 显式算法子程序计算时,要调入 ABAQUS 内部变量,再根据所选本构关系直接更新应力和相关状态变量,通过计算更新后的构件单元刚度矩阵,得到结构的节点位移与构件的应力、应变,不需要更新材料本构的雅克比矩阵。显式算法虽然不需要进行迭代,但却要将 ABAQUS 的计算步长设置应足够小,才能得到可靠、可信的计算结果。

这里需要强调的是,为适当降低显式算法 VUMAT 子程序可能的数值误差,相应的变量宜定义为双精度类型,并应同时使用 real * 8 和 include vaba_param.inc 两种方式进行定义。若只采用 include vaba_param.inc 语句,不能确保变量被承认为双精度,而与 real * 8 共同使用则具有双保险意义。此外,在提交计算时,Job 中显式精度(ABAQUS/Explicit Precision)应选为 Double,节点输出精度(Nodal output precision)可选为 Full,如图 2.5 所示。

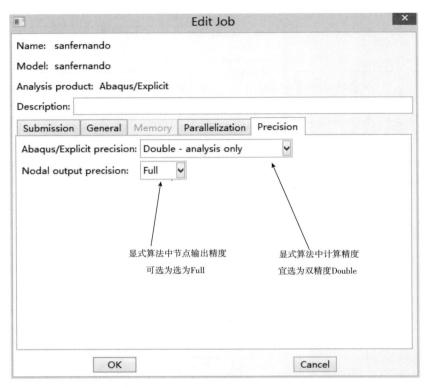

图 2.5　显示算法中计算精度的选择

无论是对于 ABAQUS 隐式算法子程序 UMAT,或是显式算法子程序 VU-MAT,当考虑应变率因素对材料本构动态强度提高的影响时,均需要通过应变增量 DSTRAN 与 DTIME 计算应变率绝对值 DSTRAN/DTIME,然后根据本构动态提高系数公式进行计算。

2.3.2　显/隐式子程序的使用

本章所开发的子程序 TJU. Plastic,可以通过用户自定义材料功能引入 ABAQUS 进行计算。在 ABAQUS 中使用子程序进行计算时,需要在 Property 模块中定义用户材料,如图 2.6 所示。为使材料能被正确识别和调用,所定义材料名称的前几个字母必须与子程序中定义的材料名称一致。例如,对于所开发的子程序 TJU. Plastic 而言,所定义的混凝土材料名称要以"C_FIBER"开头,定义的钢筋材料名称要以"S_FIBER"开头。

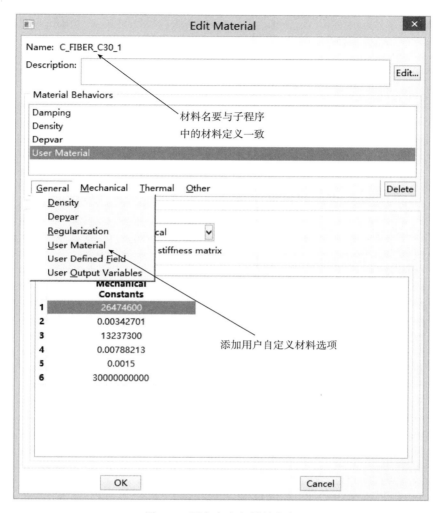

图 2.6　用户自定义材料命名

　　而且,要在 User Material 选项中的 Mechanical Constants 里给出表征自定义材料相应的力学属性参数(比如屈服强度,弹性模量等),如图 2.7 所示,尽管这些参数在计算中通常不发生改变。

　　在 User Behavior 定义的 Depvar 选项中,选择该材料所需的状态变量个数,如图 2.8 所示。状态变量在计算过程中不断变化,对于采用 UMAT 子程序的隐式算法来说,计算中不仅要更新应力、应变和相关的状态变量,而且还要更新材料本构的雅克比矩阵;而对于采用 VUMAT 的显式算法子程序,内部直接更新的物理量是应力和其他相关状态变量,并不需要更新材料本构的雅克比矩阵。

图 2.7　材料属性定义

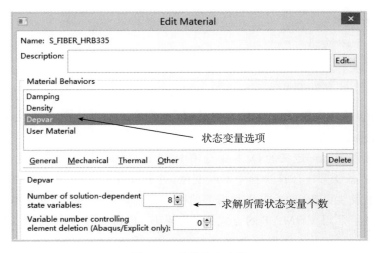

图 2.8　选择状态变量

　　自定义材料结果的输出可以通过选择状态变量来实现，但是，ABAQUS 中的状态变量默认并不输出。如果用户想要得到弹性应变以外的输出，可以将 Step 模块下 Edit Field Output Request 对话框中的输出变量栏中勾选状态变量（SDV）的输出项，如图 2.9 所示。这样，就可以输出所有状态变量在各个时刻的值。但需要注意的是，输出频率的选择应适当，用户选择的输出频率越高，则输出选项的时间间隔就越短，最终得到的输出文件也就越大，因此用户应根据具体需求选择最关心的时间节点进行输出。

图 2.9　状态变量的输出

　　最后，在 Job 模块下，Edit Job 对话框的 General 选项卡中，选择所编制隐式或显式子程序文件的路径，如图 2.10 所示，即可完成子程序调用。这里需要说明的是，所用电脑上需成功安装 Microsoft . net framework 并保证正常使用，才能完成子程序的调用。

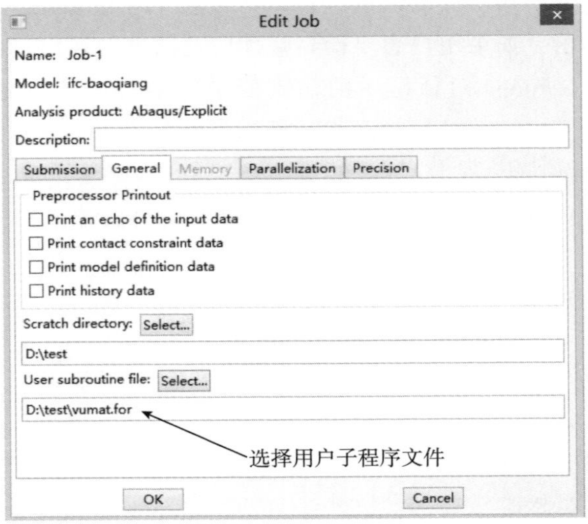

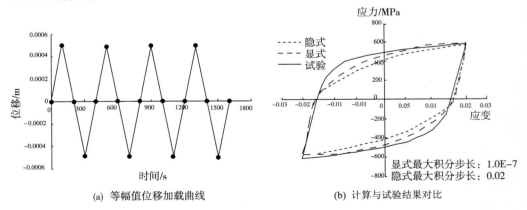

图 2.10　调用用户子程序

2.3.3　钢筋与素混凝土循环加载的数值与试验结果对比

为检验上述开发程序的可靠性,以下对钢筋与素混凝土代码部分的准确性分别进行验证。

1. 钢筋拉压等幅加卸载循环

钢筋代码计算结果验证:采用如图 2.11(a)所示钢筋位移加载规则,系根据文献[8]和[9]中应变-位移加载曲线以及试验样本标距给出,每个循环位移加载幅值均为 0.5mm,用 ABAQUS 位移加载方式模拟,两种算法的结果与试验结果对比曲线如图 2.11(b)所示。

(a) 等幅值位移加载曲线　　　　　　(b) 计算与试验结果对比

图 2.11　钢筋加载规则结果对比

2. 素混凝土受压加卸载循环

素混凝土代码计算结果验证：选取过镇海等所做试验[10]中编号为 BII-6 的试件,尺寸为 $100\text{mm} \times 100\text{mm} \times 300\text{mm}$ 的棱柱体混凝土试件。试验应变增量控制为 1.0E-3(每次位移加载的增量为 0.3mm),每次卸载至应力为零,然后再反向加载,在第 9 次(应变为 9.0E-3)卸载至应力为零时结束。加、卸载曲线依据第 2.2.2 节所述规则。这里旨在考察混凝土加、卸载规则以及代码的计算精度,应力-应变曲线(骨架曲线)参照文献[10]取为下式：

$$\frac{\sigma}{\sigma_1} = \begin{cases} a(\varepsilon/\varepsilon_1) + b\,(\varepsilon/\varepsilon_1)^2 + b\,(\varepsilon/\varepsilon_1)^3, & \varepsilon/\varepsilon_1 \leqslant 1 \\ \dfrac{(\varepsilon/\varepsilon_1)}{\alpha\,[(\varepsilon/\varepsilon_1) - 1]^2 + (\varepsilon/\varepsilon_1)}, & \varepsilon/\varepsilon_1 > 1 \end{cases} \tag{2.12}$$

式中,峰值应力 σ_1 取值为 30.664Mpa,峰值应变 ε_1 取值为 1.486E-3;a 和 α 为参数,据文献[10]中表 2 取值,分别为 1.2 和 1.64,b=3−2a,c=a−2。

两种算法的结果如图 2.12(b)所示,可以看出显示和隐式算法两者结果相近,并且与图 2.12(a)所示的试验结果比较,具有较好的一致性。其中,试验数据由提取数据的 Getdata 软件获取得到。

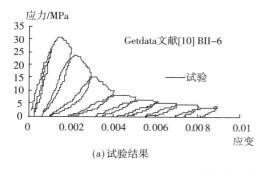

(a)试验结果

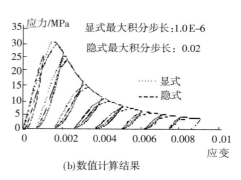

(b)数值计算结果

图 2.12　素混凝土构件数值与试验结果对比

2.3.4　构件低周反复加载的数值与试验结果对比

本节将构件低周反复加载的数值与试验结果进行对比,验证改进的混凝土再加载规则以及开发子程序的计算精度。采用 SAP2000 软件分别建立钢管、型钢和钢筋混凝土 3 种构件的有限元模型,利用 TJU.SAP2ABAQUS 接口程序(该接口程序为作者自主开发,可以方便的读取 SAP2000 的.sdb 文件获取模型数据,指定构件的主筋和箍筋,并生成 ABAQUS 可识别的文件,详细内容见本书第 3 章)生成 ABAQUS 的 inp 文件,文件格式包括隐式算法和显式算法两种。在 ABAQUS 中读入 inp 文件调入模型,转换前、后的有限元模型与相应的说明如图 2.13 所示,以下分别对这三个算例的数值与实验结果进行对比。

钢筋混凝土梁　型钢混凝土柱 圆钢管混凝土柱　　　　钢筋混凝土梁　型钢混凝土柱 圆钢管混凝土柱

(a)SAP模型　　　　　　　　　　　(b)转化后的ABAQUS模型

图 2.13　SAP 模型与 SAP2ABAQUS 转化后的 ABAQUS 模型

1. 钢筋混凝土构件

　　钢筋混凝土构件是土木工程领域最常见的构件形式,为验证程序对钢筋混凝土构件的模拟效果,选择一个钢筋混凝土简支梁,梁的跨中竖向作用变幅值周期荷载,试验采用位移加载方式,对应的钢筋混凝土构件模型示意图与位移加载历程如图 2.14所示。这里,分别采用隐式和显式算法对该钢筋混凝土构件进行分析,并将模拟结果与文献中[8]中的试验结果进行比较,如图 2.15 所示。其中,模型试验数据由文献[8]的作者提供。

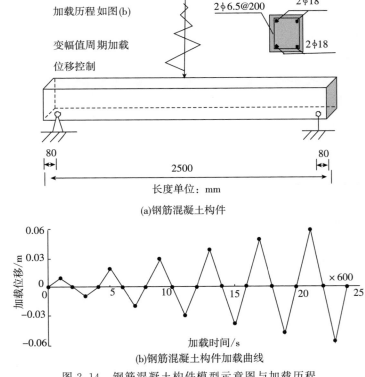

(a)钢筋混凝土构件

(b)钢筋混凝土构件加载曲线

图 2.14　钢筋混凝土构件模型示意图与加载历程

　　为与试验工况一致,用 ABAQUS 模拟时同样选择位移加载方式,分别用显式和隐式方法计算,最大步长分别设置为 1.0E-6 和 0.02,如图 2.15 所示。

　　从图可以看出,采用显式与隐式方法的计算结果比较一致,说明在合理选择积分步长情况下,不同算法对计算结果的影响较小。同时,可以看出:虽然计算曲线的"捏拢"现象不如试验曲线明显,但数值计算与试验数据的结果接近程度令人满意,能够满足工程实际的需要。

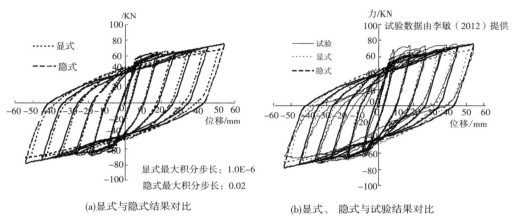

(a)显式与隐式结果对比　　　　　　　(b)显式、隐式与试验结果对比

图 2.15　钢筋混凝土构件分析结果对比

2.型钢混凝土构件

　　型钢混凝土构件是把型钢埋入钢筋混凝土中的一类构件,钢筋混凝土中增加了型钢,提高了钢筋混凝土构件的性能。与传统钢筋混凝土构件相比,型钢混凝土构件具有承载力大、刚度大、抗震性能好的优点。与钢构件相比,型钢混凝土构件具有防火性能好、构件局部和整体稳定性好、节省钢材的优点,因此在高层结构中应用较多。

　　型钢混凝土构件模型如图 2.16(a)所示,试验构件为内埋 H 型钢的混凝土方柱,下端固接。截面尺寸和材料强度均在图中标注,该柱承受轴压比为 0.5 的轴向压力,对柱顶进行力与位移加载,加载历程如图 2.16(b)所示。先进行两周的力加载,然后进行位移循环加载,每循环两周位移增加 1 倍,分别采用隐式和显式算法分析该型钢混凝土构件,并将分析结果与文献[11]中的试验结果比较,如图 2.17 所示。图中的模型试验数据由 Getdata 软件获取得到,显式和隐式方法计算时,轴向压力最大步长分别设置为 1.0E-6 和 0.02。文献[11]中型钢混凝土加载试验给出了位移加载曲线周期数(6 周)和重复循环次数(每 2 周采用同一等幅加载)。因此,提取试验数据时,只取至位移加载到第 6 周(即第 3 个滞回环)结束为止。

　　从图中可以看出,采用显式与隐式方法计算的结果基本一致,说明在合理选择步长的情况下,不同算法对计算结果的影响不大,但两种算法的相近程度不如钢筋混凝土和钢管混凝土的计算结果理想。但是,对于土木工程结构的弹塑性分析来说,两种分析方法的结果已能够满足工程实际要求,并且数值计算与试验数据的接近程度同样令人满意。

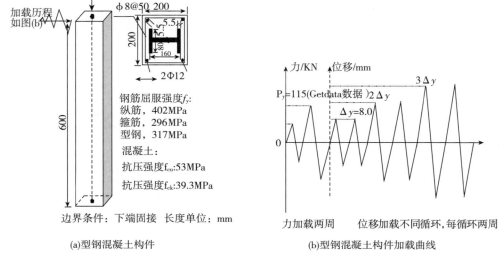

(a)型钢混凝土构件　　　　　　　　　(b)型钢混凝土构件加载曲线

图 2.16　型钢混凝土构件模型示意图与加载历程

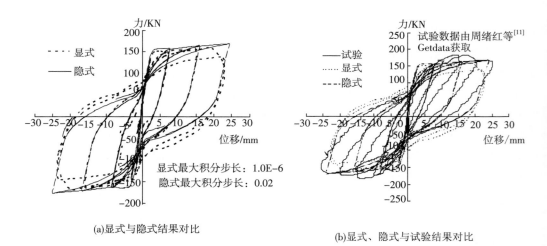

(a)显式与隐式结果对比　　　　　　　(b)显式、隐式与试验结果对比

图 2.17　型钢混凝土构件分析结果对比

3.钢管混凝土构件

混凝土材料的抗压强度高,但抗弯能力弱;钢管的抗弯能力强,并且具有良好的弹塑性,但在受压时容易失稳而丧失轴向抗压能力。钢管混凝土构件结合了两者的优点,使混凝土处于侧向受压状态,其抗压强度可成倍提高。同时,由于混凝土的存

在,提高了钢管的刚度,两者共同发挥作用,使钢管混凝土构件的承载能力高于钢管和核心混凝土构件各自承载力之和。钢管混凝土主要以轴心受压和作用偏心较小的受压构件为主,被广泛使用于各种结构中(如工业厂房和高层结构)。钢管混凝土结构不仅具有良好的受力性能,并且施工方便、快速(钢管可以作为混凝土的模板),是工程中应用广泛的结构形式。

　　本节验证开发的子程序对钢管混凝土构件的模拟效果,选取刘文渊等[12]所做实验,模型示意图如 2.18(a)所示。试验构件为下端固接的圆钢管混凝土柱,混凝土和钢管的材料参数见图中标注。构件在加载过程中始终承受 264.6kN 的轴向压力,同时在柱顶水平方向进行侧向位移加载,位移加载三周,周期为 4s,幅值逐渐增大,总加载时间为 12s,钢管混凝土构件的加载曲线如图 2.18(b)所示。分别采用隐式和显式算法分析算例中的钢管混凝土构件,并将模拟结果与文献中试验结果进行比较,如图 2.19 所示。其中,图 2.19(b)中模型的试验数据通过 Getdata 软件获取得到,显式和隐式方法计算最大步长分别设置为 1.0E-6 和 0.02。

　　从图 2.19(a)中可以看出,模拟钢管混凝土构件时,采用显式与隐式方法的计算结果比较一致,说明在合理选择步长情况下,显式与隐式算法对计算结果的影响较小。

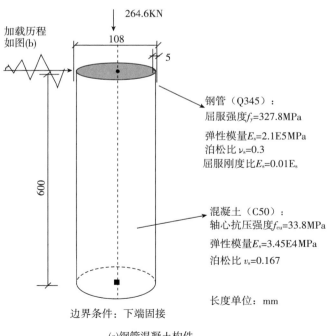

(a)钢管混凝土构件

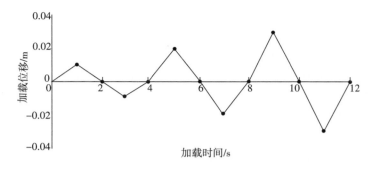

(b)钢管混凝土构件加载曲线

图 2.18　钢管混凝土构件模型示意图与加载历程

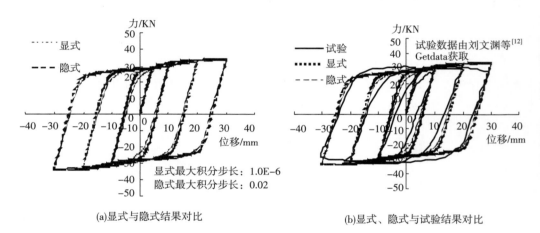

(a)显式与隐式结果对比　　　　　　　(b)显式、隐式与试验结果对比

图 2.19　钢管混凝土构件分析结果对比

　　从图 2.19(b)中可以看到,显式与隐式方法的计算结果均与试验结果非常接近,说明开发的程序对受力复杂的钢管混凝土构件的模拟效果令人满意。值得一提的是,对于这个算例,所用的分析模型在模拟构件骨架曲线的表现,比前两个算例更加出色,而且与试验曲线的相近程度也更高,足以满足土木工程结构弹塑性分析的需要。

2.4　本章小结

　　本章主要涉及钢材与混凝土材料本构、ABAQUS 子程序开发及验证等,包括以下几个方面:

　　(1)详述了钢材滞回规则中的三种情形,改进了混凝土卸载、再加载曲线规则,并给出具体表达式,定义了再加载段拐点之后刚度退化参数,避免了加载曲线与卸载曲线在拐点前相交。

（2）重点论述了 ABAQUS 中隐式算法子程序 UMAT 与显式算法子程序 VU-MAT 之间的区别与联系,给出了 UMAT 和 VUMAT 与 ABAQUS 主程序链接的框架示意图,并给出相关注记。

（3）开发并实现了适用于隐式算法 UMAT 的子程序 TJU. Plastic-S,以及适用于显式算法的双精度 VUMAT 的子程序 TJU. Plastic-E。

（4）验证了改进的混凝土再加载规则与所开发程序的可行性和计算精度,考察了两种算法（隐式和显式）对单一材料（钢筋和素混凝土）构件和混合材料（钢筋混凝土、钢管混凝土和型钢混凝土）构件的计算结果,并将数值模拟结果与试验结果相对比,得到了令人满意的结果。

本章涉及的理论基础、材料本构改进、程序开发以及试验验证等内容,为后续章节的实际工程计算提供可靠性保证。

参 考 文 献

[1] GB 50011-2010. 建筑抗震设计规范[S]. 北京:中国建筑工业出版社,2011.

[2] JGJ3-2010. 高层建筑混凝土结构技术规程[S]. 北京:中国建筑工业出版社,2011.

[3] 柳国环,练继建,国巍. 结构动力弹塑性与倒塌分析（Ⅰ）:滞回曲线改进、ABAQUS 子程序开发与验证[J]. 地震研究,2014,37(1):123-131.

[4] 柳国环,练继建,国巍. 结构动力弹塑性与倒塌分析（Ⅱ）:SAP2ABAQUS 接口技术、开发与验证[J]. 地震研究,2014,37(1):132-140.

[5] 柳国环,练继建,孙雪艳,等. 结构动力弹塑性与倒塌分析（Ⅲ）:地震差动作用下输电塔-线体系的弹塑性与倒塌分析[J]. 地震研究,2014,37(1):141-150.

[6] 中华人民共和国国住房和城乡建设部. 混凝土结构设计规范(GB 50010-2010)[S]. 北京:中国建筑工业出版社,2011.

[7] 聂建国,陶慕轩. 采用纤维梁单元分析钢-混凝土组合结构地震反应的原理[J]. 建筑结构学报,2011,32(10):1-10.

[8] 李敏. 材料的率相关性对钢筋混凝土结构动力性能的影响[D]. 大连理工大学,2012.

[9] 李敏,李宏男. 建筑钢筋动态试验及本构模型[J]. 土木工程学报,2010,43(4):70-75.

[10] 过镇海,张秀琴. 混凝土在反复荷载作用下的应力-应变全曲线[J]. 冶金建筑,1981,9:14-17.

[11] 周绪红,张小东,刘届鹏. 钢管约束钢筋混凝土柱与型钢混凝土柱滞回性能试验研究[J]. 建筑结构学报(增刊1),2009:121-128.

[12] 刘文渊,冷杰,段文峰. 往复荷载下圆钢管混凝土柱的数值模拟[J]. 吉林建筑工程学院学报,2012,29(1):1-4.

第 3 章 基于 C♯读取.SDB 格式的 TJU.SAP2ABAQUS 接口开发及验证

3.1 引　言

　　为了解决 ABAQUS 前处理过程复杂耗时的问题,开发并实现了由大型商业软件 SAP2000 导入到 ABAQUS 的有限元模型接口程序 TJU.SAP2ABAQUS[1-3],明确交代了适用于隐式算法 UMAT 与显式算法 VUMAT 的 inp 数据格式,并给出了相应注记。TJU.SAP2ABAQUS 接口程序基于 Microsoft VS2008 平台开发,并采用 Visual C♯语言开发而成,提出并设置界面为导航方式,可自由选择生成隐式或显式格式的 inp 数据文件,不仅可以直接转换不同截面杆系构件、壳体、组以及约束等信息,而且可将材料纤维信息直接转化为 inp 文件中的信息,包括难于处理的用于隐式和显式算法的钢材纤维、剪力墙配筋率等。可转化的钢构件包括:圆形钢管、箱形钢管、工字钢与角钢;可转化的混凝土构件包括:钢筋混凝土、圆钢管混凝土、方钢管混凝土、I 字型以及十字形型钢混凝土构件。

　　本章采用 TJU.SAP2ABAQUS 接口程序,对几种典型形式的结构模型分别转化,对比转化前、后的模型信息以及模态分析结果,进一步验证所开发接口程序的可行性与准确性,所做的工作可极大提高 ABAQUS 前处理的工作效率和模型转化的准确性。本章内容作为 ABAQUS 系列工作的一部分,主要涉及有关程序开发与验证,包括以下内容:

　　(1)开发了将 SAP2000 建立的有限元模型转化为 ABAQUS 有限元模型的接口程序 TJU.SAP2ABAQUS。

　　(2)给出了开发 TJU.SAP2ABAQUS 接口程序的主要相关技术细节与主要注记。

　　(3)实现了程序 TJU.SAP2ABAQUS 导航式的可视化界面,并给出具体的操作步骤与说明。

　　(4)验证了 TJU.SAP2ABAQUS 转化模型的可行性与准确性。

　　所开发的 TJU.SAP2ABAQUS 接口程序生成的 inp 数据文件,可直接与第 2 章中开发的子程序配套使用,第 2 章开发的子程序与本章的 TJU.SAP2ABAQUS 接口程序将被应用于实际工程中,并在后续章节中逐一给出。

3.2　可视化 TJU.SAP2ABAQUS 程序开发

3.2.1　开发读取.SDB 格式的 TJU.SAP2ABAQUS 缘由和流程

ABAQUS 核心程序能够分析广泛线性和非线性问题,包括静态、动态、模态分析、时域、频域以及多场耦合分析,而且具有可用于二次开发的材料本构用户子程序接口 UMAT 和 VUMAT 的开发功能,前者适用于隐式算法而后者适用于显式算法。美中不足的是:与 ABAQUS 自身的强大计算能力相比,ABAQUS 前处理的便捷性尚不足以满足结构工程师的需要。例如,在模型前处理方面,直接采用 ABAQUS 软件建立有限元模型会占用工程人员较多时间,尤其在生成材料 inp 文件方面比较耗时。例如,一个 300m 高的复杂超高层建筑,技术人员可能需要数天,甚至花费更长时间建立模型和修改模型,而且得到的有限元模型信息未必能够充分反映结构本身。此外,GUI(Graphic User Interaction)方式建模还容易出现一些问题。比如,由于有限元模型自身原因导致计算难于收敛、甚至不收敛等常见但很耗时才能解决的问题,完全采用 ABAQUS 直接进行复杂结构有限元模型的建立,会极大降低工程技术人员的工作效率,甚至导致计算结果不可靠,进而影响整体及后续工程进度。

相比之下,大家熟知的 SAP2000 软件(下文简称,SAP)是土木工程领域工程师常用的有限元软件之一,它是由 Berkeley 大学 Edward L Wilson 教授作为技术顾问的美国 CSI(Computers and Structures Incorporation)公司研发。关于 SAP 更多介绍可参考文献[4]和[5]。与 ABAQUS 软件相比,由于 SAP 的主要面向对象领域为土木工程,因此其前处理的便捷性相对更强,从而备受工程设计单位的青睐。然而,与 ABAQUS 软件相比,SAP 目前的分析能力还存在一定差距,尤其是在构件和结构体系的高级非线性方面。比如,复杂结构动力弹塑性分析、失效与破坏判断以及多场耦合计算等。

综合考虑 ABAQUS 和 SAP2000 软件各自的优势,当需要对大型复杂结构进行高级非线性分析时,容易想到一种途径:若能够将 SAP 中的模型导入 ABAQUS 中,则是一种更为便利的方法。这样,不仅可以充分利用 SAP 软件已经建立好的模型,关键是还能够避免利用 ABAQUS 建立模型的复杂过程,从而节约时间、提高效率。为此,作者开发并实现了 SAP 有限元模型导入 ABAQUS 软件中的接口程序 TJU.SAP2ABAQUS,给出了编写流程、单元信息、隐式算法格式、显式算法格式、TJU.SAP2ABAQUS 操作流程以及模型验证等相关说明。接口程序 TJU.SAP2ABAQUS 基于 Microsoft VS 开发环境,并采用 C♯ 语言编码而成,界面采用流程导向方式,以便于使用者操作。TJU.SAP2ABAQUS 接口程序不仅可以直接转换不同截面的杆系构件、壳体、组以及约束等信息,而且可将材料信息(钢筋与混凝土等级,构件的纵筋、箍筋以及剪力墙的配筋率)通过界面输入直接转化为 inp 文件,通过选择就可以生成适用于隐式或显式算法的 inp 格式文件。其中,可转换的钢构件包括圆钢管、箱型钢、工字钢与角钢等,可转换的混凝土构件包括钢筋混凝土、圆钢管钢管混凝土、方钢管混凝土以及 I 字型和十字形型钢混凝土等。此外,边界约束条件以及构件分组等信息,也可以直接转入到 ABAQUS 软件中。下面,采用开发的 TJU.SAP2ABAQUS 接口程序,对一简单模型和一个实际复杂工程分别进行转化,通过对转化前、后的模型信息以及模态分析结果进行比较,以检验开发的接口程序。

图 3.1 给出了开发 TJU.SAP2ABAQUS 接口程序的框架流程图,其目的旨在使接口程序 TJU.SAP2ABAQUS 的代码编写思路明确、清晰。如步骤 1 中所提及的,需要了解和熟悉 SAP 和 ABAQUS 两种软件的基本原理、界面操作以及相应的数据文件,尤其需要熟悉 ABAQUS 接口 UMAT 与 VUAMT 的区别,该项工作直接影响着后续工作的顺利展开以及代码编写结果的准确性。

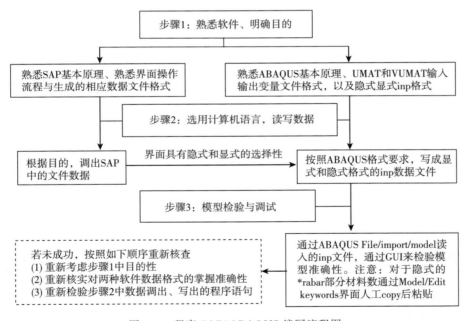

图 3.1　程序 SAP2ABAQUS 编写流程图

3.2.2　梁、壳、实体、边界与组转换技术与对应格式

SAP 和 ABAQUS 两种软件数据之间的转换过程中,确保各种单元信息及其格式表达的一一对应性是关键,否则会出现信息"错位",甚至错误的传递现象。局部坐标系的准确转换,直接影响构件截面强弱轴的方向与定位,进而影响整体结构模型的一一对应性。本节将对所转化的具有代表性单元所涉及的相关内容作详细介绍。

1.杆件单元与局部坐标系

关于杆件单元的转换,涉及两个关键环节:保持几何截面与局部坐标系转换前后的一致性,下面以一矩形截面为例加以说明。图 3.2 为几何截面和局部坐标系的示意图。SAP 软件中直接确定如图 3.2(a)所示的高度(t_3)和宽度(t_2),ABAQUS 中的截面如图 3.2(b)所示,与 SAP 软件中相对应,需要确定相应的高度(b)和宽度(a)。

对于局部坐标系:SAP 中的局部坐标如图 3.2 中(c)图所示,可以直接根据截面的坐标轴与整体坐标系相对位置确定。局部坐标 1 轴为杆件两个节点先后连接的方向,局部 2 轴为强轴(沿 2 轴绕 3 轴惯性矩较大)方向,3 轴方向符合右手螺旋定则顺序 V_1-V_2-V_3,相应的数学公式可表示为

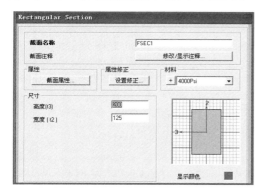

(a) SAP截面定义   (b) ABAQUS截面定义

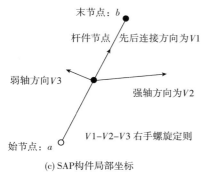 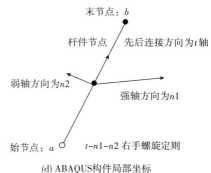

(c) SAP构件局部坐标   (d) ABAQUS构件局部坐标

图 3.2 构件的几何截面与局部坐标系

$$\vec{V}_3 = \vec{V}_1 \times \vec{V}_2 \tag{3.1}$$

设 $v_1(x), v_1(y), v_1(z)$ 与 $v_2(x), v_2(y), v_2(z)$ 分别为 $\vec{V}_1$ 和 $\vec{V}_2$ 的方向分量,即

$$\vec{V}_1 = [\boldsymbol{V}_1(x), v_1(y), v_1(z)], \vec{V}_2 = [v_2(x), v_2(y), v_2(z)] \tag{3.2}$$

进而,通过两个方向可得到第三个方向的向量,即

$$\vec{V}_3 = \begin{vmatrix} \vec{i} & \vec{j} & \vec{k} \\ v_1(x) & v_1(y) & v_1(z) \\ v_2(x) & v_2(y) & v_2(z) \end{vmatrix} \tag{3.3}$$

ABAQUS 中,局部 1 轴(ABAQUS 中为轴向)为杆件两节点的连接方向。这时,根据 $\vec{V}_1$ 和公式(3.3)可以得到 SAP 模型中的局部轴向 $\vec{V}_3$,进一步可确定 ABAQUS 的强轴向量 $\vec{n}_1$:

$$\vec{n}_1 = \vec{V}_3 \times \vec{V}_1 \tag{3.4}$$

$$\vec{n}_1 = \begin{vmatrix} \vec{i} & \vec{j} & \vec{k} \\ v_3(x) & v_3(y) & v_3(z) \\ v_1(x) & v_1(y) & v_1(z) \end{vmatrix} \tag{3.5}$$

综上所述,不难看出:这时只需要确定 SAP 中构件 $\vec{V}_1$ 和 $\vec{V}_2$ 的方向分量即可。杆件的长度 l 可通过杆件定位直接提取其编号,因而只需计算杆件末节点坐标与始节点坐标的相对差值,即

$$\mathrm{d}x = x_b - x_a, \mathrm{d}y = y_b - y_a, \mathrm{d}z = z_b - z_a \tag{3.6}$$

从而,$\vec{V}_1$ 中的各个分量可通过计算余弦值而容易得到,即

$$v_1(x) = \mathrm{d}x/l, v_1(y) = \mathrm{d}y/l, v_1(z) = \mathrm{d}z/l \tag{3.7}$$

此时,需要同时考虑如下几种可能性:当 $v_1(x) = v_1(y) = v_1(z) = 0$ 时,表明杆件长度太短而被认为是两个重合的节点,需要重新核实模型(通常情况下,该情形不会发生);当 $v_1(x) = v_1(y) = 0$ 且 $v_1(z) > 0$ 时,说明杆件平行于 z 轴,且方向与 z 轴正向相同;当 $v_1(x) = v_1(y) = 0$ 且 $v_1(z) < 0$ 时,说明杆件平行于 z 轴,且方向与 z 轴负向相同。除此之外,根据 SAP 软件自身的相关规定,可以进一步确定 $\vec{V}_2$:

$$\vec{V}_2 = \begin{vmatrix} \vec{i} & \vec{j} & \vec{k} \\ v_1(x) & v_1(y) & v_1(z) \\ 0 & 0 & 1 \end{vmatrix} \tag{3.8}$$

式中,(0,0,1)代表 Z 轴正方向的向量。这时,联合式(3.3)、(3.6)、(3.7)和(3.8),可以得到 SAP 中构件的 $\vec{V}_3$,再将 $\vec{V}_1$ 和 $\vec{V}_3$ 代入式(3.5),就可得到 ABAQUS 中的强轴向量 $\vec{n}_1$。

2. 壳单元与钢筋层(可模拟楼板或剪力墙)

采用壳单元可以模拟建筑结构中的楼板和剪力墙,该单元的转化需要保证转化前、后的单元厚度、节点坐标及其先后连接的一致性。读取 SAP 中 shell 单元的四个节点坐标编号和厚度,同时将剪力墙的配筋信息写成 ABAQUS 的文件格式形式,具体格式如图 3.3 所示。

```
*Element，type=S4R(关键词，单元类型)
1,1,4,5,2
2,2,5,6,3
3,4,7,8,5
4,5,8,9,6（单元编号，单元节点5-8-9-6顺次链接）
5,7,10,11,8
6,8,11,12,9
```

(a) 壳单元类型及节点连接

```
*SHELL SECTION, ELSET=ASEC1,material=C30 (关键词，截面组，材料)
0.25, 7（壳厚度，辛普森积分点）
*REBAR LAYER （关键词）
Layer1,0.00025,0.1,0.105,SHEARWALL_HRB335,0
 （层名，配筋率/壳厚/0.1，定义长度，偏心距，材料，角度）
Layer2,0.00025,0.1,0.105,SHEARWALL_HRB335,90
Layer3,0.00025,0.1,-0.105,SHEARWALL_HRB335,0
```

(b) 壳单元厚度与钢筋层定义

图 3.3　ABAQUS inp 文件中壳单元类型、节点连接与厚度的数据格式

3. 边界条件与分组

SAP 模型中设置的边界条件与单元组名（包括单元）通过 TJU. SAP2ABAQUS 接口程序，直接将赋予给相应的 ABAQUS 模型，边界条件与单元组的 inp 文件格式如图 3.4 所示。

```
* N set nset=BC_restraint, instance=PART-lgenerate
1,1
4,4
7,7
10,10
* B ound ary(关键词)
BC_restraint,1,6(节点组名，1-6 个自由度约束)
```

(a)边界条件赋予

```
* Element, ty pe=S 4R
1,1,4,5,2
2,2,5,6,3(单元编号，节点 2-5-6-3 顺次链接)
3,4,7,8,5
4,5,8,9,6
* ELSET, elset=ASEC1(单元组关键词,组名)
1,2,3(组中的单元编号)
```

(b)单元组赋予

图 3.4　ABAQUS inp 文件中边界条件与单元组数据格式

3.2.3　可视化程序 TJU. SAP2ABAQUS 导航式功能与说明

为了确保转化后的 ABAQUS 有限元模型信息准确，需要核实模型数据转化之前的 SAP 模型信息，否则会影响模型转化与计算结果。转化界面采用导航方式，可转化的钢构件包括圆钢管、箱型钢、工字钢与角钢等，混凝土构件包括钢筋混凝土、圆钢管钢管混凝土、方钢管混凝土以及内置 I 字型和十字形型钢混凝土等。局部坐标系连同截面同时转化为 inp 文件，壳单元节点与厚度直接转化为 inp 格式。此外，接口程序可以将 SAP 中 group 命名及其包含的节点或单元，直接转化为 ABAQUS 中的 NSET 或 ESET。

TJU. SAP2ABAQUS 程序操作主界面如图 3.5 中（a）图所示。点击"浏览"，如

图 3.5(b)所示,找到 SAP 的 SDB 格式文件硬盘地址。选定该文件,并点击"打开"按钮。此时,返回到如图 3.5(c)所示的主界面,同时界面上出现了 SDB 文件所在地址。然后,点击"读取 SDB 数据",将 SAP 中模型信息读入到 TJU.SAP2ABAQUS 界面中,以待进一步对不同的钢混构件(钢筋混凝土、型钢混凝土、方形钢管混凝土、工字形以及十字形型钢混凝土)、型钢以及壳单元(剪力墙或楼板)分类,该过程通过导航键完成,如图 3.5(c)~3.5(f)所示。

　　点击图 3.5(f)中的导航键,可以顺次看到如图 3.5(g)~3.5(j)所示型钢的截面信息与定义界面。点击图 3.5(j)中的导航键,可以依次看到如图 3.5(k)~3.5(n)所示的钢混构件、型钢混凝土构件以及钢管混凝土构件的界面信息与纤维定义界面,该界面直接关系到生成 inp 文件中隐式算法对应的纤维数据(或显式算法对应的等效型钢位置和面积),相应界面构件形式与图 3.5(c)和图 3.5(d)中的预先分类相对应。点击图 3.5(n)中的导航键,可以顺次看到图 3.5(o)和图 3.5(p)中楼板和剪力墙的信息与定义截面,这里主要涉及配筋率。

　　点击图 3.5(q)中的"地震动"按钮,选择场地类别及其相应的地震波,可直接设置系数进行调幅,后续生成的数据包括已设置的地震波数据。输出 inp 文件之前,需要选择图 3.5(q)中的"显式算法"或是"隐式算法"、质量和刚度阻尼系数以及模态分析所需要设置的最小周期(代码程序直接计算为 ABAQUS 所需要的频率量值),进而生成所需要格式的 inp 文件数据。这时,点击图 3.5(q)"输出"生成 inp 文件,保存地址可根据需要而定。当数据生成成功后,会显示图 3.5(r)中所示的"成功导出文件"的文本框。若在输出前需要检查之前已设置的数据,可以直接在图 3.5 (q)中返回导航键。这里,对于钢管混凝土约束效应的相关理论参考文献[6-8],具体的公式在文献[4]中有相应给出。

(a) TJU.SAP2ABAQUS主界面

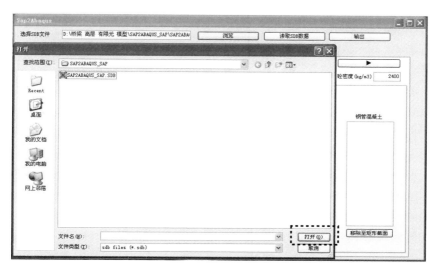

(b) 寻找并选定SDB文件

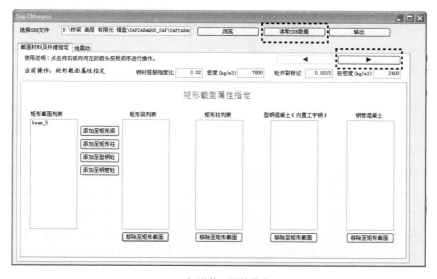

(c) 矩形截面属性指定

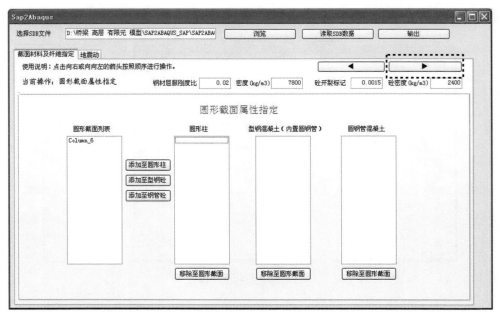

(d) 圆形截面属性指定

(e) 型钢截面列表

(f) 剪力墙截面列表

(g) 工字钢截面信息显示与定义

(h) 角钢截面信息显示与定义

(i) 圆钢管截面信息显示与定义

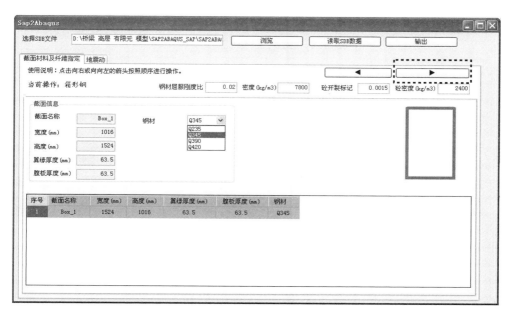

(j) 箱型钢截面信息与定义

(k) 矩形梁截面信息与定义

(l) 圆形截面显示与定义

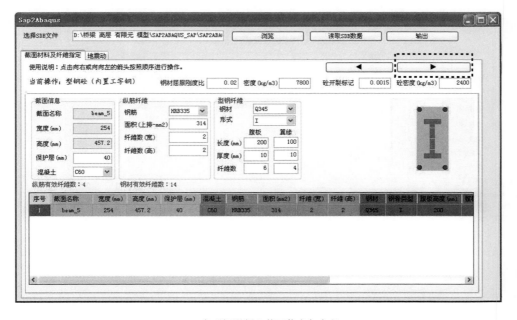

(m) I字型钢混凝土截面信息与定义

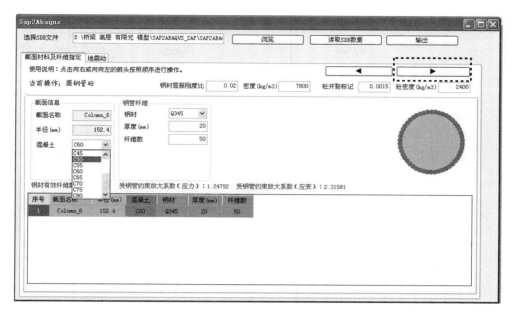

(n) 圆形钢管混凝土截面信息与定义

(o) 楼板信息显示与定义

(p) 剪力墙信息显示与定义

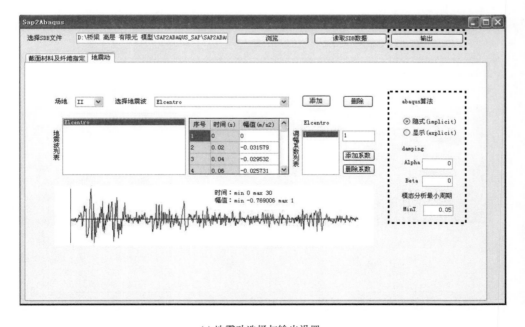

(q) 地震动选择与输出设置

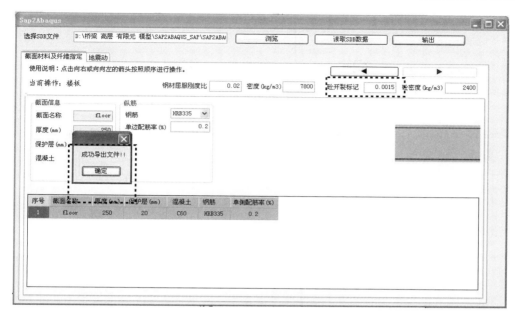

(r) 成功导出文件显示

图 3.5 TJU.SAP2ABAQUS 导航式操作界面

当前操作界面显示正在进行的操作步骤,界面右上角的方向按钮可以切换到上一步或下一步,用来切换不同的操作步骤。操作的 1~4 步[图 3.5 中的(c)、(d)、(e)和(f)]为数据填充列表步骤,包括矩形截面属性指定,圆形截面属性指定,型钢和索截面列表,面和实体截面列表。模型中不论包含何种构件,此 4 步均予以显示;当模型中不包含某种类型的构件时,则对应的列表为空,直接进行下一步操作即可。

数据填充列表(1~4 步)完成后,需要对构件截面进行数据的输入,此部分内容会根据模型中所包含的构件进行显示,不存在空置的数据填充表格。在构件截面数据输入界面中,有表格和控件输入部分以及图形显示部分。表格和控件输入中的数据同步进行修改,相应的图形显示与之对应,实时更新。构件截面的尺寸信息和截面数据,由接口程序直接读取 SAP2000 模型获得,材料信息和纤维信息则由用户输入。

接口程序采用表格方式输入各种类型截面的数据(如图 3.6 所示),如钢筋等级、纤维数量等。对于由众多构件组成的大型模型,输入的数据较多,如果全都采用手动修改会增加很多繁琐的工作量,并且可能在此过程中会产生输入错误。为方便用户输入,表格中的钢筋数据按照缺省数据进行填充。缺省数据的设置采用文档的方式,便于用户进行查看和修改。如果用户使用的常用数据与缺省数据不同,可以打开软件根目录下的 defaulset.txt 文件来修改。defaulset.txt 文件定义了缺省数据设置的关键词和格式,如图 3.7 所示。

图 3.6　数据输入操作界面

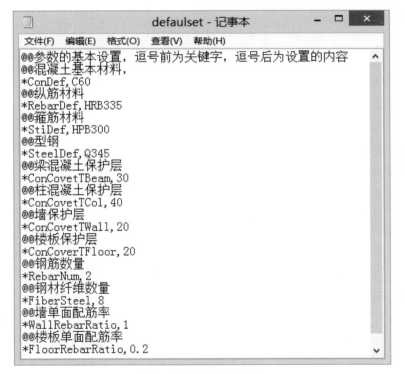

图 3.7　缺省数据文件

在 defaulset. txt 文件中,@@开头的为说明文字,＊开头的为设置内容,每行由两个数据组成,两个数据之间由逗号进行分隔。逗号之前为设置的关键字,逗号之后为设置的内容。逗号之前的内容是程序识别的关键字,用户不能修改,逗号之后为可

修改的内容。比如,混凝土基本材料设置为"＊ConDef，C30"，＊ConDef 为关键字,
C30 为混凝土等级,如果要修改为 C40 混凝土,直接将 C30 改为 C40 即可,其他类型
的数据照此进行修改。如果没有按照格式进行修改,或者修改文件有错误,软件不能
识别此文件,则接口会按照程序内部设置的数据进行填充。

　　同时,为更快的修改数据,在表格中双击单元格时,会拷贝上一行数据。在进行
截面属性指定、填充修改构件截面的信息后,使用上一步按钮到数据填充列表步骤中
时,会有如图 3.8 所示提示,当选择确定时,进入上一步数据填充列表步并删除构件
截面列表中填充的内容,当选择取消时,停留在原步骤。

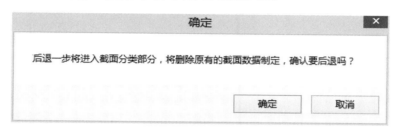

图 3.8　提示对话框

　　TJU.SAP2ABAQUS 接口程序的功能主要包含:①识别 SAP 模型信息;②指定
截面材料和纤维;③模型分 part 输出;④摩擦面识别及摩擦系数指定;⑤指定地震波
文件。TJU.SAP2ABAQUS 接口程序的突出特点是:界面友好、转化高效、数据准
确、实用性强,可以直接读取 SAP 软件保存的.SDB 模型文件,识别模型信息。在输
入模型的相应信息后,根据不同的要求,生成 inp 文件,并且生成的 inp 文件可在
ABAQUS 中直接导入。SAP 软件中的杆件类型多样,在目前版本的 TJU.
SAP2ABAQUS 接口中,可以识别的构件有:混凝土圆形/矩形构件,型钢(工字钢、角
钢、箱型钢、钢管)构件,索、面、实体以及连接构件。其他类型的构件,读取构件的位
置信息写入 inp 文件,即对于不识别的构件,仅需要对几何信息,材料,截面等信息在
ABAQUS 中指定。

　　使用 TJU.SAP2ABAQUS 接口程序,需要注意以下几点:
　　(1) SAP2000 须为 14.2.2 以上版本,且确保软件本身使用正常。
　　(2) 使用电脑上成功安装了 Microsoft.net framework,并保证正常使用。
　　(3) 转化前的 SAP 模型所保存的单位建议调整为国际标准单位(N-m),并关闭
SAP 程序,以便于转化后在 ABAQUS 中方便查阅相关参数。

3.2.4　显/隐式算法对应的不同纤维 inp 文件数据处理方法

　　inp 文件是 ABAQUS 软件的一种输入输出文件,文件中包含对整个模型信息的
完整描述。inp 文件的格式简洁易懂,分为两个部分:第一部分定义模型数据,包括

part、节点、构件、材料等信息;第二部分定义用于分析的数据,如边界条件、荷载等信息。

inp 文件总是以* Heading 开头,接下来可以用一行或多行来写下此模型的标题和相关信息。模型的相关信息由一系列特定格式的数据块组成,数据块中定义详细的节点、单元、截面属性等数据。每个数据块均以"* +关键字"开始,其后为对应的参数,如部件数据块以"* Part"开始,装配件数据块以"* Assembly"开始,实体数据块以"* Instance"开始。通过编辑 inp 文件,可以对模型信息进行修改。但是,这种不直观的操作方式不适合于大型模型的建模与修改。

对于隐式和显式算法的 inp 文件,其数据格式也不完全相同。不仅钢纤维部分需要区别处理,而且,通过 ABAQUS 读取 inp 文件中的模型信息,进一步生成有限元模型的步骤也不同。

(1) 隐式 inp 文件格式与处理方法

对应于隐式算法的 inp 文件,其中钢纤维的关键词用* rebar。同时,需要按照inp 文件格式写出各个纤维的面积与几何坐标。直接生成的隐式 inp 文件,首先需要通过 File/import/model 读入 inp 文件(这时* TRANSVERSE SHEAR STIFFNESS与* rebar 之后的钢纤维数据尚未被读取,这属于 ABAQUS 当前固有存在的问题),然后还需要通过 Model/edit keywords 编辑该 inp 文件,将* TRANSVERSESHEAR STIFFNESS 和* rebar 之后的文件数据 copy 到相应位置。通过以上处理,隐式 inp 文件数据被读入至 ABAQUS 中形成有限元模型。在此需要说明一点,对于考率压弯延性破坏的构件,一般可以不考虑剪切影响,所以剪切刚度关键词* TRANSVERSE SHEAR STIFFNESS 之后的数据,需要被设置成一个比较大的量值。

(2) 显式 inp 文件格式与处理方法

对应于显式算法的 inp 文件,其中不允许出现* rebar。因此,需要采用几何位置和面积相同的型钢作等效处理。这样处理,不仅可以避开* rebar 的限制,而且可以通过 File/import/model,直接将生成的适用于显式算法的该部分 inp 文件数据输入,从而直接生成有限元模型。

3.2.5 TJU.SAP2ABAQUS 定义计算方法的说明

TJU.SAP2ABAQUS 接口中,程序根据混凝土构件截面输入的箍筋信息,计算箍筋的约束效应。箍筋的约束效应计算输出包括箍筋约束指标、受箍筋约束放大系数(应力及应变),显示在截面材料及纤维属性页表格输入和控件输入的中间位置,便于用户查看和复核。

混凝土截面数据输入中,混凝土材料等级从为 C15 到 C80,钢筋材料为HPB300、HRB335、HRB400 和 HRB500,材料的强度和弹性模量等信息均与《混凝土结构设计规范》(GB50010-2010)相同。

　　型钢材料包括 Q235、Q345、Q390 和 Q420。材料名称、材料强度、弹性模量等信息均与《钢结构设计规范》(GB50017-2013)相同。

3.2.6　TJU.SAP2ABAQUS 中钢筋层的定义与说明

　　在有限元分析中,为降低分析的时间成本通常需要将楼板假定为刚性单元,而剪力墙则需要考虑钢筋和混凝土的共同作用,以获得较高的模拟精度。在 ABAQUS 中,可以通过 * rebar layer 关键词在壳单元中插入钢筋层,以此来模拟剪力墙的力学行为。为了准确模拟楼板和剪力墙,接口程序 TJU.SAP2ABAQUS 在所有的壳单元中插入钢筋层,并根据识别到的截面厚度和用户输入的单边配筋率、保护层厚度等信息(图 3.9 和图 3.10),定义楼板和剪力墙中的钢筋层。

图 3.9　楼板钢筋信息输入界面

图 3.10　剪力墙钢筋信息输入界面

　　接口程序根据模型中的壳单元名称为钢筋层命名,命名规则为"壳单元名称＋PARTOT-钢筋层编号",每个壳单元有两个表面布置钢筋,每个面的钢筋均双向配置,所以每个截面定义的钢筋层有四层,命名为 rebar layer1～4,如图 3.11 所示。

　　在 ABAQUS 的壳单元中,建立钢筋层需要提供各层钢筋的信息,包括材料名称、单根钢筋的面积、钢筋间距、钢筋层距中面距离、钢筋材料名称、钢筋方向和输出基准方向等。接口程序计算以上各个参数,直接输出 inp 格式的钢筋层定义。图 3.12 为 inp 格式的楼板钢筋定义,图 3.13 为 inp 格式的剪力墙钢筋层定义。

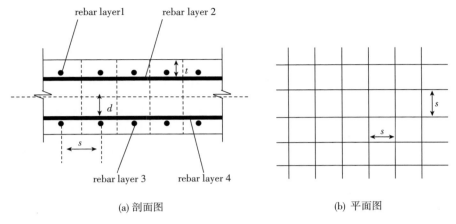

(a) 剖面图　　　　　　　　　　　(b) 平面图

图 3.11　钢筋层布置示意图

```
* * ·················FLOOR SLAB DEFINE·················
* SHELL SECTION，ELSET＝slabPARTOT，material＝FLOOR_C60
0.2(楼板单元厚度)
* REBAR LAYER(关键词)
slabPARTOT－1,8E－05,0,1,0.07,FLOOR_HRB335,0,1
(名称,单根钢筋面积,钢筋间距,钢筋距中面距离,钢筋材料名,钢筋方向,输出基准方向)
slabPARTOT－2,8E－05,0.1,0.07,FLOOR_HRB335,90,1
slabPARTOT－3,8E－05,0.1,－0.07,FLOOR_HRB335,0,1
slabPARTOT－4,8E－05,0.1,－0.07,FLOOR_HRB335,90,1
```

图 3.12　inp 格式的楼板钢筋层定义语句

```
* * ·················FLOOR SLAB DEFINE·················
* SHELL SECTION，ELSET＝slabPARTOT，material＝FLOOR_C60
0.4(剪力墙截面厚度)
* REBAR LAYER(钢筋层关键词)
shearwallPARTOT－1,0.00048,0.1,0.17,SHEARWALL_HRB335,0,1
(名称,单根钢筋面积,钢筋间距,钢筋距中面距离,钢筋材料名,钢筋方向,输出基准方向)
shearwallPARTOT－2,0.00048,0.1,0.17,SHEARWALL_HRB335,90,1
shearwallPARTOT－3,0.00048,0.1,－0.17,SHEARWALL_HRB335,0,1
shearwallPARTOT－4,0.00048,0.1,－0.17,SHEARWALL_HRB335,90,1
```

图 3.13　inp 格式的剪力墙钢筋层定义语句

如图 3.12 和图 3.13 所示,钢筋层定义语句需要依次填写钢筋层命名和相应参数指定在内的七条信息,各部分命名和参数计算规则如下:

(1) 名称:钢筋层名称的定义规则为"楼板单元名/剪力墙单元名＋PARTOT-钢筋层编号"。

（2）单根钢筋面积 A：计算公式为 $A=a×s×\rho$。其中，a 为楼板或剪力墙截面厚度（程序自动识别），s 为钢筋间距（默认为 0.1m），ρ 为单边配筋率（用户指定）。比如，图 3.13 中所示剪力墙，截面厚度为 0.4m，单边配筋率为 1.2%，钢筋间距为 0.1m，则 $A=a×s×\rho=0.4×0.1×1.2\%=0.00048m^2$。

（3）钢筋间距 s：接口程序将此项参数值定义为 0.1m。

（4）钢筋距中面的距离 d：表示钢筋层在壳单元厚度方向上的相对位置（中轴面位置值为 0，正法线方向为正值，负法线方向为负值），此参数用于确定钢筋层在墙体厚度方向上的位置信息。$d=a/2-t$，为程序识别到的壳单元厚度的一半减去用户输入的保护层厚度 t。比如，图 3.13 所示剪力墙厚度为 0.4m，保护层厚度为 0.03m，则上层钢筋距中面的距离为 $d=a/2-t=0.4/2-0.03=0.17m$。需要说明的是，进行结构设计时，规范中规定的保护层厚度为最外层钢筋外边缘至混凝土表面的距离，钢筋距中面的距离 d 实际上还应减去钢筋的半径，考虑到钢筋半径通常较小，为简化计算，此处计算 d 时忽略了钢筋半径。

（5）钢筋材料名称：根据钢筋所在壳单元为楼板或剪力墙，分别命名为"FLOOR_＋钢筋材料名"或"SHEARWALL_＋钢筋材料名"。

（6）钢筋方向：钢筋分上、下两层，每层钢筋沿两个垂直方向布置，钢筋层 rebar layer1～4 的此项参数值依次为 0，90，0，90。

（7）输出基准方向：接口程序将此项参数定义为 ABAQUS 的默认值 1。

3.2.7　悬链线索建模及转化说明

索构件在 SAP2000 中建模过程为：①在 SAP2000 主界面上依次选择定义->截面属性->索截面命令，在弹出的"索截面定义"对话框中定义构件截面，如图 3.14 和图 3.15 所示；②在 SAP2000 主界面上，选择绘制->绘制框架/索/钢束命令，如图 3.16 所示；③在弹出"对象属性"对话框中，线对象类型下拉列表中选择"索"命令，如图 3.17 所示；④在主操作界面上，连接所需绘制索构件的起点和终点，完成索对象的绘制。

图 3.14　定义索截面命令

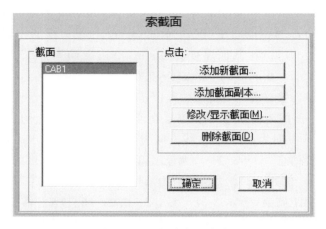

图 3.15　添加索截面命令

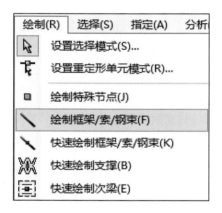

图 3.16　绘制杆件命令

图 3.17　绘制索命令

　　绘制索构件操作完成后,会弹出"索几何"对话框,如图 3.18 所示。按照图 3.18 的数据进行索构件参数的设置,生成的 SAP2000 索构件模型如图 3.19(a)所示。参数设置完成后,将设置的索构件模型利用接口程序转化为 inp 文件,并导入到

ABAQUS 中,查看生成的 ABAQUS 模型,如图 3.19(b)所示。

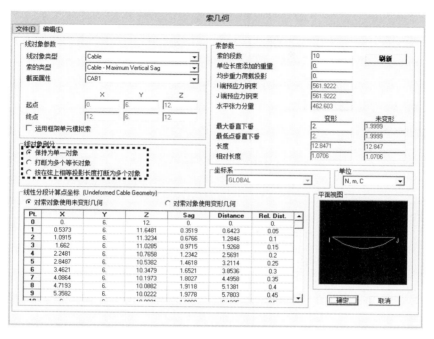

图 3.18　编辑索几何属性

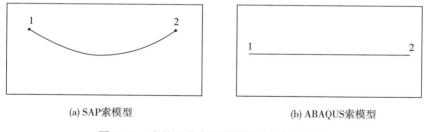

(a) SAP索模型　　　　　　　　　　　　(b) ABAQUS索模型

图 3.19　未处理状态的索转化前后模型对比

从图中索构件转化前、后的对比可以看到,SAP2000 模型和 ABAQUS 模型中索构件的形式并不相同。ABAQUS 模型并没有真实的反应 SAP2000 索模型,产生这种现象的原因要从 SAP2000 和 ABAQUS 两种软件计算方式的不同说起。在 SAP2000 中,几何模型和分析模型是不同的,可以通过构件剖分的方式对几何模型进行剖分,生成计算模型,真实的反应结构模型的情况。但是,接口程序生成的 inp 文件中,是直接生成 instance 部分的数据,而要真实的反应计算模型,需要提取计算模型的数据。在接口程序中,读取的是未经分析的 SAP2000 模型数据文件,提取的是几何模型,如果要真实的反应 SAP2000 计算模型,需要在 SAP2000 中对模型进行预处理,使其分析模型和几何模型保持一致。处理的方法有两种,一种是在绘制索构件时,就在索几何对话框中的"线对象剖分"选项中选择打断为多个等长对象,即图3.18中虚线框中的部分;另一种是在绘制完成后,选择编辑线->编辑索几何命令,在"索几何"对话框中的"线对象几何剖分"选项中选择打断为多个等长对象。将索构件打断成多个等长的对象后,就可以利用接口程序将处理过的模型导入到ABAQUS中,转化前、后模型对比如图3.20所示。

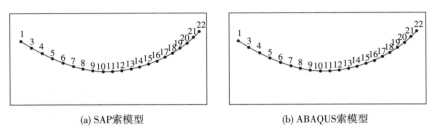

(a) SAP索模型　　　　　　　　　　(b) ABAQUS索模型

图 3.20　处理后的索转化前后模型对比

3.2.8　SAP2000 OAPI 介绍

SAP2000 OAPI(Open Application Programming Interface)是 SAP2000 软件提供的开放应用程序接口,自 SAP2000V11 版本开始开放。在 SAP2000 软件菜单中可以实现的功能,通过使用 OAPI 的方法基本都可以实现。

OAPI 可以使用 VBA、MATLAB、VisualC♯ 等编程语言进行开发,开发平台既有专业的 Visual Studio 2008 和 MATLAB,也有常用的 Excel 和 AutoCAD。接口程序 TJU. SAP2ABAQUS 开发时选用的是 C♯语言,C♯ 是微软公司发布的一种面向对象的程序设计语言,它是基于. net framework 之上,可以让编程人员快速的编辑基于. net 平台开发的应用程序。C♯语言同时继承了 C 语言的语法风格和 C++语言的面向对象特性,并且具有语法简洁的特点,即使没有编程基础和快速应用程序开发的经验,也能够很快上手编写程序。

在 SAP2000 软件的安装目录下,可以找到 SAP2000OAPI 的帮助文档,对 API 提供的函数和函数的使用均给出了示例。在帮助文档中,OAPI 函数按照功能进行分类,可以和 SAP2000 软件中的功能进行对照使用。比如,增加荷载组合命令,其函数为 SapObject. SapModel. RespCombo. Add(),在帮助文档中通过 CSI OAPI functions->definitions->combinations->add 就可以找到函数定义的方式和参数,如图 3.21 所示。

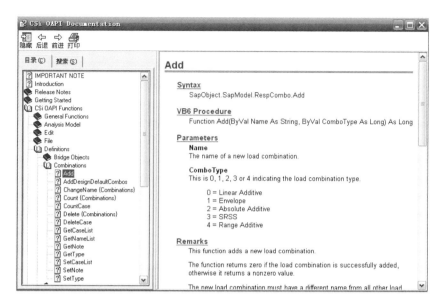

图 3.21　函数定义

使用 SAP2000 OAPI 调用内部函数,可以直接建立或修改模型,进行结构的参数化建模,实现荷载施加、计算控制、结果处理等功能。

SAP2000 软件中的单元类型有杆件、壳、索、实体、钢束等,读取这些单元类型函数可以在 CSI OAPI functions->Object Model 中找到,按照单元类型对函数进行分类(如图 3.22 所示),而且可以对各种类型的对象进行添加、查看、删除等操作。在本接口软件中,主要是读取 SAP2000 软件的模型信息,用到的为获得信息的函数。

这里,以杆件类型的单元为例,介绍 SAP2000OAPI 中提供的函数。函数采用关键字进行定义,通过函数名称即可了解函数的功能。比如:

SapObject. SapModel. FrameObj. AddByCoord——通过坐标添加 Frame 单元;

SapObject. SapModel. FrameObj. AddByPoint——通过点标签增加 Frame 单元;

SapObject. SapModel. FrameObj. Delete——删除 Frame 单元;

SapObject. SapModel. FrameObj. GetNameList——获得 Frame 的标签列表;

SapObject. SapModel. FrameObj. GetPoints——获得 Frame 单元的节点;

SapObject. SapModel. FrameObj. GetSection——获得 Frame 单元的截面定义;

根据 Frame 单元的截面定义,可以得到构件的截面类型和材料等信息。

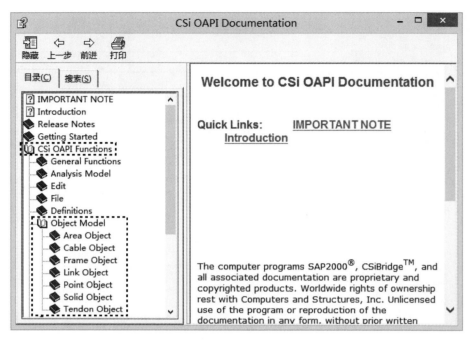

图 3.22　单元操作函数

3.3　可视化 TJU.SAP2ABAQUS 程序转换前后对比与验证

3.3.1　钢筋/圆(方)钢管/(十)工字型钢-混凝土构件

在进行模型转换时,转换得到的构件在 ABAQUS 中只显示出轮廓。图 3.23 中给出了截面为圆形和方形构件转换前、后的轮廓对比情况。其中,钢纤维分布在混凝土之中,如图 3.24 所示。

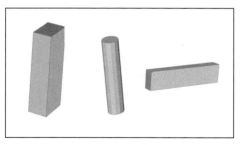
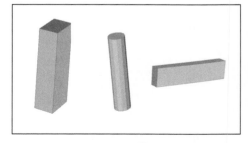

(a) SAP模型　　　　　　　　　　　　　　　　(b) ABAQUS模

图 3.23　钢-混凝土构件转化前后模型对比

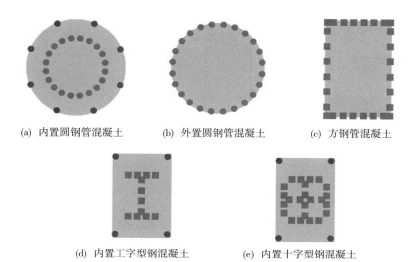

(a) 内置圆钢管混凝土　　(b) 外置圆钢管混凝土　　(c) 方钢管混凝土

(d) 内置工字型钢混凝土　　(e) 内置十字型钢混凝土

图 3.24　钢纤维离散示意图

钢筋/圆(方)钢管/(十)工字型钢-混凝土等构件受力时,是由钢和混凝土两种材料共同工作,为准确模拟构件的实际受力状况,在转换过程中将所有钢材按照面积相等的原则转化成离散的钢纤维。在转换过程中,用户可以自己选择用以模拟各种钢材的钢纤维数量。显然,所选钢纤维数量越多,与实际受力状况就越接近,但每根钢纤维均对应结构刚度矩阵中的一个值,纤维数的增加会导致计算成本的增加,因此需要合理选择。

3.3.2　角/工字钢、箱型钢及圆钢管

针对角/工字钢、箱型钢及圆钢管等工程中常用的钢构件,图 3.25 和图 3.26 分别给出了局部坐标缺省情形下和型钢局部坐标变化情形下,模型转化前、后的对比情况。通过对比图可以看到,转化前、后模型具有很好的一致性,说明接口程序不仅可以正确识别并转换各种形状钢构件的几何形状和尺寸,还能准确识别转换构件的局部坐标信息。

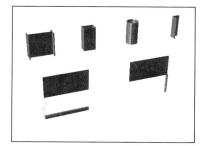

(a)SAP模型　　　　　　　　　　(b)ABAQUS模型

图 3.25　局部坐标缺省情形下转化前后模型对比

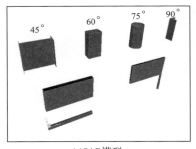 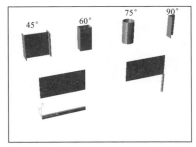

(a)SAP模型   (b)ABAQUS模型

图 3.26　型钢局部坐标变化情形下转化前后模型对比

3.3.3　剪力墙和楼板

壳单元可以模拟建筑结构中的楼板和剪力墙。图 3.27 给出了壳体转化前、后模型与模态的对比图。

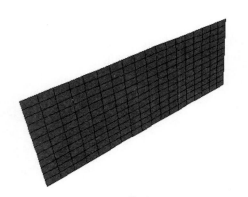

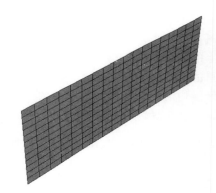

(a)SAP模型   (b)ABAQUS模型

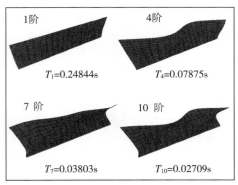

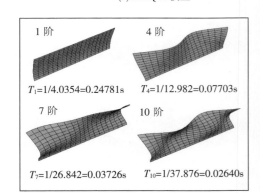

(c) SAP模态   (d) ABAQUS模态

图 3.27　壳体转换前后模型与模态对比

从图中可以看出,转化前、后壳单元的模型与模态分析结果均一致,转换前、后两个模型各阶模态相似,且自振频率一致,从而验证了 TJU. SAP2ABAQUS 接口程序转化壳模型时的可靠性与准确性。

3.3.4 柔性索

针对力学特性与刚性构件完全不同的柔性索,图 3.28 给出了柔性索转化前、后的模型图与模态对比图。通过对比可以看出,转化前、后的索模型及索的模态分析结果均呈现很好的一致性,从而验证了 TJU. SAP2ABAQUS 接口程序转化索模型时的可靠性与准确性。

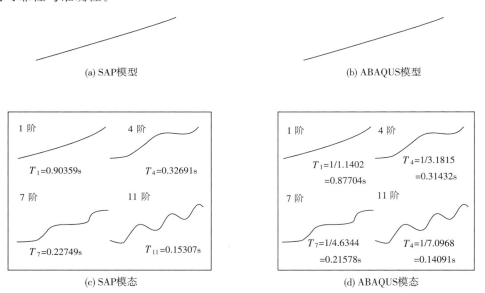

(a) SAP模型   (b) ABAQUS模型

(c) SAP模态   (d) ABAQUS模态

图 3.28 索模型转换前后模型与模态对比

3.3.5 框架结构

实际工程中,结构都是由众多构件组成的整体,为验证接口程序在实际工程中的表现,对一横向两跨、纵向三跨的二层简单框架结构的 SAP 模型进行转化。图 3.29 给出了转化前、后框架结构的模型图与模态分析结果对比情况。从图中可以看出,转化前、后模型具有很好的一致性,并且用 SAP 和 ABAQUS 计算得到的各阶模态振型与周期具有较好的一致性,从而验证了开发的接口程序 TJU. SAP2ABAQUS 转化整体模型时的可靠性与准确性。

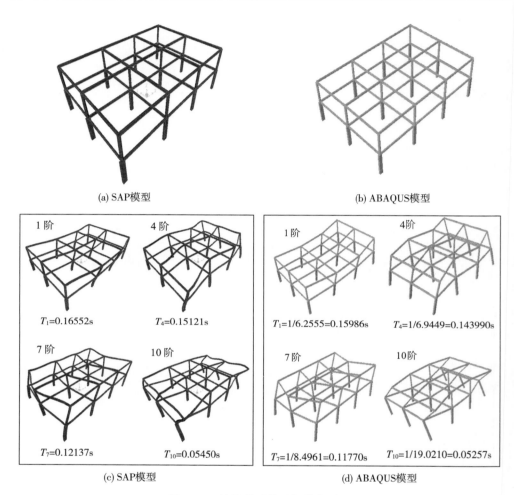

图 3.29　转换前后模型与模态对比

3.3.6　输电塔

　　本节以某输电塔结构为例,验证 TJU. SAP2ABAQUS 接口程序转化复杂模型时的可靠性与准确性。图 3.30 给出转化前、后某输电塔结构的模型与模态分析对比情况。这里,输电塔结构的构件包括角钢、钢管、钢管混凝土等,构件形式较为丰富多样,因而具有代表性。通过对比可以看出,转化前、后不仅结构的模型信息基本一致,而且结构的各阶振型与周期也基本一致,从而验证了 TJU. SAP2ABAQUS 转化复杂大型结构模型的准确性与普适性。

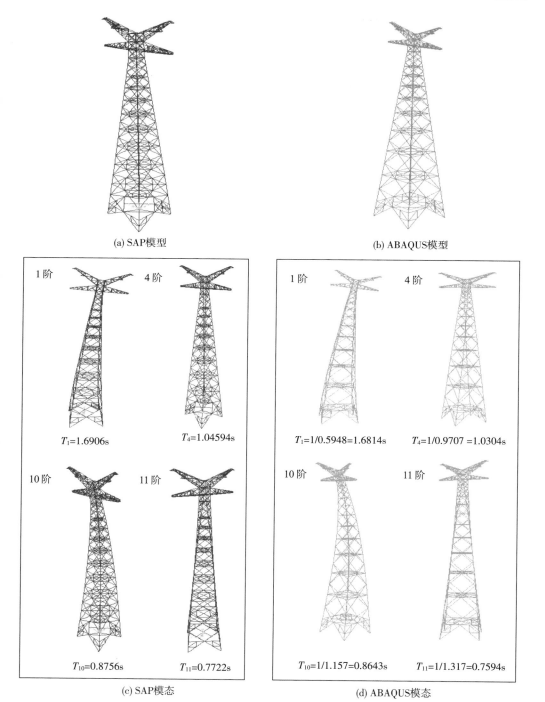

(a) SAP模型

(b) ABAQUS模型

1阶　　　　　4阶

T_1=1.6906s　　　　T_4=1.04594s

10阶　　　　　11阶

T_{10}=0.8756s　　　　T_{11}=0.7722s

(c) SAP模态

1阶　　　　　4阶

T_1=1/0.5948=1.6814s　　　　T_4=1/0.9707=1.0304s

10阶　　　　　11阶

T_{10}=1/1.157=0.8643s　　　　T_{11}=1/1.317=0.7594s

(d) ABAQUS模态

图 3.30　输电塔模型转换前后模型与模态对比

3.3.7 边界

通过接口程序可以将 SAP 模型中定义的约束信息,直接读取并输出到 inp 文件中。接口自动将所有的约束点指定到同一个组中,组名的定义方式为"part 名＋BC＋约束信息"。每个约束点有 6 个自由度,当某个方向的自由度被约束时,标记为 1,不约束时标记为 0,按照 X,Y,Z,RX,RY,RZ 的顺序得到点的约束信息。比如,一个点约束了所有自由度,其约束信息为 111111,对应的组名为"part 名＋BC111111";只约束平动自由度,其约束信息为 111000,对应的组名为"part 名＋BC111000"。图 3.31 给出了某四层框架结构模型转换前、后的边界条件对比情况。

(a) SAP模型中的边界定义

(b) ABAQUS模型中的边界定义

(c) SAP中的边界显示

(d) ABAQUS中的边界显示

图 3.31 转换前后边界条件对比

框架的基础部分约束了 X,Y,Z 三个方向的平动自由度,如图 3.31(a)所示。转换后,与 ABAQUS 模型的组名为"PARTOTBC111000"对应,并且可以在 ABAQUS 中的 Edit Boundary Condition 对话框中进行查看和修改,如图 3.31(b)所示。从模型转换前、后的对比图可以看出,TJU. SAP2ABAQUS 接口程序可以准确识别并转化定义的边界条件。

3.3.8　命名与分组

TJU. SAP2ABAQUS 接口程序可以识别 SAP 模型的信息包括:节点、构件、连接单元、组信息以及支座的约束方式。本节对模型转换过程中各部分的命名进行说明,为便于读者理解,首先给出 SAP2000 和 ABAQUS 中使用的关键字对比,如表 3.1 所示。

表 3.1　SAP2000 和 ABAQUS 中使用的关键字对比

SAP2000 关键字	ABAQUS 关键字	备注
Joint	* Node	节点
Frame	* Element,type=B31	杆件
Cable	* Element,type=B31	索
Area	* Element,type=S4R	面单元
Solid	* Element,type=C3D8R	实体
Group	* Elset/* Nset	组
Joint Restraint	* Boundary	边界条件

在 ABAQUS 中采用显式计算时,混凝土构件中的钢筋和型钢简化为型钢构件,即混凝土构件会分为两个部分:混凝土和简化的型钢。钢筋简化为箱型截面的型钢,型钢仍保持原形状。此种情况下,混凝土构件分为多个构件进行定义:纯混凝土的构件、型钢简化的构件以及钢筋简化的构件。钢筋简化的型钢截面命名为混凝土截面定义＋"_R",型钢简化的型钢截面命名为混凝土截面定义＋"_S1",定义方式同混凝土截面。

Part 是 ABAQUS 模型的基本构成元素,Part 模块的主要功能是建立有限元分析模型所需要的部件,一个模型通常由一个或几个 Part 组成。在 TJU. SAP2ABAQUS 接口中,可以根据需要将 SAP 模型分为多个 Part 进行输出。在接口中实现模型分 Part 输出,需要在 SAP 模型中定义组。SAP 软件的组功能同 ABAQUS 的 set 功能。为实现分 Part 功能,需要将 SAP 中的组名指定为包含 "Part"的字符串,包含"Part"字符串的组是用于分 Part 的组,不进行组的输出。如果整个模型没有进行 Part 分组,或者部分构件没有指定 Part 分组,则接口会给这部分构件指定为缺省的 Part 分组名称 PARTOT。在 SAP 模型分组时,需要注意两个情况:(1) 用于接口转换的模型中,一个构件不能指定到两个 Part 分组;(2) 不能将 Part 分组名命名为 PARTOT,这是在接口中保留的关键字。

例如,某一框架结构按照楼层进行分组,整个结构分为 F1、F2、F3、F4 共 4 个组。图 3.32(a)为 SAP 中定义的组,共 4 个(注:ALL 组不输出)。用接口程序生成得到对应的 ABAQUS 模型分组,如图 3.32(b)所示。图 3.32(c)和 3.32(d)分别给出了突出显示的处于同一组中的第四层框架。从图中可以看出,TJU.SAP2ABAQUS 接口程序可以准确识别并转化定义的组。

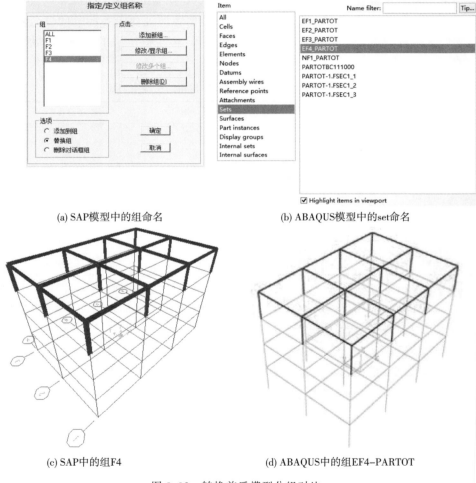

(a) SAP模型中的组命名　　　　　　　　(b) ABAQUS模型中的set命名

(c) SAP中的组F4　　　　　　　　(d) ABAQUS中的组EF4-PARTOT

图 3.32　转换前后模型分组对比

SAP 模型中截面属性为框架(Frame),材料类型为钢(Steel),截面形状为角钢、箱型钢、钢管和工字钢类型的构件,在 TJU.SAP2ABAQUS 中识别为型钢构件,对应在 ABAQUS 中的类型为 B31 梁单元。型钢构件根据其截面、局部轴和所在 Part

进行分类,同截面、同局部坐标轴、同 Part 的构件被识别为一个截面,其命名规则为"截面名称+标识符"。接口程序识别出型钢构件后,会根据截面形状自动填充到型钢截面列表中。

SAP 模型中截面属性为面(shell)的单元,在 TJU.SAP2ABAQUS 中识别为面,面对应在 ABAQUS 中的类型为 S4R(四边形缩减积分壳单元),所对应的面单元均为 4 节点面单元。面单元根据其截面名称和所在 Part 进行分类,同截面、同 Part 的面单元被识别为同一个面截面,命名规则为:面单元名称+Part 名称。

SAP 模型中截面属性为索(Cable),材料为 Tendon 类型,截面形状为圆形的构件,在 TJU.SAP2ABAQUS 中被识别为索构件,对应在 ABAQUS 中的类型为 B31。索构件根据截面、局部坐标轴和所在 Part 进行分类,同截面、同局部坐标轴、同 Part 的构件被识别为一个截面,其命名规则为"截面名称+标识符"。索单元使用的材料为两种,地线和导线(分别命名为"C_dixian"和"C_daoxian"),其材料属性需要用户自定义,在编辑框中输入材料的属性。在索截面数据输入表格中,可以根据其截面名称自动指定材料,当索截面名称包含字符串"daox"时,材料缺省为"C_daoxian",当索截面名称包含字符串"dix"时,材料缺省名称为"C_dixian",其他名称的索不指定缺省材料,由用户指定。

SAP 模型中截面属性为 Solid 的单元,在 TJU.SAP2ABAQUS 中识别为实体,实体对应在 ABAQUS 中的类型为 C3D8R,所有的实体均为 8 节点单元。实体单元根据其截面名称和所在 Part 进行分类,同截面、同 Part 的实体识别同一个实体截面,命名规则为:实体名称+Part 名称。实体单元可以指定的材料包括土体和混凝土两种,混凝土材料同《混凝土结构设计规范》(GB50010-2010)的规定,程序内部已经定义,土材料需要用户添加指定。

3.4　可视化 TJU.SAP2ABAQUS 使用与说明

3.4.1　TJU.SAP2ABAQUS 地震动格式与说明

TJU.SAP2ABAQUS 接口中已经有各类场地常用的地震波文件,如需查看地震波文件的数据,可以在软件根目录中的 time history 文件夹中进行查看,也可以根据程序自带的地震波文件格式,添加用户自己的地震波文件。接口自带的地震波文件在显示和输出时均进行了归一化处理,即地震波的幅值最大值为 1 或 -1。在地震波的图形显示区域,地震波的时间和幅值均标示出来,以便于用户查看,如图 3.33 所示。

每条地震波可以输入多个调幅系数,生成的地震波文件是经过调幅处理过的地震波文件。选择地震波、指定每条波的调幅系数后,会在 inp 文件中对应的位置定义

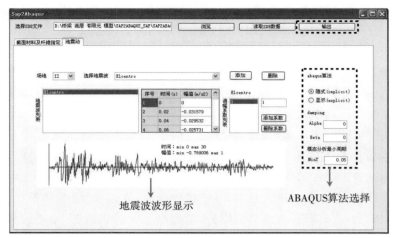

图 3.33 地震波数据的添加

一个 Step。如果不指定地震波的调幅系数,则取缺省值为 1。根据选择的地震波,在 inp 文件中生成对应的 Step,Step 中包括用户在 TJU.SAP2ABAQUS 中选择的计算方法以及地震波的持续时间信息。比如,选择图 3.33 中持续时间为 30s 的 El centro 波,对应 Step 中的定义如图 3.34 所示。ABAQUS 中,根据选择的算法不同,输出不同格式的 inp 文件,可以选择输出显式算法或隐式算法。需要注意的是,此部分的选择会影响到混凝土构件中钢筋和型钢类型的定义以及 Step 的定义。

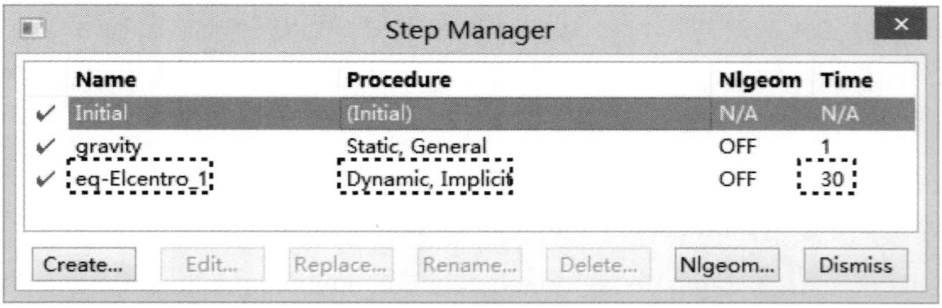

图 3.34 地震波数据的添加

3.4.2 TJU.SAP2ABAQUS 输出 inp 文件与说明

图 3.33 右上角的输出按钮用于输出模型的 inp 文件,需注意的是:转换前 SAP 模型的.sdb 文件应使用 N-M 单位制保存。利用 TJU.SAP2ABAQUS 接口程序,可直接生成 ABAQUS6.10 版本格式的 inp 文件。每一个模型在进行模型转换和数据输出时,都会同时生成三个 inp 文件,如图 3.35 所示。图中的文件 Test 为所生成 ABAQUS 模型的 inp 文件,文件 Test_Modal 为用于计算结构周期的 inp 文件,文件 Earthquake_Amplitide 为地震波数据文件。地震波数据文件默认保存在接口程序

安装根目录下，如果用户将生成的 inp 文件保存在默认路径以外的地方，导入到 ABAQUS 时，需将三个文件置于同一目录下。

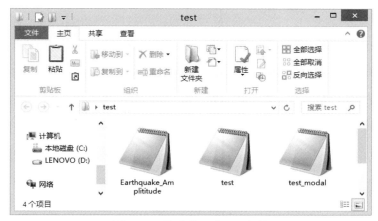

图 3.35　输出的三个 inp 文件

地震波文件中，关键字为 ∗ Amplitude，Name，地震波数据以行排列，格式为"时间，加速度"，每行包含四组数据，如图 3.36 所示。指定地震波名称，在导入 ABAQUS 后，此名称为 Amplitudes 中的函数名称，显示在列表中如图 3.37 所示。导入到 ABAQUS 后，其数据可以在 Edit amplitude 对话框中进行查看，如存在多个地震波函数，则将多个地震波函数定义在同一个文件中。

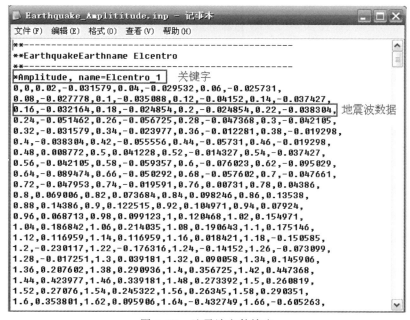

图 3.36　地震波文件输出

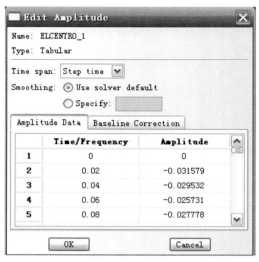

图 3.37　ABAQUS 中地震波数据显示

3.4.3　钢管混凝土和型钢混凝土数据转换方法说明

在前面的介绍中,已经就钢筋混凝土和型钢构件的导入方法和注意事项进行了说明,型钢构件为单一类型的材料,钢筋混凝土的钢筋信息是在接口中进行输入。对于结构分析来说,钢筋混凝土构件也为单一类型材料。钢管混凝土和型钢混凝土等类型的构件为两种材料组成的截面,在 SAP2000 软件中,其截面的定义方法要用到截面设计器,绘制不同的形状,并指定材料,如图 3.38 所示。

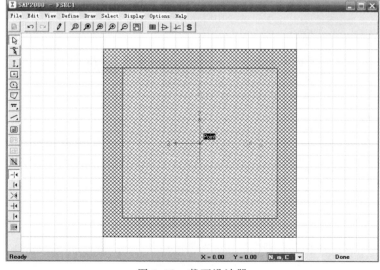

图 3.38　截面设计器

在接口程序中,实现此类构件的转换和数据采用的方法与 SAP2000 模型的定义方法不同,其处理步骤为:

(1)将 SAP2000 模型的钢管混凝土或型钢混凝土指定为钢筋混凝土截面。

(2)在接口程序中,读取模型信息,此类构件按照形状进行读取,并填充至矩形梁或圆形梁列表,如图 3.39 所示。

图 3.39　矩形截面列表

(3)将钢筋混凝土或型钢混凝土截面添加至对应的列表中,如图 3.40 所示。

图 3.40　矩形截面指定

（4）在型钢混凝土或钢管混凝土的数据输入截面补充构件的钢筋信息和型钢信息，如图 3.41 所示。

图 3.41　截面指定

3.5　本 章 小 结

本章为提高 ABAQUS 有限元软件中结构模型前处理的效率和准确性，做了以下几项工作：

（1）给出了 SAP 与 ABAQUS 程序数据格式的技术细节与相关注记。

（2）开发并实现了可视化程序接口 TJU.SAP2ABAQUS，其功能包括：导航式界面；直接选择和定义纤维；自由选择生成隐式和显式数据格式；转化内容丰富（包括钢筋层的楼板与剪力墙、钢筋混凝土、圆钢管混凝土、方刚管混凝土、I 字形以及十字形型钢混凝土）；钢管混凝土考虑了钢管的约束效应；自动转化分组并定义约束条件。

（3）给出了 TJU.SAP2ABAQUS 导航式可视化界面的操作流程、使用步骤及相关注记。

（4）通过四种模型转化前、后的对比，验证了 TJU.SAP2ABAQUS 接口程序转化模型信息的可行性与准确性。

本章自行开发的 TJU.SAP2ABAQUS 接口程序生成的 inp 数据文件，可直接与第 2 章中开发的子程序配套使用，其在工程中的应用将在后续章节中逐一给出。届时，TJU.SAP2ABAQUS 的便利性与准确性将得到进一步检验。

参 考 文 献

[1] 柳国环，练继建，国巍. 结构动力弹塑性与倒塌分析(I)：滞回曲线改进、ABAQUS 子程序开发与验证[J]. 地震研究，2014，37(1)：123-131.

[2] 柳国环，练继建，国巍. 结构动力弹塑性与倒塌分析(II)：SAP2ABAQUS 接口技术、开发与验证[J]. 地震研究，2014，37(1)：132-140.

[3] 柳国环，练继建，孙雪艳，等. 结构动力弹塑性与倒塌分析(III)：地震差动作用下输电塔－线体系的弹塑性与倒塌分析[J]. 地震研究，2014，37(1)：141-150.

[4] Wilson E L. Static and dynamic analysis of structures: a physical approach with emphasis on earthquake engineering [M]. Computers and Structures Inc，Berkley，California，2004.

[5] 北京金土木软件技术有限公司等编著. SAP2000 中文版使用指南[M]. 北京：人民交通出版社，2006.

[6] 陈肇元，朱金铨，吴佩刚. 高强混凝土及其应用[M]. 北京：清华大学出版社，1992.

[7] Legeron F，Paultre P. Uniaxial confinement model for normal and high-strength concrete columns [J]. Journal of Structural Engineering，ASCE，2003，129(2)：241-252.

[8] 韩林海. 钢管混凝土结构：理论与实践(第二版)[M]. 北京：科学出版社，2007.

第 4 章　边界-地基系统在 TJU.SAP2ABAQUS 中的转化功能开发与验证

4.1　引　　言

　　地震波在土层中传播,要受到土层介质的影响,产生场地效应。对于大跨结构而言,场地效应会显著影响结构在地震作用下的弹塑性发展过程。因此,需要考虑地基—结构的耦合效应,在进行有限元分析时应考虑加入人工边界。目前,ABAQUS 软件前处理的便利性尚不足以满足要求,直接在 ABAQUS 中建立地基模型并设置人工边界条件,不但耗时费力且极容易出错。为此,本章在接口程序 TJU.SAP2ABAQUS[1-3] 的基础上基于 C# 语言开发了接口程序的实体转换模块,该模块可将 SAP2000 中模拟地基的实体模型转化为 ABAQUS 模型。通过将 SAP2000 模型中粘弹性阻尼器的刚度、阻尼信息转化为 ABAQUS 中并联的弹簧-阻尼系统,可以快速建立带粘弹性人工边界的 ABAQUS 地基模型。对于同一模型中分在不同组里的多层土体,可在接口程序内指定每层土体的材料属性,并可自动识别各层土体之间的接触面,指定接触面摩擦系数。对于带桩基础的地基,可以指定和修改其中混凝土材料的强度与钢筋强度、直径等信息。

　　同时,为解决 ABAQUS 粘弹性人工透射边界中人工输入地震力工作量大、容易出错等问题,开发了节点反力处理程序,并提出了一种 INP 格式的人工边界地震力快速输入方法,极大地缩减了模型前处理的时间,且该方法逻辑清楚,操作简单,便于修改,可直接运用于实际工程中。

4.2　人　工　边　界

4.2.1　人工边界原理简述

　　大量的工程实践表明,在大跨桥梁、高拱坝、核电站等重大结构的动力反应分析中,刚性地基假定不尽合理,无限地基能量辐射效应的影响应予以考虑。此时,可在介质中引入人工边界,则结构的力学模型可简化为如图 4.1 所示的结构-地基系统分析模型。其中,人工边界是对无限连续介质进行有限化处理时,在介质中人为引入的虚拟边界。

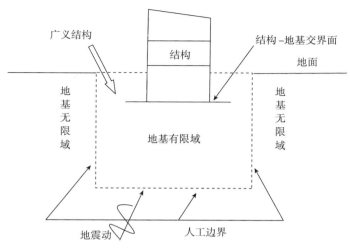

图 4.1　结构-地基系统分析模型

　　所谓人工边界条件,就是该边界上的结点所需满足的人为设定的边界条件,用于模拟被切除了的地基无限域的影响,构成近场波动问题计算区对应的偏微分方程的边界条件。人工边界条件理论上应当实现对原连续介质的精确模拟,以保证波在人工边界处的传播特性与原来的连续介质一致,进而使波在通过人工边界时无反射效应,而是发生完全的透射或被人工边界完全吸收。因此,人工边界条件也被称为无反射边界条件、透射边界条件、单向边界条件或吸收边界条件[4]。人工边界条件对无限域模拟的准确与否将直接影响近场有限域或结构反应的精度。因此,人工边界条件的研究具有重要意义。近 30 多年来,国内外对人工边界条件进行了广泛而深入地研究,基于各种不同的思想提出了许多设置人工边界的方法。

　　人工边界条件的早期思想是远置人工边界方法,即将人工边界设置的离结构足够远,在要求的计算时间内不包含人工边界的影响。Alterman 和 Karal[5] 最早运用这一思想,对单层覆盖弹性半空间爆炸源产生的近场波动进行了研究。如今,远置人工边界法求得的消除边界影响的精确数值解,仍然被用于某些问题的人工边界条件的检验工作中。但是,远置人工边界法通常要求将边界位置设置在非常远的地方,在三维情况下,无疑使得求解问题的自由度数目呈几何级数增长,求解的计算量通常是计算机所无法接受的。并且,远置人工边界的思想是对无限域的近似模拟,并未给出确定的人工边界条件。因此,在这之后的研究工作基本向着两个方向进行,一类是全局(Global)人工边界条件,另一类是局部(Local)人工边界条件。

　　全局边界条件包括边界元法、一致边界条件法、级数解法、无穷元法等,这类方法通常要求外行波满足无限域的所有场方程和物理边界条件(无穷元法除外),包括无穷远辐射条件。全局边界条件对无限地基的模拟是精确的,但其在空间和时间上是耦联的,而且通常要求在频域求解。

局部边界条件包括粘弹性人工边界、粘性人工边界、透射人工边界、叠加边界等。局部人工边界仅模拟外行波穿过人工边界向无穷远处传播的性质,并不严格满足所有的物理方程和辐射条件,一个边界点在某一时刻的运动仅与邻近结点邻近时刻的运动有关,也即所谓的局部(Local)人工边界条件,如旁轴近似人工边界、透射人工边界、粘弹性人工边界等,它的主要特征是时空解耦。正是由于局部人工边界条件具有时空解耦的特点,因而受到学术界和工程界的广泛关注。

4.2.2　INP 格式的弹簧和阻尼的确定方法

在众多边界条件中,粘弹性人工边界条件应用的比较多。粘弹性人工边界可以等效为:在边界上施加连续分布的弹簧－阻尼器系统,来模拟波动的透射,如图4.2所示。此类人工边界概念清晰,施加方便,具有不错的精度和适用性,方便与数值方法结合,而且在 ANASYS、LS-DYNA 和 ABAQUS 等大型通用有限元软件上,均可实现对粘弹性人工边界的模拟。

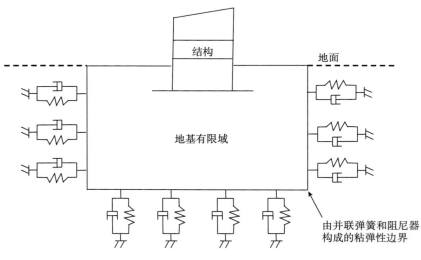

图 4.2　粘弹性边界示意图

实现地基－边界系统由 SAP2000 到 ABAQUS 的转化功能,关键是正确的转化实体单元(地基)和连接单元(边界系统)的弹簧和阻尼信息,并按照 ABAQUS 承认的语法格式写入 INP 文件之中,ABAQUS 中弹簧数据格式和阻尼数据格式分别如图4.3和图4.4所示。

```
* Orientation，name＝Datum csys-1
1,0,0,0,0,1
* Element，type＝SpringA，elset＝Damper21-1-spring(关键词,单元类型,单元分组)
1，PARTOT-1.253，PARTOT-1.1
2，PARTOT-1.255，PARTOT-1.2
3，PARTOT-1.21，PARTOT-1.277
4，PARTOT-1.22，PARTOT-1.279(弹簧单元编号,弹簧起始节点所在组、编号,弹簧终止节点
所在组、编号)
* Spring，elset＝Damper21-1-spring，orientation＝Datum esys-1(关键词,弹簧连接单元组名)
1,1(弹簧连接单元方向)
32500000(弹簧连接单元刚度值)
```

图 4.3　ABAQUS INP 文件中弹簧数据格式

```
* Element，type＝DashpotA，elset＝Damper21-1-dashpot(关键词,单元类型,单元分组)
13，PARTOT-1.253，PARTOT-1.1
14，PARTOT-1.255，PARTOT-1.2
15，PARTOT-1.21，PARTOT-1.277
16，PARTOT-1.22，PARTOT-1.279(阻尼单元编号,阻尼单元起始节点组、编号,阻尼单元终止节
点组、编号)
17，PARTOT-1.285，PARTOT-1.25
* Dashpot，elset＝Damper21-1-dashpot，orientation＝Datum csys-1(关键词,阻尼单元组名)
1,1(阻尼连接单元方向)
10000(阻尼连接单元阻尼值)
```

图 4.4　ABAQUS INP 文件中阻尼数据格式

在 SAP2000 中,可以利用软件中的连接/支座属性对话框中的粘滞阻尼器 (Damper)单元,模拟两节点间的粘弹性行为。SAP2000 软件中,粘滞阻尼器的阻尼属性是基于 Maxwell 粘弹性模型建立的[6],粘滞阻尼单元的示意图如图 4.5 所示。这个模型中,非线性力－变形关系如式(4.1)所示。

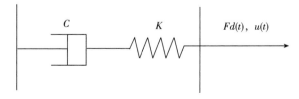

图 4.5　粘滞阻尼单元示意图

$$f=\mathrm{k}d_k=cd_c^{cexp} \tag{4.1}$$

式中:k 表示弹簧常数,c 为阻尼系数,d_k 为弹簧的变形,d_c 为阻尼器的变形速度,cexp 为阻尼指数。

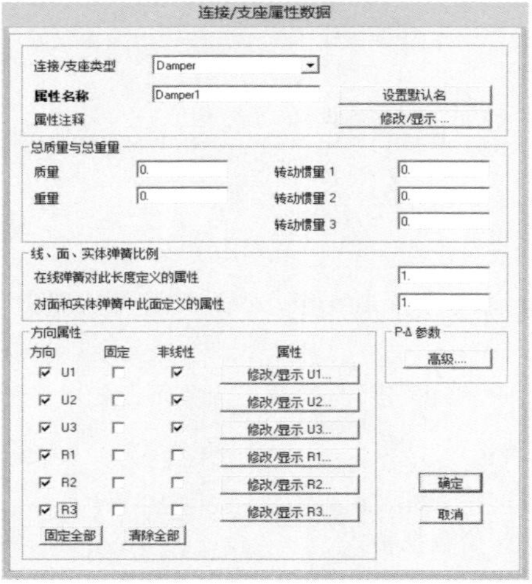

粘滞阻尼器单元由一个阻尼单元和一个弹簧单元串联构成,是一个耗能并具有一定刚度的阻尼-弹簧系统。如果仅用它来模拟单纯的阻尼行为,可以将弹簧的刚度设置成足够大来忽略弹簧的作用。在使用粘滞阻尼器单元时,用户可以指定三个平动方向和三个转动方向的刚度和阻尼属性,如图 4.6 所示。

图 4.6　SAP2000 粘弹性阻尼器对话框

在 TJU. SAP2ABAQUS 接口程序中,连接单元这一部分的信息只识别出来,但并不显示在操作界面中。在接口中,可以识别 SAP2000 模型中定义为 Damper 类型的连接单元。所有的连接单元均为两节点连接单元,接口读取的数据为非线性属性中的刚度和阻尼,对于 SAP2000 中的每个粘弹性阻尼器连接单元,均可以读出连接单元起、止节点的信息,以及六个方向单元的刚度和阻尼值。按照 ABAQUS 中 Springs/Dashpots 的语法格式写入 INP 文件,分别将刚度和阻尼单元施加到各个方向上去,即每个 Damper 单元对应 ABAQUS 中的六个 Springs 和六个 Dashpots。连接单元对应在 ABAQUS 中的类型为 Springs/Dashpots。

下面以矩形地基模型为例,利用 TJU. SAP2ABAQUS 接口程序将 SAP2000 模型中 Damper 类型的连接单元,转为 ABAQUS 中类型为 Springs/Dashpots 单元的过程,通过该方法可以快速建立 ABAQUS 粘弹性人工边界模型。

首先,建立矩形地基的 SAP2000 模型,如图 4.7 所示。其中,地基材料选用实体单元,地基周围节点处均匀布置 Damper 阻尼器连接单元。连接单元中指定 U1、U2 和 U3 这三个平动方向的刚度与阻尼属性,三个方向的刚度阻尼参数设置均相同。

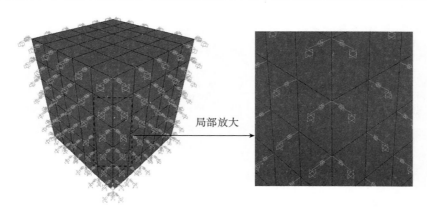

局部放大

图 4.7　待转换矩形地基模型

　　然后,用 TJU. SAP2ABAQUS 接口程序读取 SAP2000 模型导出的.SDB 文件中的数据,通过接口程序直接输出 ABAQUS 模型的 INP 文件,将 INP 文件导入到 ABAQUS 软件中,即得到该矩形地基的 ABAQUS 模型,如图 4.8 所示。从转化前、后两模型图的直观对比,可以看出地基模型转化前、后的一致性。TJU. SAP2ABAQUS 接口程序除了成功转换实体单元的几何信息与单元划分之外,还将地基模型与周边的连接单元(弹簧和阻尼信息)一并转化。

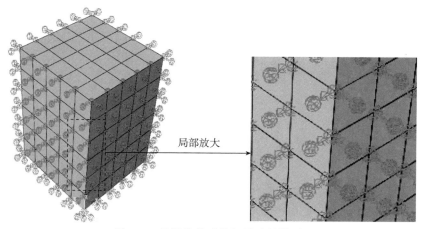

局部放大

图 4.8　经转化得到的矩形地基模型

　　模型转化后,连接单元的刚度与阻尼值是否被准确传递至关重要。图 4.9 为该地基模型在 SAP2000 中的 Damper 连接单元定义对话框。TJU. SAP2ABAQUS 接口程序识别并写入 INP 文件的信息,实际上是“非线性分析工况中使用的属性”中的刚度值和阻尼值,即图中矩形虚线框中的数值。此部分内容并不在操作界面上显示出来,也不需要用户做任何操作,接口会自动把识别到的刚度和阻尼信息,按照 ABAQUS 中 INP 文件的弹簧和阻尼格式写出,用户在将 INP 文件导入到 ABAQUS 后,可以在 CAE 中 Interaction 模块下 Special 里的 Springs/Dashpots 管理器中查看。弹簧和阻尼信息由接口程序分别定义成不同的单元,每个刚度信息被用来定义一个纯弹簧 Spring,每个

图 4.9　SAP2000 中的连接单元定义

阻尼信息被用来定义一个纯阻尼器 Dashpot，如图 4.10 所示。从图 4.9 与图 4.10 的数据对比可以看到，接口程序能够正确识别并传递 SAP2000 模型中粘滞阻尼器连接单元的非线性工况中使用的刚度与阻尼值。

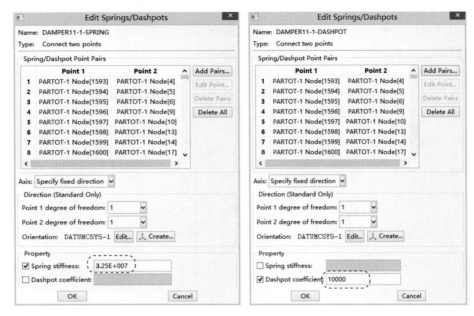

图 4.10　ABAQUS 中定义的 Springs 和 Dashpots

4.3　TJU.SAP2ABAQUS 中边界条件-地基功能开发与验证

4.3.1　TJU.SAP2ABAQUS 中边界条件-地基功能开发

所开发的 TJU.SAP2ABAQUS 接口程序，可以将 SAP2000 中的边界条件与地基模型转换成 ABAQUS 中的边界条件与地基模型。边界条件与地基模型的转换过程中，边界条件部分的转换实际上为连接单元信息的转换，地基部分的转换实际上为实体单元几何信息与材料力学信息的转换。接口程序可以识别到的 SAP2000 中的实体单元，既可以是土体也可以是混凝土。混凝土材料的参数与《混凝土结构设计规范》(GB50010-2010)相同，接口程序已经内置，用户不必修改。土体材料的力学参数需要用户添加指定，包括土体的材料密度、弹性模量、泊松比、摩擦角和粘聚力，其操作界面如图 4.11 所示。

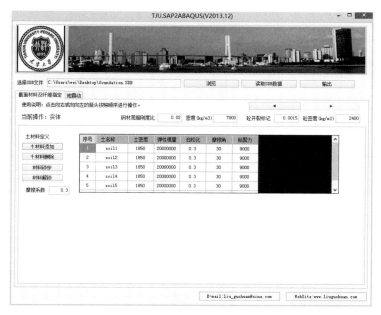

图 4.11　实体单元操作界面

SAP2000 模型中，截面属性为 solid 的单元识别为实体，实体单元对应于 ABAQUS 中的类型单元为 C3D8R，即所有的实体单元均转化为 8 节点单元。接口程序按照 ABAQUS 的数据格式，将识别到的包括单元所在分组信息在内的实体信息写入到 INP 文件中。ABAQUS 中实体单元定义、编号与分组的数据格式如图4.12所示。

```
* Element, type＝C3D8R(关键词,单元类型)
1,1,2,4,3,5,6,8,7(单元编号 1,单元节点 1－2－4－3－5－6－8－7 顺次链接)
2,3,4,10,9,7,8,12,11
3,9,10,14,13,11,12,16,15
4,13,14,18,17,15,16,20,19(单元编号 4,单元节点 13－14－18－17－15－16－20－19 顺次链接)
5,17,18,22,21,19,20,24,23
6,2,25,26,4,6,27,28,8
```

（a）实体单元类型及节点连接

```
* Elset, elset＝soil1PARTOT(单元组关键词,组名 1)
1,2,3,4,5,6,7,8,9,10,
11,12,13,14,15,16,17,18,19,20,
21,22,23,24,25(组中的单元编号)
* Elset, elset＝soil2PARTOT(单元组关键词,组名 2)
26,27,28,29,30,31,32,33,34,35,
36,37,38,39,40,41,42,43,44,45,(组中的单元编号)
46,47,48,49,50
```

（b）实体单元分组

图 4.12　INP 文件中实体单元类型、节点连接与分组数据格式

实体单元根据其截面名称和所在 Part 进行分类,同截面、同 Part 的实体识别为同一个实体截面,命名规则为:"实体名称＋Part 名称"。同一实体模型采用同一实体截面定义,并进行 Part 分组。例如,某坝体模型沿高度方向分为五组,TJU.SAP2ABAQUS 接口程序读取模型后的截面列表显示如图 4.13 所示。由于本例模型中未设置钢筋,因此只显示截面分组列表,钢筋列表一项为空白,整个模型根据截面和构件所在 part 进行分组。实体单元可以指定的材料包括土和混凝土两种,混凝土材料同《混凝土结构设计规范》(GB50010-2010)的规定,程序内部已经定义,土材料需要用户添加指定。

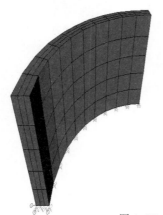

图 4.13　实体截面识别

下面以一钢筋混凝土桩-地基模型为例,介绍利用 TJU. SAP2ABAQUS 接口程序转化地基模型的过程。图 4.14 为待转化的 SAP2000 混凝土桩-地基模型,模型中地基土直径为 10m,分为十层,与周边固接,地基中心的钢筋混凝土桩直径为 1m。

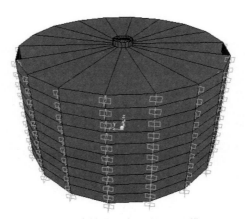

图 4.14　待转化混凝土桩-地基模型

首先,通过"浏览"按钮找到 SAP2000 输出的 SDB 格式文件硬盘地址,点击"读取 SDB 数据"按钮,将 SAP2000 中的模型信息读入到 TJU.SAP2ABAQUS 界面中,如图 4.15 所示。

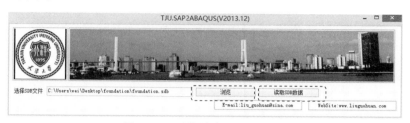

图 4.15　寻找并读取 SDB 文件

然后,进入如图 4.16 所示的截面分类界面。由于本例模型中的地基内不含梁柱单元及剪力墙单元,因此相应的截面列表显示为空。一直点击程序右上角的"下一步"导航按钮(图中矩形虚线框部分),直到进入图 4.17 所示的实体单元数据编辑界面。

图 4.16　截面分类界面

实体单元操作界面中间部分的土材料定义区,包括按钮操作区和表格数据输入区,如图 4.18 所示。"土材料添加"按钮用于添加土体材料,每点击一次,表格中增加一行数据,"土材料删除"按钮用于删除土体材料,即表格中选中行的所有土体材料数据被删除。每定义一种土体材料,需要在右侧的表格输入区中填写所定义土体材料的密度、弹性模量、泊松比、摩擦角和粘聚力等参数。这里需要说明的是,土体材料定

图 4.17　实体单元编辑界面

义完成后,需要先点击"材料锁定"按钮,然后再进行实体材料的指定。进行实体材料指定后,如果想要再进行材料的编辑,需要执行"材料解锁"操作,材料解锁后,实体材料指定部分的内容全部重置,需重新指定实体材料。

当前操作:实体		钢材屈服刚度比	0.02	密度 (kg/m3)	7800			
土材料定义	序号	土名称	土密度	弹性模量	泊松比	摩擦角	粘聚力
＋材料添加	1	soil1	1850	20000000	0.3	30	9000
＋材料删除	2	soil2	1700	20000000	0.3	27	9000
材料锁定	3	soil3	1650	18000000	0.3	30	9000
材料解锁	4	soil4	1850	20000000	0.3	25	9000
摩擦系数　0.3	5	soil5	1850	20000000	0.3	30	9000

图 4.18　土材料定义

图 4.19　土体接触面摩擦模型

图 4.18 中的摩擦系数可以为接触面指定摩擦系数。对于分布在不同 Part 的实体,其接触面可以直接进行识别并定义为 Surface,并指定摩擦系数。比如,图 4.19 所示地基模型包含两层土,上层土在 Part A 组中,下层土在 Part B 组中,在接口程序中指定接触面的摩擦系数为 0.3,由于每层土体包含 25 个实体单元,则程序识别到 25 对接触,并将其按照图 4.20 所

示的数据格式写到 INP 文件中。识别到的 Surface 可以在 ABAQUS/CAE 中进行查看,共得到 50 个接触面和 25 对接触属性,分别如图 4.21 和图 4.22 所示。

```
* Surface Interaction, name＝IntProp-1(关键词,面接触名称)
* Friction, slip tolerance＝0.005
0.3,(接触面摩擦系数)
* Surface Behavior, pressure-overclosure＝HARD(接触行为,硬接触)
* Contact Pair, interaction＝IntProp-1,
type＝SURFACE TO SURFACE(接触类型为面-面接触)
Surf-2,Surf-3(相互接触的两个接触面)
* Elset, eiset＝eSurf-2, internal, instance＝parta-1
1,(接触面所在单元编号)
* Surface, type＝ELEMENT, name＝Surf-2
eSurf-2, S2(从接触面)
* Elset, elset＝eSurf-3, internal, instance＝partb-1
26,(接触面所在单元编号)
* Surface, type＝ELEMENT, name＝Surf-3
eSurf-3, S1(主接触面)
```

图 4.20　土体接触数据格式

图 4.21　识别到的接触面

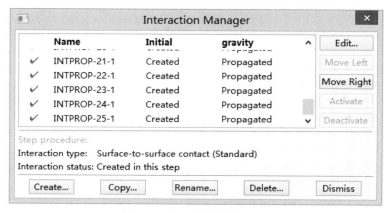

图 4.22　识别到的接触属性

　　接口程序将所有的接触面摩擦系数设置为用户在界面中指定的数值,接触类型定义为面-面接触,接触行为定义为"硬接触",如确有必要,用户可以在 ABAQUS 的 CAE 中进行修改。

　　程序将用户在实体单元操作区定义的土体材料,按照 ABAQUS 的语法格式写入 INP 文件中,INP 文件中土体材料定义部分的数据格式如图 4.23 所示。

```
* * ··············SOIL MATERIAL DEFINE··············
* Material，name=soill
* Damping，alpha=0，beta=0
* Density
1850,(土材料密度)
* Elastic
  20E+6,0.3(土材料弹性模量,泊松比)
* Mohr Coulom b(摩尔-库仑模型)
30,0.(土材料的摩擦角,剪胀角)
* Mohr Coulom b Hardening
9000,0.(土材料粘聚力,塑性应变)
* Boundary
PARTOTBC111111,1,6(约束笨拙,约束六个方向的自由度)
```

图 4.23　土材料定义的数据格式

　　指定实体材料左侧列表为实体截面列表,右侧列表为不同材料对应的实体列表(图 4.24)。"添加"按钮用于将实体名称添加到右侧材料对应的列表中,"删除"按钮用于将实体名称移除出材料对应的列表。"上一个"和"下一个"按钮用于切换右侧列表对应的材料名称。"重置"按钮为删除所有的材料指定,重新指定材料。程序内置了强度等级为 C15 到 C80 的混凝土材料参数可供选择,对本例而言,地基中混凝土桩的材料选为 C35 级混凝土,土体材料选择为 Soil1,具体参见图 4.18 中第一行所定义的土名称为 Soil1 的材料参数。

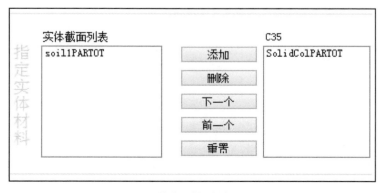

(a)指定混凝土材料

指定实体材料
实体截面列表
SolidColPARTOT
添加
删除
下一个
前一个
重置
soil1
soil1PARTOT

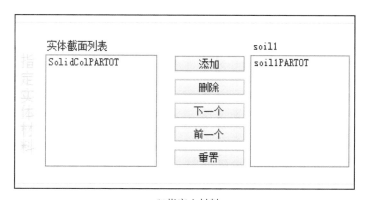

(b)指定土材料

图 4.24 指定实体材料

实体单元编辑界面右下角设置了钢筋数据列表区，目的是为转换实体构件中定义的钢筋，在SAP2000模型中将其简化为一个圆形构件进行输入。对于SAP2000模型中截面属性为框架(Frame)、材料为Rebar类型、截面形状为圆形的构件，在TJU.SAP2ABAQUS接口程序中识别为钢筋，对应ABAQUS中的单元类型为B31。钢筋根据其截面、局部坐标轴和构件所在Part进行分类，同截面、同局部坐标轴、同Part的钢筋识被别为同一个钢筋，命名规则为"截面名称＋标识符"。在TJU.SAP2ABAQUS接口程序中，可以很方便的修改钢筋直径与钢筋等级，如图4.25所示。其中，"钢筋材料"选项下拉列表中的钢筋强度与《混凝土结构设计规范》(GB50010-2010)中相同。

指定实体材料和钢筋材料完成后，点击界面右上角的"输出"按钮，即可得到ABAQUS模型的INP文件。

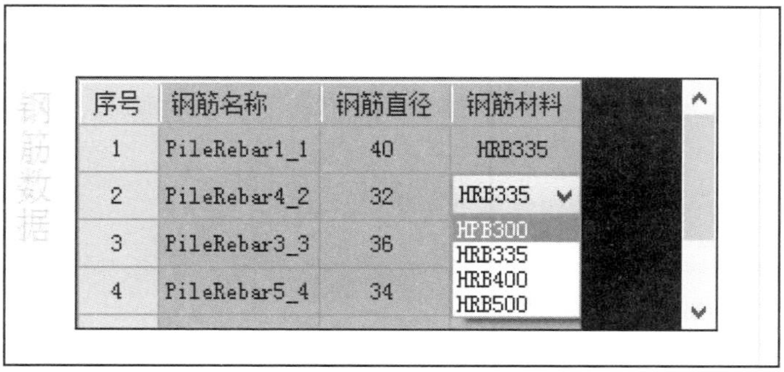

钢筋数据
序号
钢筋名称
钢筋直径
钢筋材料
1
PileRebar1_1
40
HRB335
2
PileRebar4_2
32
HRB335
3
PileRebar3_3
36
4
PileRebar5_4
34
HPB300
HRB335
HRB400
HRB500

图 4.25 指定钢筋直径和强度

在ABAQUS中，通过导入INP文件的方式即可获得地基的ABAQUS模型。图4.26给出了转化后得到的ABAQUS模型，通过与图4.14的SAP2000模型对比可以看到，TJU.SAP2ABAQUS接口程序正确转化了模型的几何信息、单元划分和周围的约束条件。

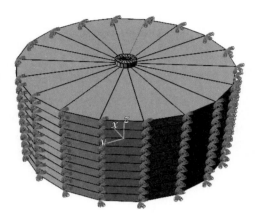

图 4.26　转化得到的 ABAQUS 模型

在 TJU. SAP2ABAQUS 接口中,有部分信息只识别出来,但并不显示在操作界面中,包括以下几部分内容:

(1)连接单元

在 TJU. SAP2ABAQUS 接口中,可以识别 SAP2000 模型中定义为 Damper 类型的连接单元。所有单元均为两节点连接单元,接口读取的数据为非线性属性中的刚度和阻尼值,连接单元对应于 ABAQUS 中的类型为"Springs/Dashpots"单元。关于连接单元的转换过程与模型转换实例,在本章第 4.2.2 节的 INP 格式的弹簧和阻尼的确定方法中已有详细说明,这里不再赘述。

(2)组

SAP2000 模型中定义的组输出为 ABAQUS 中的 Set。要注意,在 ABAQUS 中 Set 要区分为点(Node)和单元(Element)。当 SAP2000 模型中的组包含点和构件时,对应 ABAQUS 中的 Set 时,会区分为两个 Set。为进行区分,点组成的 Set 名称为"N+组名",构件组成的 Set 名称为"E+组名",分组的数据格式如图 4.27 所示。SAP2000 中用于 Part 分类的组不输出。

```
* Elset, elset=EGsoill_PARTOT, instance=PARTOT-1, generate
201,201……(土单元分组,土单元编号)
* Nset, nset=PARTOTBC111111, instance=PARTOT-1, generate
4,4……(节点约束分组,被约束节点编号)
* Elset, elset=EGSolidCol_PARTOT, instance=PARTOT-1, generate
199,199……(混凝土桩单元分组,混凝土桩单元编号)
* Elset, elset=QRPileRebar1_1, instance=PARTOT-1
1,2,6,7,8,9,10,11,12,13……(钢筋单元分组,钢筋单元编号)
```

图 4.27　ABAQUS INP 文件中分组数据格式

　　模型转换后的分组情况,可以在 ABAQUS /CAE 的分组管理器里面查看。就本例而言,土体按层分为 10 组,钢筋按直径分为 5 组,按照土单元、混凝土单元、钢筋单元、桩节点和被约束的节点等分别分组,如图 4.28 所示。

图 4.28　模型转换后 ABAQUS 中的分组

（3）约束条件

　　SAP2000 模型中定义的约束信息通过 TJU. SAP2ABAQUS 接口程序直接读取到 INP 文件中,并且接口将所有的约束点指定到同一组中,组名的定义为:"Part 名＋BC＋约束信息"。每个约束点有 6 个自由度,当自由度被约束时标记为 1,不约束时标记为 0,按照 X,Y,Z,RX,RY,RZ 的顺序得到点的约束信息,即一个点约束了所有自由度,其约束信息为 111111,对应的组名为:"Part 名＋BC111111",如图 4.29 所示。

```
* Nset, nset＝PARTOTBC111111, instance＝PARTOT-1，generate
253，253
254，254(被约束节点的编号)
255，255
256，256
* Boundary(关键词)
PARTOTBC111111,1,6(节点组名,1-6 个自由度约束)
```

图 4.29　ABAQUS INP 文件中边界条件数据格式

4.3.2　TJU.SAP2ABAQUS 中边界条件-地基功能验证

　　为验证 TJU.SAP2ABAQUS 中边界条件-地基模型转化功能的准确性,本节对转化前、后的地基模型进行模态分析和结果对比。

　　首先,考虑一个相对简单的固定边界情况,用 SAP2000 建立了某矩形地基模型,如图 4.30(a)所示。为更好展示模型各阶模态的效果,不宜约束过多节点,此处只约束底部地基节点处三个平动和三个转动方向的自由度。然后,利用开发的接口程序将其转化为 ABAQUS 模型,转化后的模型如图 4.30(b)所示。分别用两个程序对地基模型进行模态分析,SAP2000 模型与 ABAQUS 模型的模态分析结果对比如图 4.30(c)～图 4.30(j)所示。从模型的振型模态以及相应的自振周期对比可以看出,转换前、后的模型具有很好的一致性。

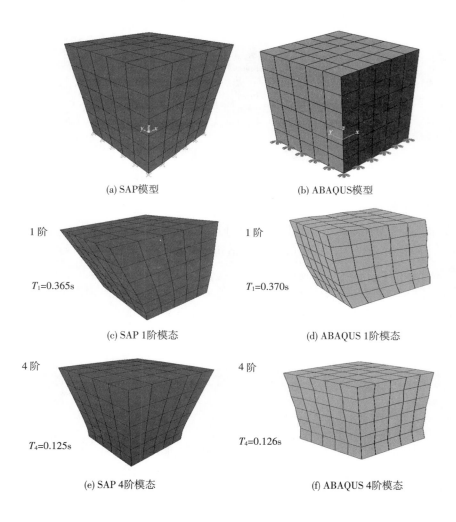

(a) SAP模型　　　　　　　　　　(b) ABAQUS模型

1阶　$T_1=0.365s$　　(c) SAP 1阶模态

1阶　$T_1=0.370s$　　(d) ABAQUS 1阶模态

4阶　$T_4=0.125s$　　(e) SAP 4阶模态

4阶　$T_4=0.126s$　　(f) ABAQUS 4阶模态

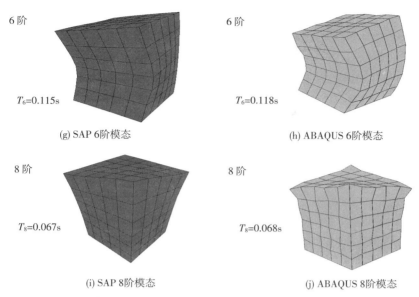

6阶　　　　　　　　　　　　　　　6阶

$T_6=0.115$s　　　　　　　　　　　$T_6=0.118$s

(g) SAP 6阶模态　　　　　　　　(h) ABAQUS 6阶模态

8阶　　　　　　　　　　　　　　　8阶

$T_8=0.067$s　　　　　　　　　　　$T_8=0.068$s

(i) SAP 8阶模态　　　　　　　　(j) ABAQUS 8阶模态

图 4.30　矩形固定地基转换前后模型与模态对比

对于圆柱形地基，这里首先建立了如图 4.31(a)所示的 SAP2000 模型，转化后的 ABAQUS 模型如图 4.31(b)所示，模态振型和周期对比分析结果如图 4.31(c)～图 4.31(j)所示。从模态分析结果可以看出，模型转化前、后具有很好的一致性。

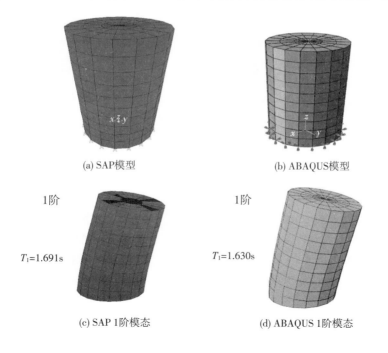

(a) SAP模型　　　　　　　　　　(b) ABAQUS模型

1阶　　　　　　　　　　　　　　　1阶

$T_1=1.691$s　　　　　　　　　　　$T_1=1.630$s

(c) SAP 1阶模态　　　　　　　　(d) ABAQUS 1阶模态

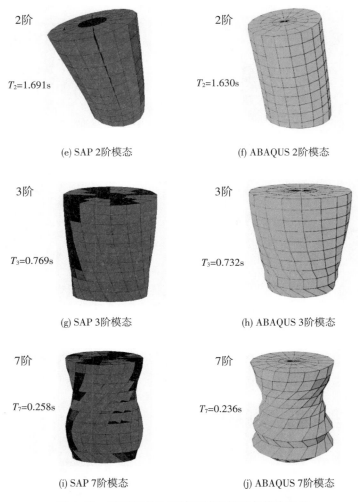

图 4.31　圆形固定地基转换前后模型与模态对比

　　通过所开发的接口程序 TJU.SAP2ABAQUS,可以快速准确地建立 ABAQUS 粘弹性人工边界模型,这一点在本章 4.2.2 节已经详细说明,下面对模型转化的一致性给出验证。

　　如前文所述,该接口程序实际上是通过读取 SAP2000 模型中每个 Damper 单元中的弹簧和阻尼信息,直接将其转换为 ABAQUS 地基模型周围并联的弹簧与阻尼器,从而形成粘弹性人工边界。这样做使得建立 ABAQUS 粘弹性人工边界时,只需在 SAP2000 地基模型周围均匀布置 Damper 单元,通过这一种单元提供粘弹性人工边界的弹簧刚度和阻尼两种信息。如前文介绍,用 SAP2000 进行分析时,Damper 单元等效为串联的弹簧与阻尼器。这里,为与转化后的 ABAQUS 模型进行对比,对

SAP2000 模型做如下特殊处理：①将模型中 Damper 单元的刚度设置为足够大，这样弹簧的效果就会被屏蔽掉，模型中的 Damper 单元就退化为与 ABAQUS 模型边界处的阻尼值相同的阻尼器；②在 SAP2000 模型中添加线性连接 Linear 单元（相当于弹簧），将其刚度值设置成与 ABAQUS 模型中边界处的刚度值相同；③将设置好的 Damper 单元与 Linear 单元并联置于地基模型边界处，得到与 ABAQUS 模型相同的边界条件。需要说明的是，此处的特殊处理仅为验证之用，实际应用粘弹性人工边界时，用非线性功能强大的 ABAQUS 软件进行分析，SAP2000 软件仅为快速建模工具。

用 SAP2000 建立了某矩形地基模型，地基四周均匀布置 Damper 阻尼器单元，模型如图 4.32（a）所示。然后，通过接口程序将其转化为图 4.32（b）所示的 ABAQUS 模型。图 4.32（c）～4.32（j）给出了粘弹性人工边界情况下，边界-地基系统经过两种软件计算的模态对比情况。从模型的振型以及自振周期对比可以看出，模型转换前、后呈现很好的一致性。

对于圆形地基的情况，建立了如图 4.33（a）所示的圆形地基 SAP2000 模型，转化后的 ABAQUS 模型如图 4.33（b）所示。分别用 SAP2000 和 ABAQUS 进行模态分析，结果对比如图 4.33（c）～图 4.33（j）所示。从模态分析结果同样可以看出，模型转化前、后同样具有很好的一致性。

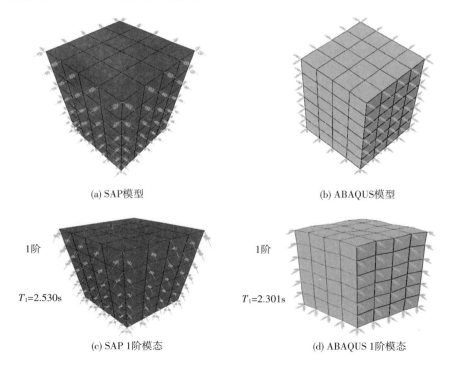

(a) SAP模型

(b) ABAQUS模型

1阶

T_1=2.530s

(c) SAP 1阶模态

1阶

T_1=2.301s

(d) ABAQUS 1阶模态

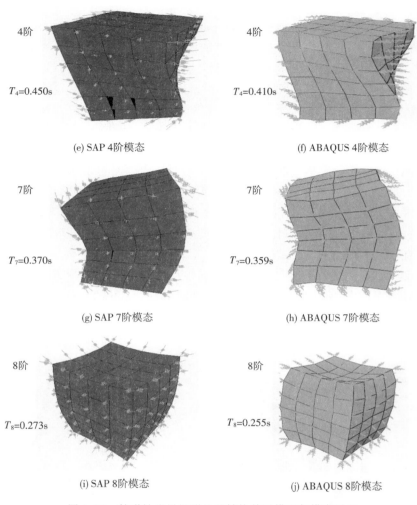

(e) SAP 4阶模态　　　　　　　　　　(f) ABAQUS 4阶模态

(g) SAP 7阶模态　　　　　　　　　　(h) ABAQUS 7阶模态

(i) SAP 8阶模态　　　　　　　　　　(j) ABAQUS 8阶模态

图 4.32　粘弹性边界矩形地基转换前后模型与模态对比

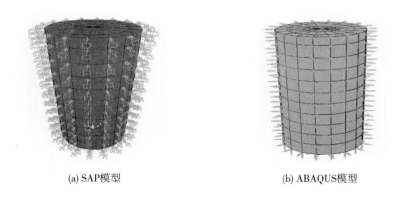

(a) SAP模型　　　　　　　　　　　　(b) ABAQUS模型

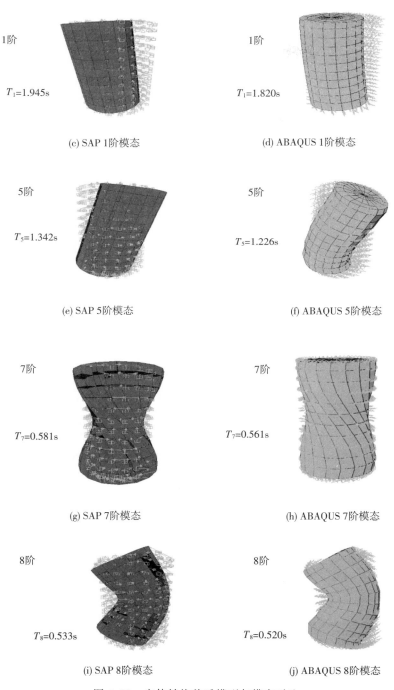

1阶

$T_1 = 1.945s$

(c) SAP 1阶模态

1阶

$T_1 = 1.820s$

(d) ABAQUS 1阶模态

5阶

$T_5 = 1.342s$

(e) SAP 5阶模态

5阶

$T_5 = 1.226s$

(f) ABAQUS 5阶模态

7阶

$T_7 = 0.581s$

(g) SAP 7阶模态

7阶

$T_7 = 0.561s$

(h) ABAQUS 7阶模态

8阶

$T_8 = 0.533s$

(i) SAP 8阶模态

8阶

$T_8 = 0.520s$

(j) ABAQUS 8阶模态

图 4.33　实体转换前后模型与模态对比

4.4　INP 格式人工边界的快速输入方法与地震力计算程序

4.4.1　INP 格式人工边界的地震力快速输入方法

　　简单的加速度或位移条件不能客观反映粘弹性人工透射边界的基本性质。对于粘弹性人工透射边界模型，地震波的输入应该包括三项内容：刚度力、阻尼力、节点反力。然而，地基各节点处荷载均不相同，而且每个节点处的荷载均需三向 (X, Y, Z) 输入。因此，假设地基节点数量为 N 个，地基数量为 M 个，则采用人工输入地震波的次数需达到 $3 \times 3 \times N \times M$ 次。对于大型实际工程而言，地基数量众多，且地基节点数量庞大，采用人工完成加载工作，需消耗大量时间、精力，且容易出错，效率低下。为此，本节提出一种高效的地震输入途径，其优势在于能显著提高粘弹性透射人工边界模型的地震输入速度，极大缩短建模时间，且具有逻辑清楚、操作简单和易于修改的特点，可以直接运用于实际工程中。

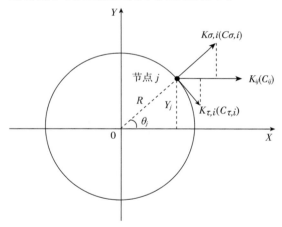

图 4.34　圆形地基节点刚度、阻尼分量分解图

　　地基土体性质决定了各层土的刚度系数与阻尼系数。对于多层地基土而言，同一层土体各节点的切向或法向刚度（或阻尼）数值相同，由于各节点运动方向（速度、位移）为某一线性方向，故实际各节点的刚度（或阻尼）为其切向分量与法向分量在该方向上的分量之和，如图 4.34 所示。

　　对于圆形地基土，第 i 层土的第 j 个节点的刚度系数 K_{ij} 为

$$K_{ij} = K_{\sigma,i} \cdot \cos\theta_j + K_{\tau,i} \cdot \sin\theta_j$$

$$(4.2)$$

式中，$\cos\theta_j = \dfrac{\sqrt{R^2 - y_j^2}}{R}$，$\sin\theta = \dfrac{|y_j|}{R}$，由此，第 i 层土的第 j 个节点的刚度力 $F_{K,ij}$ 为

$$F_{K,ij}(t) = K_{ij} u_i(t) = \left(K_{\sigma,i} \cdot \frac{\sqrt{R^2 - y_j^2}}{R} + K_{\tau,i} \cdot \frac{|y_j|}{R} \right) \cdot u_i(t) \qquad (4.3)$$

同理，第 i 层土的第 j 个节点的阻尼力 $F_{C,ij}$ 为

$$F_{C,ij}(t) = C_{ij} v_i(t) = \left(C_{\sigma,i} \cdot \frac{\sqrt{R^2 - y_j^2}}{R} + C_{\tau,i} \cdot \frac{|y_j|}{R} \right) \cdot v_i(t) \qquad (4.4)$$

式中，$K_{\sigma,i}$ 和 $K_{\tau,i}$ 分别为第 i 层土体的法向刚度系数与切向刚度系数，$C_{\sigma,i}$ 和 $C_{\tau,i}$ 分别为第 i 层土体的法向阻尼系数与切向阻尼系数，R 为地基直径，y_j 为节点 j 的 y 向位

移，$u_i(t)$ 和 $v_i(t)$ 分别为第 i 层土体的位移与速度。

可见，无论是刚度力或阻尼力，其大小均与 y_i 有关，说明刚度力与阻尼力都与节点位置成一定的函数关系，其函数关系式即为式（4.3）和式（4.4）。那么，上述荷载的施加采用GUI 中的"场函数"即可完成。例如，某圆形地基土分三层，通过上述方法用 GUI 中的"场函数"施加荷载，刚度力与阻尼力的 ABAQUS 加载结果如图 4.35 所示。将加载后的 GUI 模型输出为 INP 文件，即可用于后续节点反力的加载工作。

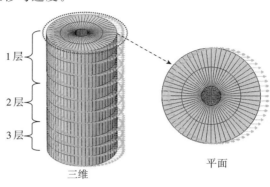

图 4.35　节点反力输入结果图

粘弹性人工透射边界模型中，节点反力的数据采用相应固定边界模型的计算结果。由于 GUI 方式不具备单个数据（单节点、单方向）自动输出能力，若采用手动输入方法，则工作量大，且易发生错误，故可先利用 ABAQUS-REPORT 功能输出所有反力的整体文件，随后利用其他工具（本节采用 MATLAB 编制分割程序[7]）将其分割为单个数据进行加载。归纳而言，节点反力加载工作的基本流程如图 4.36 所示。

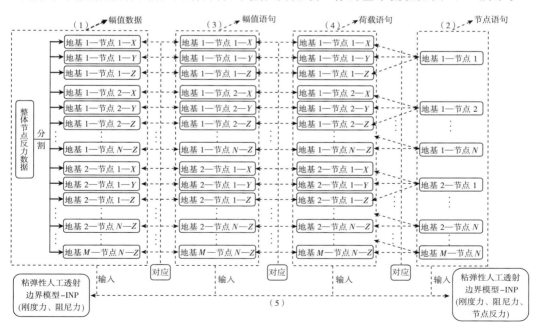

图 4.36　节点反力输入示意图

　　具体包括如下内容：①节点反力幅值数据的提取、分割与编号；②对应节点提取语句的编写；③对应幅值语句的编写；④对应荷载语句的编写；⑤将上述各语句对应写入 3.3 节生成的 INP 文件，生成最终 INP 文件（包含刚度力、阻尼力与节点反力），完成粘弹性人工透射边界模型地震荷载施加。最后，将生成的整体 INP 文件再次导入 ABAQUS，采用 GUI 方式编辑输入内容，即可进行结构地震反应的计算分析。

　　综上所述，粘弹性透射人工边界地震力快速加载的途径为：刚度力和阻尼力通过"场函数"方法施加，通过将固定边界条件下的节点反力整体文件分割成单个节点时程文件来施加节点反力，最后在 INP 文件中写入调用和加载语句方法实现。

　　实现上述加载途径的流程如图 4.37 所示，具体思路为：①根据地震动的加速度时程，通过积分，计算得到地震动的速度时程与位移时程，并进行纠偏处理；②采用 GUI(Graphical User Interface)方法，利用 ABAQUS 自带"场函数"功能，将已处理好的速度与位移，转化为刚度力与阻尼力施加于节点之上；③生成初步的 INP 文件；④计算相同工况下固定边界模型的地震反应，提取所有的节点反力；⑤将所有的节点反力分割成单个节点的反力时程；⑥生成严格的 ABAQUS 节点输入 INP 语句，并严格写入步骤(3)中生成 INP 初步文件中，形成 INP 整体文件；⑦将 INP 整体文件再次导入 ABAQUS 软件，形成 CAE 文件，通过 GUI 方法设定提取变量；⑧进行计算，提取结构的地震反应结果。

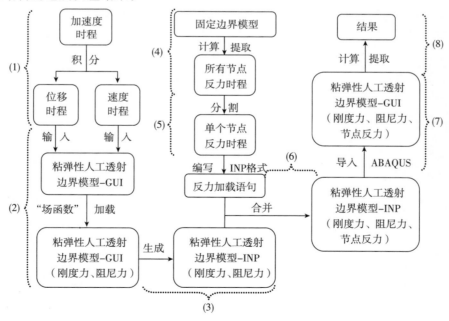

图 4.37　快速地震输入方法流程图

4.4.2　节点反力程序开发

　　如前文所述,弹性力和阻尼力的施加并不复杂,均可采用 GUI 中的"场函数"功能来完成,但节点反力的提取与施加若采用人工来完成,工作量大且易出错。为此,利用 MATLAB 开发了节点反力处理程序,如图 4.38 所示。该程序可将固定边界条件下各节点反力的时程数据提取出来,并按节点分割成单个节点反力幅值文件,生成按照调用这些幅值文件的 INP 格式反力加载语句。

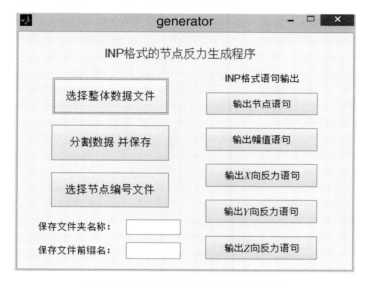

图 4.38　INP 格式的节点反力处理程序

　　利用节点反力处理程序进行节点反力加载的过程如下:通过"选择整体数据文件"按钮,选择包含固定边界条件下全部地基节点反力时程数据的整体文件,并在下面的可编辑文本框中输入生成文件,保存文件夹名称和保存文件的前缀名。点击"分割数并保存"按钮,将整体数据分割成单个节点的时程数据文件,保存在当前路径下用户指定的文件夹中。然后,通过"选择节点编号文件"按钮,选择并读取所有地基节点编号数据,通过点击右侧界面上各输出按钮可以分别得到 INP 格式的节点语句、幅值语句和各个方向的反力语句,将得到的各条 INP 格式的语句复制并粘贴到模型的 INP 文件中,即可得到对每个地基节点的加载命令。最后,将分割好的写有节点时程数据的一组文本文档与 INP 文件放在同一文件夹中,通过 CAE 读取 INP 文件,即可调用时程数据将节点反力加载到各个节点上。

　　节点反力整体文件为包含所有地基节点反力时程信息的一组数据文件,数据按节点编号由小到大顺序排序,每个节点对应的数据个数相同。假如有 N 个节点,就将这些数据均分成 N 份,保存到 N 个文档中,并按顺序给文档命名。这样,文档名和节点号都是按照由小到大顺序排列,一一对应,即可实现反力数据的准确调用。

　　进行节点反力分割时,点击"选择整体数据文件"按钮,可以在弹出的对话框中选择包含所有地基节点反力的整体文件,如图 4.39 所示。点击"分割数据并保存"按钮,可以完成节点反力数据的提取、分割与编号。对于多组数据,可通过修改可编辑文本框中的内容分别命名加以区分,程序将按照用户指定的文件夹名和文件前缀名保存。如输入保存文件夹名为 DJ1,保存文件前缀名为 DJ1,点击"分割数据并保存"按钮即可完成节点反力分割,如图 4.40 所示,分割后得到的一组反力时程文件如图 4.41 所示。

图 4.39　选择整体数据文件

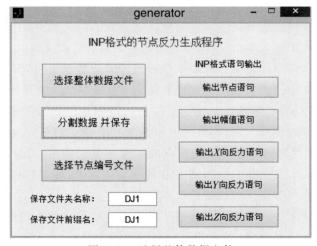

图 4.40　选择整体数据文件

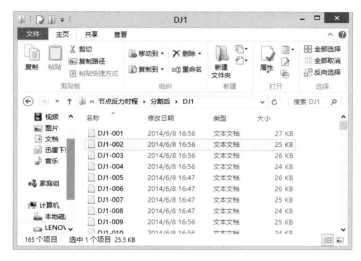

图 4.41　分割后的反力时程文件

选择写有节点编号数据的文本文档,点击"输出节点语句"按钮,就可以得到写有节点重新编组语句的文本文档,语句格式如图 4.42 所示。该功能用于将原本不连续的地基节点号重新编排,每个节点编入一个新组内,新的节点组以连续的自然数结尾命名,以便后续操作中节点反力能正确地施加到相应的节点上去。点击"输出幅值语句"按钮,可以得到写有幅值语句的文本文档。调用前一步分割好的、以连续自然数结尾的反力数据文件作为加载幅值,语句格式如图 4.43 所示。

> * Nset,nset＝dj1-1,in stance＝diji-1(定义节点组 dj1-1 在 diji-1 数据块中)
> 5(节点组中的元素为编号 5 的点)
> * Nset,nset＝dj1-2,in stance＝diji-1(定义节点组 dj1-2 在 diji-1 数据块中)
> 6(节点组中的元素为编号 6 的点)
> * Nset,nset＝dj1-3,in stance＝diji-1(定义节点组 dj1-3 在 diji-1 数据块中)
> 17(节点组中的元素为编号 17 的点)

图 4.42　节点语句

> * *(幅值的定义以 * * 开始)
> * Amplitude,name＝A-dj1-1,input＝DJX-1. txt
> * *(定义幅值,名为 A-dj1-1,数据来自 DJX-1. txt)
> * Amplitude,name＝A-dj1-2,input＝DJX-2. txt
> * *(定义幅值,名为 A-dj1-2,数据来自 DJX-2. txt)
> * Amplitude,name＝A-dj1-3,input＝DJX-3. txt

图 4.43　幅值语句

　　节点反力的施加实际上是给每个基础节点一个变化的集中力,集中力的幅值为固定边界条件下节点反力时程。点击"输出反力语句"按钮,可以得到相应方向的写有荷载语句的文本文档,其内容为以节点集中力加载格式写出的每个节点的加载反力语句,格式如图 4.44 所示。

```
**Name:F-dj1-1    Type:Concentrated force(名称,类型:集中力)
*Cload, op=NEW, am plitude=A-dj1-1(定义幅值为 A-dj1-1 的集中力)
nest-dj1-1,1, 1.(节点组名,施加力大小,力的施加方向)
**Name:F-dj1-2    Type:Concentrated force
*Cload, op=NEW, amplitude=A-dj1-2
nset-dj1-2, 1,1.(节点组名,施加力大小,力的施加方向)
```

图 4.44　反力语句

　　本节提出的方法,是通过节点语句将节点按顺序编号,文件分割时将生成的节点时程文件按顺序编号,幅值语句调用顺序编号的节点时程文件,反力语句将顺序编号的节点与幅值一一对应起来,由此来实现节点反力的准确快速加载。

4.5　本 章 小 结

　　本章介绍了人工边界的基本原理与 ABAQUS 中 INP 格式弹簧与阻尼的确定方法,据此开发了 TJU. SAP2ABAQUS 接口程序的实体单元转化功能模块。地基模型转化实例表明,接口程序可以准确转化边界-地基整体系统,方便修改土体材料参数,并能识别不同实体之间的接触面,指定接触面摩擦系数。而且,实体单元转化模块不仅可以将地基模型的几何与材料信息准确转化,还能将 SAP2000 中的 Damper 连接单元转化为 ABAQUS 中的 Springs/Dashpots 单元。通过该功能,可以达到快速建立 ABAQUS 粘弹性人工边界模型的目的,大大减少建模前处理的工作时间。

　　同时,针对人工完成地震加载工作量大、易出错的问题,本章提出了一种高效的地震力快速输入方法。其中,刚度力与阻尼力荷载的施加采用 GUI 中的"场函数"完成,节点反力的加载工作通过 ABAQUS-REPORT 功能输出所有反力的整体文件,随后利用其他编程工具(本书中采用 MATLAB)将其分割为单个节点数据文件进行加载。为减少节点反力的加载工作量,利用 MATLAB 开发了节点反力处理程序,该程序可以直接生成 INP 格式的节点反力加载语句,并且能够将生成的语句直接粘贴到计算模型的 INP 文件中,即可实现每个节点地震反力的准确加载,该方法的优势在于,能够显著提高粘弹性透射人工边界模型的地震力输入效率,极大的减少建模时间,并且逻辑清楚、操作简单,可直接运用于实际工程的地震反应分析中。

参 考 文 献

[1] 柳国环,练继建,国巍. 结构动力弹塑性与倒塌分析(Ⅰ):滞回曲线改进、ABAQUS 子程序开发与验证[J]. 地震研究,2014,37(1):123-131.

[2] 柳国环,练继建,国巍. 结构动力弹塑性与倒塌分析(Ⅱ):SAP2ABAQUS 接口技术、开发与验证[J]. 地震研究,2014,37(1):132-140.

[3] 柳国环,练继建,孙雪艳,等. 结构动力弹塑性与倒塌分析(Ⅲ):地震差动作用下输电塔-线体系的弹塑性与倒塌分析[J]. 地震研究,2014,37(1):141-150.

[4] 赵密. 近场波动有限元模拟的应力型时域人工边界条件及其应用[D]. 北京工业大学,2009.

[5] Alterman Z,Karal F C. Propagation of elastic waves in layered media by finite-difference methods [J]. Bulletin of the Seismological Society of America,1968,58(1):367-398.

[6] 北京金土木软件技术有限公司等编著. SAP2000 中文版使用指南(第二版)[M]. 北京:人民交通出版社,2012.

[7] 张志涌等编著. 精通 MATLAB6.5[M]. 北京:北京航空航天大学出版社,2007.

第 5 章　小波、程序及其弹塑性应用分析

5.1　引　　言

　　小波分析是近期发展起来的新兴数学分支,它无论是对数学,还是对其他应用学科都产生了深远的影响。小波分析的思想来源于伸缩与平移方法[1],它是一种窗口大小(即窗口面积)固定但其形状可改变,时间窗和频率窗也可改变的时频局部化分析方法。正是由于小波变换的这一自适应性,被比作"数学显微镜"。小波变换得到了越来越多的重视,成为信号处理、图像压缩和模式识别等众多领域中一个非常有效的数学分析工具[2-6]。小波分析的出现,是不同学科、不同领域交流与交叉学科发展的结果。小波分析以解决实际问题应用为出发点,而后上升到理论辐射到多个学科,近年来以小波分析为核心形成了一次又一次研究的热潮,成为了国际研究热点,从另一个侧面也说明了小波分析本身具有强大的威力。与标准傅里叶变换相比,小波分析中用到的小波函数具有不唯一性,可以分为正交小波系和非正交小波系[7-10]。正交小波是目前广泛应用及研究的小波系,如 Haar 小波、Daubechies(dbN)小波系、Biorthogonal(biorNr. Nd)小波系、Coiflet(coifN)小波系等;非正交小波近年来也大量应用于解决实际工程问题,主要有 Morlet 小波、Mexican hat、小波等。

　　本章先将小波理论做一个整体的概述,然后以 Morlet 小波为例进行具体的讲解,最后对开发的小波变换可视化程序予以介绍,通过对一个结构进行弹性和弹塑性的计算和分析,提高小波变换在分析实际工程中的应用能力,这也是本章的目的和重点。

5.2　小　波　理　论

5.2.1　小波变换的相关定义及性质

1. 小波函数的定义

　　设 $\varphi(t) \in L^2(R)$,$L^2(R)$ 表示平方可积的实数空间,即能量有限的信号空间,其傅里叶变换为 $\Phi(\omega)$。当 $\Phi(\omega)$ 满足条件(Admissible Condition):

$$0 < C_\Phi = \int_{-\infty}^{+\infty} \frac{|\Phi(\omega)|^2}{|\omega|} \mathrm{d}\omega < \infty \tag{5.1}$$

称 $\varphi(t)$ 为一个基本小波或母小波(Mother Wavelet)函数。称式(5.1)为小波函数的可容许条件。由小波定义可知,小波函数一般具有以下特点:

（1）本身是紧支撑的，即只有小的局部非零定义域，在窗口之外函数为 0；

（2）本身是振荡的，具有正负交替的波动性质，并且完全不含直流趋势成分，即满足 $\Phi(\omega)'_{\omega=0}=0$。

将母函数经伸缩和平移后，便可以得到函数 $\varphi_{a,b}(t)$：

$$\varphi_{a,b}(t)=\frac{1}{\sqrt{a}}\varphi\left(\frac{t-b}{a}\right)\quad a,b\in R,a\neq0 \tag{5.2}$$

其中，a 为伸缩因子，b 为平移因子。

2.连续小波变换的定义

对于任意函数 $f(t)\in L^2(R)$ 的连续小波变换定义为如下内积：

$$WT_f(a,b)=\langle f(t),\varphi_{a,b}(t)\rangle=\int_{-\infty}^{+\infty}f(t)\varphi_{a,b}{}^*(t)\mathrm{d}t=\frac{1}{\sqrt{a}}\int_{-\infty}^{+\infty}f(t)\varphi^*\left(\frac{t-b}{a}\right)\mathrm{d}t \tag{5.3}$$

$WT_f(a,b)$ 称为小波变换系数。其逆变换为

$$f(t)=\frac{1}{C_\Phi}\int_{-\infty}^{+\infty}\int_{-\infty}^{+\infty}WT_f(a,b)\varphi_{a,b}(t)\frac{\mathrm{d}a\,\mathrm{d}b}{a^2} \tag{5.4}$$

由上面的定义可见，参数 a 的变化不仅改变小波序列的频谱结构，而且也改变其窗口的大小与形状，参数 b 起着平移的作用。

3.连续小波变换的性质

（1）线性

连续小波变换为线性变化，一个函数的连续小波变换等于该函数分量的变换和，公式表示如下：

$f(t)=f_1(t)+f_2(t)$

$f(t)\leftrightarrow WT_f,f_1(t)\leftrightarrow WT_{f_1},f_2(t)\leftrightarrow WT_{f_2}$

则 $WT_f=WT_{f_1}+WT_{f_2}$

（2）时移共变性

$f(t)\leftrightarrow WT_f(a,b)$

$f(t-t_0)\leftrightarrow WT_f(a,b-t_0)$

（3）时标定理

$f(t)\leftrightarrow WT_f(a,b)$

$f(ct)\leftrightarrow\frac{1}{\sqrt{c}}WT_f(ca,cb)$

（4）微分运算

$$WT_{a,b}\left[\frac{\partial^m f(t)}{\partial t^m}\right]=(-1)^m\int_{-\infty}^{+\infty}f(t)\frac{\partial^m}{\partial t^m}\varphi_{a,b}^*(t)\mathrm{d}t$$

（5）能量守恒

$$\int_{-\infty}^{+\infty}|f(t)|^2\mathrm{d}t=\frac{1}{C_\Phi}\int_0^{+\infty}\int_{-\infty}^{+\infty}|WT_f(a,b)|^2\frac{\mathrm{d}a\,\mathrm{d}b}{a^2}$$

（6）冗余度

连续小波变换将一维信号变换到二维空间 $f(t) \leftrightarrow WT_f$，因此小波变换中存在多余的信息，我们称之为冗余度（Redundancy）。从分析小波 $\varphi_{a,b}(t) = \frac{1}{\sqrt{a}}\varphi(\frac{t-b}{a})$ 角度看，$\varphi_{a,b}(t)$ 是一组超完备基函数，它们之间是线性相关的，度量冗余度的量称为再生核 $K(a_0,b_0,a,b)$，反映了小波变换的冗余性。

在 a-b 半平面上，小波变换各点的值是相关的。(a_0,b_0) 处的小波变换值 $WT_f(a_0,b_0)$ 可以表示成半平面（$a \in R_+, b \in R$）上其他各处 WT 值的"总贡献"，即

$$WT_f(a_0,b_0) = \int_0^{+\infty}\frac{\mathrm{d}a}{a^2}\int_{-\infty}^{+\infty}WT_f(a,b)K(a_0,b_0,a,b)\mathrm{d}b \tag{5.5}$$

式中：

$$\begin{aligned}K(a_0,b_0,a,b) &= \frac{1}{C_\Phi}\int_R \varphi_{a,b}(t)\varphi^*_{a_0,b_0}(t)\mathrm{d}t \\ &= \frac{1}{C_\Phi}\int_R \frac{1}{\sqrt{a}}\varphi(\frac{t-b}{a}) \cdot \frac{1}{\sqrt{a_0}}\varphi^*(\frac{t-b_0}{a_0})\mathrm{d}t \\ &= \frac{1}{C_\Phi}\langle \varphi_{a,b}(t),\varphi_{a_0,b_0}(t)\rangle\end{aligned} \tag{5.6}$$

4.窗口宽度与 Heisenberg 不确定原理

设 $g(t)$ 是在 $\{-\infty,+\infty\}$ 上定义的函数，我们称集合 $\mathrm{supp}(g) = \overline{\{tg(t)\neq 0\}}$ 为 g 的支集（即 $g(t)\neq 0$ 的点所构成的集合的闭包），具有紧支集的函数就是在有限区间外恒等于零的函数。用这样的函数（或有限区间外很快地趋于零的函数）去乘 $f(t)$ 可以形象化的称之为开一个"窗口"。为了对窗口的位置与大小给出一个定量的描述，我们引进窗口的中心与宽度的概念。

设 $g(t)$ 及 $tg(t)$ 均属于 $L^2(-\infty,+\infty)$，则称 $g(t)$ 是一个窗口函数，我们称

$$t_g^* = \frac{1}{\|g\|_2^2}\int_{-\infty}^{+\infty}t\,|g(t)|^2\mathrm{d}t \tag{5.7}$$

为窗口函数 g 之中心，称

$$\Delta_g = \frac{1}{\|g\|_2}\left\{\int_{-\infty}^{+\infty}(t-t_g^*)^2\,|g(t)|^2\mathrm{d}t\right\}^{\frac{1}{2}} \tag{5.8}$$

为窗口函数 g 之宽度。

定理 1（Heisenberg 不确定原理）　设窗口函数 $g(t) \in L^2(-\infty,+\infty)$，并且满足如下条件：$tg(t)\in L^2(-\infty,+\infty)$，$g(\omega)\in L^2(-\infty,+\infty)$，$\omega g(\omega)\in L^2(-\infty,+\infty)$，则

$$\Delta_g\Delta_{\dot{g}} \geq \frac{1}{4} \tag{5.9}$$

这里，仅当 $g(t) = ce^{i\omega t} \cdot \frac{1}{2\sqrt{\pi a}}e^{-\frac{(t-b)^2}{4a}}$ 时，等号才成立。

5.2.2 小波变换与傅里叶变换的比较

（1）傅里叶变换的实质，是把能量有限的信号 $f(t)$ 分解到以 $\{e^{i\omega t}\}$ 为正交基的空间上去；而小波变换的实质，是把能量有限的信号 $f(t)$ 分解到由小波函数所构成的空间上去。两者的离散变换形式都可以实现正交变化，都满足时、频域的能量守恒定律。

（2）傅里叶变换用到的基本函数只有 $\sin(\omega t)$、$\cos(\omega t)$ 或 $\exp(i\omega t)$，具有唯一性；小波分析所用到的小波函数则不是唯一的，同一个工程问题用不同的小波函数进行分析有时结果相差甚远。小波函数的选用是小波分析应用到实际中的一个难点问题，也是分析研究的一个热点问题。目前，往往是通过经验或者不断地试验，将不同的分析结果进行对照分析来选择小波函数。

（3）在频域中，傅里叶变换具有较好的局部化能力，特别是对于那些频率成分比较简单的确定性信号，傅里叶变换很容易把信号表示成各频率成分的叠加和的形式；但在时域中，傅里叶变换没有局部化能力，无法从信号 $f(t)$ 的傅里叶变换 $F(\omega)$ 中看出 $f(t)$ 在任一时间点附近的性态。因此，小波变换在对瞬态信号分析中拥有更大的优势。

（4）在小波分析中，尺度 a 越大相当于傅里叶变换中 ω 的值越小。

（5）短时傅里叶变换中，变换系数 $G_f(\omega,\tau)$ 主要依赖于信号在时间窗内的情况，一旦时间窗函数确定，则分辨率也就固定了；而在小波变换中，变换系数 $WT_x(a,b)$ 虽然也是依赖于信号在时间窗内的情况，但时间宽度是随尺度 a 的变化而变化的，所以小波变换具有时间局部分析能力。因此，小波变换也可以看成是信号局部奇异性分析的有效工具。

（6）若用信号通过滤波器来解释，小波变换与短时傅里叶变换不同之处在于：对短时傅里叶变换来说，带通滤波器的带宽 $\Delta\omega$ 与中心频率 ω 无关；相反，小波变换带通滤波器的带宽 $\Delta\omega$ 则正比于中心频率 ω，即

$$Q=\frac{\Delta\omega}{\omega}=C \quad （C \text{ 是常数}）$$

亦即滤波器由一个恒定的相对带宽，称之为等 Q 结构。我们希望在对低频信号分析时，频域用高分辨率，在对高频信号分析时，频域用低分辨率，该等 Q 结构恰好适应了这种要求。

（7）从框架角度来说，傅里叶变换是一种非冗余的正交紧框架，而小波变换却可以实现冗余的非正交非紧框架。这种灵活的特点，对于某些特殊的应用场合是很有用的。

总之，小波变换作为一种数学理论和方法在科学技术和工程界引起了越来越多的关注和重视。尤其在工程应用领域，特别是在信号处理、图像处理、模式识别、语音识别、量子物理、地震勘测、流体力学、电磁场、CT 成像、机器视觉、机械状态监控与故障诊断、分形、数值计算等领域被认为是近年来在工具和方法上的重大突破。

5.2.3　正交小波基与取样定理

1. Haar 和 shannon 小波基

让我们先来考察正交小波基的一个非常简单的例子。这就是数学家 A. Haar 在本世纪初提出的 Haar 系，他是由母函数（Haar 函数）$h(t)$ 生成的，

$$h(t)=\begin{cases}1, & 0\leqslant t<\dfrac{1}{2}\\ -1, & \dfrac{1}{2}\leqslant t\leqslant 1 \qquad\qquad (5.10)\\ 0, & \text{其他}\end{cases}$$

相应地，

$$h_{mn}(t)=2^{\frac{m}{2}}h(2^m t-n)=\begin{cases}2^{\frac{m}{2}}, & \dfrac{n}{2^m}\leqslant t<\dfrac{2n+1}{2^{m+1}};\\ -2^{\frac{m}{2}}, & \dfrac{2n+1}{2^{m+1}}\leqslant t\leqslant \dfrac{n+1}{2^m}; \quad (5.11)\\ 0, & \text{其他}\end{cases}$$

不难证明，$\{h_{mn}(t)\}_{m,n\in Z}$ 构成 $L^2(-\infty,+\infty)$ 上的一个标准正交基，$h(t)$ 在区间 $[0,1]$ 外恒等于零，有很好的局部性，但是其光滑性太差（在 $t=0,\dfrac{1}{2},1$ 处不连续），因此有其局限性。

我们希望构建的正交小波基，不仅要充分光滑，而且要有较好的局部性（支集紧或趋于零的速度较快），这就是下面所要讨论的内容。

2. 构造正交小波基的多尺度分析方法

多尺度分析方法（Multi-Resolution Analysis，简称 MRA 方法）由 S. Mallat 在 1988 年提出。

我们称满足下列条件的 $L^2(-\infty,+\infty)$ 中的一列子空间 $\{V_m\}_{m\in Z}$ 及一个函数 $\varphi(t)$ 为一个正交 MRA（正交多尺度分析）：

（1）$V_m\subseteq V_{m+1},\forall m\in Z$；

（2）$f(t)\in V_m\Leftrightarrow f(2t)\in V_{m+1}$；

（3）$\bigcap\limits_{m\in Z}V_m=\{0\}$；

（4）$\bigcup\limits_{m\in Z}V_m$ 在 $L^2(-\infty,+\infty)$ 中稠密，即 $\overline{\bigcup\limits_{m\in Z}V_m}=L^2(-\infty,+\infty)$；

（5）$\varphi(t)\in V_0$，且 $\{\varphi(t-n)\}_{n\in Z}$ 是 V_0 的标准正交基，称 $\varphi(t)$ 为此 MRA 的尺度函数或父函数。

由性质（2）和（5）可见，$\forall f(t)\in V_0\Leftrightarrow f(2^m t)\in V_m$，且函数系 $\{2^{\frac{m}{2}}\varphi(2^m t-n)\}_{n\in Z}$ 构成空间 V_m 的一组标准正交基。但由于 $\{V_m\}_{m\in Z}$ 不是 $L^2(-\infty,+\infty)$ 的正交分解，

所以 $\{2^{\frac{m}{2}}\varphi(2^m t-n)\}_{m,n\in Z}$ 不是空间 $L^2(-\infty,+\infty)$ 的标准正交基。为此,我们引入 V_m 在 V_{m+1} 中的正交补空间 W_m,即 $W_m\perp V_m$,且 $V_{m+1}=V_m\oplus W_m$。显然,对任意 m、$m'\in Z$,子空间 W_m 与 $W_{m'}$ 是相互正交的,且 $f(t)\in W_0\Leftrightarrow f(2^m t)\in W_m$。因

$$V_N=V_{N-1}\oplus W_{N-1}=V_{N-2}\oplus W_{N-2}\oplus W_{N-1}=\cdots$$
$$\cdots=V_S\oplus W_S\oplus W_{S+1}\oplus\ldots\oplus W_{N-1}$$

根据性质(1)、(3)和(4),可令 $N\to+\infty,S\to-\infty$,即得

$$L^2(-\infty,+\infty)=\bigoplus_{m=-\infty}^{\infty}W_m \tag{5.12}$$

且上式右方是正交分解的。

因此,问题归结为利用 $\varphi(t)$ 构造一个函数 $\psi(t)$,使它的整数平移 $\{\psi(t-n)\}_{n\in Z}$ 构成空间 W_0 的标准正交基。我们当然希望 $\psi(t)$ 具有较好的局部性与光滑性,而这在很大程度上取决于 $\varphi(t)$ 的局部性与光滑性。因此,首要问题在于如何构造尺度函数 $\varphi(t)$ 使其具有较好的局部性与光滑性。下面的定理为我们提供了构造性较好的尺度函数的方法。

定理 2　令 $\varphi_{0n}(t)=\varphi(t-n)$,则 $\{\varphi_{0n}(t)\}_{n\in Z}$ 是标准正交系 $\Leftrightarrow \sum_{k\in Z}|\hat\varphi(\omega+2k\pi)|^2\equiv1$。

定理 3　令

$$H(\omega)=\frac{1}{2}\sum_{n\in Z}c_n e^{-in\omega} \tag{5.13}$$

其中,$\{c_n\}$ 由 $\varphi(t)=\sum_{n\in Z}c_n\varphi(2t-n)$ 式确定,则 $H(\omega)$ 是周期为 2π 的函数,且

$$|H(\omega)|^2+|H(\omega+\pi)|^2\equiv1$$

现在 $L^2(-\infty,+\infty)$ 中取一函数 $\varphi(t)$,假定它具有较好的局部性(有限区间外恒等于零或很快地趋于零)与光滑性(具有某阶连续导数),且满足:

(a) $\hat\varphi(\omega)$ 连续有界(这要求并不高,因 $\varphi(t)$ 有较好的局部性,所以总能满足),且 $\hat\varphi(0)\neq0$(这是很关键的一点要求);

(b) $0<\alpha\leqslant\sum_{k\in Z}|\hat\varphi(\omega+2k\pi)|^2\leqslant\beta<+\infty$;

(c) $\hat\varphi(2\omega)/\hat\varphi(\omega)$ 是周期为 2π 的平方可积函数。

一般说来,$\{\hat\varphi(t-n)\}_{n\in Z}$ 不一定是标准正交系,我们可以将它改造为另一个由下面公式定义的函数 $\varphi^*(t)$:

$$\hat\psi^*(\omega)=\frac{\hat\varphi(\omega)}{[\sum_{k\in Z}|\hat\varphi(\omega+2k\pi)|^2]^{\frac{1}{2}}} \tag{5.14}$$

由条件(b)可知,此定义是合理的,且 $\sum_{k\in Z}|\hat\varphi^*(\omega+2k\pi)|^2\equiv1$。故由定理 3 可知,$\{\varphi^*(t-n)\}_{n\in z}$ 是标准正交系。

定理 4　设 $\{V_m\}_{m\in Z}$ 及 $\varphi(t)$ 是一个正交 MRA，由于 $\varphi(t)\in V_0\subseteq V_1$，而 $\{\sqrt{2}\varphi(2t-n)\}_{n\in Z}$ 是 V_1 的标准正交基，故有

$$\varphi(t)=\sum_{n\in Z}c_n\varphi(2t-n) \tag{5.15}$$

我们称此方程为双尺度方程。令

$$\psi(t)=\sum_{n\in Z}(-1)^n c_{1-n}\varphi(2t-n) \tag{5.16}$$

记 $\psi_{mn}(t)=2^{\frac{m}{2}}\psi(2^m t-n)$，则 $\{\varphi_{mn}\}_{m,n\in Z}$ 是 $L^2(-\infty,+\infty)$ 的标准正交小波基，且若以 W_j 记为由基 $\{\psi_{jn}\}_{n\in Z}$ 形成的空间，即 $W_j=\overline{\mathrm{span}L^2(\psi_{jn},n\in Z)}$，则

$$W_j\perp V_j,W_j\oplus V_j=V_{j+1},\forall j\in Z$$

3. 尺度函数 $\varphi(t)$ 的构造方法

从上节介绍的多尺度分析方法可见，构造正交小波基的关键在于构造恰当的尺度函数 $\varphi(t)$。但是，当按照光滑性与局部性的要求选定的函数 $\varphi(t)$，其平移所构成的函数族 $\{\varphi(t-n)\}_{n\in Z}$ 一般不构成标准正交系。虽然我们可用公式(5.14)将 $\varphi(t)$ 改造成 $\varphi^*(t)$，$\varphi^*(t)$ 的平移 $\{\varphi^*(t-n)\}_{n\in Z}$ 构成了标准正交系，但这也必然会改变其光滑性与局部性。也就是说，$\varphi^*(t)$ 的光滑性与局部性较难直接控制。下面要介绍的定理 5 提供了一种直接构造任意次可微且具有预定局部性的 $\varphi(t)$，其平移 $\{\varphi(t-n)\}_{n\in Z}$ 构成标准正交系，而且 $\hat{\varphi}(\omega)$ 的支集是紧的。

定理 5　若实函数 $\hat{\varphi}(\omega)$ 连续，$\mathrm{supp}\hat{\varphi}=[a,b]$，则 $\hat{\varphi}(\omega)$ 满足：① $\hat{\varphi}(2\omega)=H(\omega)\hat{\varphi}(\omega)$，这里 $H(\omega)$ 是周期 2π 的连续函数；② $\sum_{k\in Z}|\hat{\varphi}(\omega+2k\pi)|^2\equiv 1$；的充要条件是

(1) $2\pi<b-a\leqslant\dfrac{8}{3}\pi,\dfrac{b}{2}-a\leqslant 2\pi,b-\dfrac{a}{2}\leqslant 2\pi$；

(2) $a<0,b>0$；

(3) 令 $\alpha=b-a-2\pi$，则 $\hat{\varphi}(\omega)\equiv 1,\omega\in[a+\alpha,b-\alpha]$；

(4) $[\hat{\varphi}(\omega)]^2+[\hat{\varphi}(\omega+2\pi)]^2\equiv 1,\omega\in[a,a+\alpha]$。

4. Shannon 取样定理

定理 6（Shannon 取样定理）　令 $\hat{f}(\omega)=\displaystyle\int_{-\infty}^{+\infty}f(t)\mathrm{e}^{-\mathrm{i}\omega t}\mathrm{d}t$ 为函数 $f(t)$ 的 Fourier 变换。若当 $|\omega|\geqslant B$ 时，$\hat{f}(\omega)=0$，则称函数 $f(t)$ 是 B 频谱有限的，并记为 $f\in V_B$。此时，当取样间隔 $\Delta\leqslant\dfrac{\pi}{B}$ 时，由 $f(t)$ 的取样值 $f(n\Delta)(n\in Z)$ 可以唯一确定 $f(t)$，并有以下插值公式：

$$f(t)=\sum_{n\in Z}\int (n\Delta)\frac{\sin\dfrac{\pi}{\Delta}(t-n\Delta)}{\dfrac{\pi}{\Delta}(t-n\Delta)} \tag{5.17}$$

定理 7（推广的 Shannon 定理）　若 $f(t)$ 是本质频谱有限的,则当取样间隔 $\Delta \leqslant \frac{\pi}{B}$ 时,有

$$|f(t) - S_\Delta f(t)| \leqslant \frac{1}{\pi} \int_{(-\infty, -\frac{\pi}{\Delta}) \cup (\frac{\pi}{\Delta}, +\infty)} |\hat{f}(\omega)| \, \mathrm{d}\omega \leqslant \frac{\varepsilon}{\pi} \qquad (5.18)$$

理论上,我们可用推广的 Shannon 定理作为确定频谱非有限函数取样间隔及误差估计的依据。但是,许多实际问题中所遇到的函数并不满足本质频谱有限的条件,因此误差估计公式(5.18)是难以具体应用的。下面,利用小波尺度函数来建立一些新的取样定理,它在很多情况下可以更好的满足实际问题的需要。

5. 小波与取样定理

对一般的 MRA,函数系 $|\varphi(t-n)|_{n \in z}$ 虽构成了基本空间 V_0 的标准正交基,即 $\forall f(t) \in V_0$,有

$$f(t) = \sum_{n \in Z} \langle f, \varphi(\cdot - n) \rangle \varphi(t - n) \qquad (5.19)$$

上式与公式(5.17)虽然很相似,但是,在一般情况下 $\langle f, \varphi(\cdot - n) \rangle \neq f(n)$,所以公式(5.19)一般不称为取样定理。然而,另一方面,由于 V_0 与 $\varphi(t)$ 有很大的选择余地,使我们有可能根据具体情况来选择合适的基本空间 V_0 与尺度函数 $\varphi(t)$,从而使问题所涉及的函数 $f(t)$ 落在函数空间 V_0 中或基本落在 V_0 中(即在一定精度要求下可用 V_0 中的函数来逼近)。问题是,在选定合适的 V_0、$\varphi(t)$ 以后,是否可能在 V_0 中另选一个合适的函数 $s(t)$,使 $\{s(t-n)\}_{n \in z}$ 仍为 V_0 之基,同时又满足关系式 $\forall f(t) \in V_0$,有

$$f(t) = \sum_{n \in Z} f(n) s(t - n) \qquad (5.20)$$

这就是相应的取样定理。

为简单起见,我们在 Shannon 取样定理中取 $B = \pi$、$\Delta = 1$,则相应的取样定理为

$$f(t) = \sum_{n \in Z} f(n) \frac{\sin \pi(t - n)}{\pi(t - n)}$$

易见, 函数 $\left\{ \dfrac{\sin \pi(t-n)}{\pi(t-n)} \right\}_{n \in Z}$ 除了是 V_π 上的标准正交系外, 还具有性质

$\dfrac{\sin \pi(t-n)}{\pi(t-n)} = \begin{cases} 1, k = n \\ 0, k \neq n \end{cases}$, 正是由于这一特点使 $\left[f, \dfrac{\sin \pi(\cdot - n)}{\pi(\cdot - n)} \right] = f(n)$。 我们称

Shannon 系的尺度函数 $\dfrac{\sin \pi t}{\pi t}$ 的这一特点为具有离散正交性。因此, 要能从一个 MRA 的 V_0 与 $\varphi(t)$ 导出新的取样定理, 必须将尺度函数 $\varphi(t)$ 改造成为一个新函数 $s(t)$, 使它具有性质:

(1) $\{s(t-n)\}_{n \in z}$ 构成函数空间 V_0 的 Riesz 基;

（2）$\{s(t-n)\}_{n\in z}$ 具有离散正交性，即 $s(k-n)=\begin{cases}1,k=n\\0,k\neq n\end{cases}$。这样，$\forall f\in V_0$，就有

$$f(t)=\sum_{n\in Z}f(n)s(t-n)。$$

有下面的定理：

定理 8　设 V_0，$\varphi(t)$ 构成一个正交 MRA，且满足

（1）$\varphi(t)=o(1/|t|^{1+\varepsilon})$　$|t|\to\infty,\varepsilon>0$；

（2）$\varphi*(\omega)=\sum_{n\in Z}\varphi(n)\mathrm{e}^{-in\omega}\neq 0, -\infty<\omega<+\infty$。

则存在 $s(t)\in V_0$，使 $\forall f\in V_0$ 有

$$f(t)=\sum_{n\in Z}f(n)s(t-n) \tag{5.21}$$

且上式右方是一致收敛的。

5.3　Morlet 小波

小波分析在工程应用中，同一个工程问题用不同的小波基进行分析，有时结果相差甚远。目前，主要是用小波分析方法处理信号的结果与理论结果的误差来判定小波基的好坏，并由此选定小波基。本节以非正交的复 Morlet 小波作为母小波进行讲述。

5.3.1　Morlet 小波定义及其时频窗

1. Morlet 小波定义

Morlet 小波是常用的非正交小波，不存在尺度函数，它的一般数学形式为

$$\varphi(t)=\mathrm{e}^{i\omega_0 t}\mathrm{e}^{-\frac{1}{2}t^2} \tag{5.22}$$

其中，ω_0 为小波中心频率。其傅里叶变换为

$$\Phi(\omega)=\sqrt{2\pi}\,\mathrm{e}^{-\frac{1}{2}(\omega-\omega_0)^2} \tag{5.23}$$

Morlet 小波是一种单频复正弦调制高斯波，也是最常用的复值小波，其在时、频两域都具有很好的局部性。

2. Morlet 小波的时频窗

对于式（5.22）母 Morlet 小波，由式（5.7）和（5.8）得到时窗中心和半径、频窗中心和半径分别如下：

$$t_\varphi^*=0\quad \Delta t_\varphi=\frac{\sqrt{2}}{2} \tag{5.24}$$

$$\omega_\varphi^*=\omega_0\quad \Delta\omega_\varphi=\frac{\sqrt{2}}{2} \tag{5.25}$$

对于 Morlet 子波 $\varphi_{a,b}(t) = \dfrac{1}{\sqrt{a}}\varphi\left(\dfrac{t-b}{a}\right)$，同理可得

$$t^* = 0 \quad \Delta t = \frac{\sqrt{2}}{2} \tag{5.26}$$

$$\omega^* = \omega_0 \quad \Delta\omega = \frac{\sqrt{2}}{2} \tag{5.27}$$

则母小波时频窗为

$$\left[-\frac{1}{\sqrt{2}}, \frac{1}{\sqrt{2}}\right] \times \left[\omega_0 - \frac{1}{\sqrt{2}}, \omega_0 + \frac{1}{\sqrt{2}}\right] \tag{5.28}$$

则子波时频窗为

$$\left[b - \frac{a}{\sqrt{2}}, b + \frac{a}{\sqrt{2}}\right] \times \left[\frac{\omega_0}{a} - \frac{1}{a\sqrt{2}}, \frac{\omega_0}{a} + \frac{1}{a\sqrt{2}}\right] \tag{5.29}$$

平移因子 b 仅改变时域波形的中心位置，而伸缩因子 a 对时域和频域波形都有影响。当 a 增加时，时域波形被拉宽压扁，而频域波形移为低频处，且被压缩，此时适用于分析低频信号，反之亦然。这样，小波变换对不同的频率在时域上的取样步长是调节性的，即：在低频时，小波变换的时间分辨率较差，而频率分辨率较高；在高频时，小波变换的时间分辨率较高，而频率分辨率较低，这正符合低频信号变换缓慢而高频信号变化迅速的特点。这便是它优于经典傅里叶变换与短时傅里叶变换的地方，但时域波形和频域波形不能同时变窄，从侧面印证了 Heisenberg 测不准原理的正确性。

5.3.2　Morlet 小波变换系数的实用算法

本节拟从两个不同的角度——Parseval 定理和时域卷积定理的角度，推导 Morlet 小波变换系数的算法，其特点是快速、简单并且实用。

1. 从 Parseval 定理的角度推导

由 Parseval 定理[11]知，对于信号 $f_1(t)$ 和 $f_2(t)$ 有

$$\int_{-\infty}^{+\infty} f_1(t) f_2^*(t)\mathrm{d}t = \frac{1}{2\pi}\int_{-\infty}^{+\infty} F_1(\omega) F_2^*(\omega)\mathrm{d}\omega = \frac{1}{2\pi}\int_{-\infty}^{+\infty} F_1^*(\omega) F_2(\omega)\mathrm{d}\omega \tag{5.30}$$

因此，小波变换公式(5.3)可转化为

$$WT_f(a,b) = \langle f(t), \varphi_{a,b}(t)\rangle$$

$$= \int_{-\infty}^{+\infty} f(t)\varphi_{a,b}{}^*(t)\mathrm{d}t = \frac{1}{2\pi}\int_{-\infty}^{+\infty} F(\omega)\mathrm{FT}[\varphi_{a,b}(t)]\mathrm{d}\omega$$

$$= \frac{1}{2\pi}\int_{-\infty}^{+\infty} F(\omega)\mathrm{FT}\left[\frac{1}{\sqrt{a}}\varphi\left(\frac{t-b}{a}\right)\right]\mathrm{d}\omega$$

$$= \frac{\sqrt{a}}{2\pi} \int_{-\infty}^{+\infty} F(\omega) \Phi^*(a\omega) \mathrm{e}^{j\omega b} \, \mathrm{d}\omega$$

$$= \mathrm{IFT}[\sqrt{a} F(\omega) \Phi^*(a\omega)] \tag{5.31}$$

$F(\omega)$ 和 $\Phi(\omega)$ 分别为信号 $f(t)$ 和母小波 $\varphi(t)$ 的傅里叶变换，将 a 看作常数，而将 b 看作连续时间变量时，可得小波变换系数为

$$WT_f(a,b) = \mathrm{IFT}[\sqrt{a} F(\omega) \Phi^*(a\omega)] \tag{5.32}$$

此处，FT 和 IFT 分别指傅里叶变换和逆傅里叶变换。

2. 从时域卷积定理的角度推导

小波变换公式(5.3)变形为

$$\begin{aligned}
WT_f(a,b) &= \langle f(t), \varphi_{a,b}(t) \rangle \\
&= \frac{1}{\sqrt{a}} \int_{-\infty}^{+\infty} f(t) \varphi^*\left(\frac{t-b}{a}\right) \mathrm{d}t \\
&= \frac{1}{\sqrt{a}} \int_{-\infty}^{+\infty} f(t) \varphi^*\left(-\frac{b-t}{a}\right) \mathrm{d}t \\
&= f(t) * \left[\frac{1}{\sqrt{a}} \varphi^*\left(-\frac{t}{a}\right)\right]
\end{aligned} \tag{5.33}$$

上式中，当 a 看作常数而 b 看作连续时间变量时，右边正是信号 $f(t)$ 与函数 $\frac{1}{\sqrt{a}} \varphi^*\left(-\frac{t}{a}\right)$ 的卷积。

由时域卷积定理[11]，即时域中两信号的卷积等效于频域中频谱的乘积，得

$$\begin{aligned}
\mathrm{FT}[WT_f(a,b)] &= \mathrm{FT}\left\{ f(t) * \left[\frac{1}{\sqrt{a}} \varphi^*\left(-\frac{t}{a}\right)\right] \right\} \\
&= \mathrm{FT}[f(t)] \times \mathrm{FT}\left[\frac{1}{\sqrt{a}} \varphi^*\left(-\frac{t}{a}\right)\right] \\
&= X(\omega) \frac{1}{\sqrt{a}} a \Phi^*(a\omega) \\
&= \sqrt{a} X(\omega) \Phi^*(a\omega)
\end{aligned} \tag{5.34}$$

由此，得到非正交小波变换系数为：$WT_f(a,b) = \mathrm{IFT}[\sqrt{a} F(\omega) \Phi^*(a\omega)]$。

从式(5.34)可见，从时域卷积定理的角度与从 Parserval 定理的角度推导出的小波变换系数公式是一致的。

3. 算法总结

对于式(5.22)中的 Morlet 小波，由式(5.23)，得

$$\Phi^*(a\omega) = \Phi(a\omega) = \sqrt{2\pi} \mathrm{e}^{-\frac{1}{2}(a\omega-\omega_0)^2} \tag{5.35}$$

因此，只要求出原始信号 $f(t)$ 和母小波函数 $\varphi(t)$ 的傅氏变换，给出一系列伸缩

因子 a(反映了信号频率),通过逆傅里叶变换(式 5.22),即可求得一系列非正交的小波变换系数。

采用式(5.22)求解非正交小波变换的系数,相比常规的离散小波变换算法具有如下明显的优点:

(1)将小波变换系数的计算转换到纯频域中进行,只需计算原始信号和母小波函数的傅氏变换即可,可以充分利用 Fast Fourier Transform(FFT)算法优势,运算速度较快;

(2)由于式(5.22)是在原始信号 $f(t)$ 和母小波函数 $\varphi(t)$ 的整个时间段上进行,因此,小波变换系数中的变量 b(平移因子)自动映射到整个时间段上而不用专门设置,所以计算结果只是 a(伸缩因子)的函数,只需对 a 离散化即可,计算过程较为简单,并且易于计算机程序的实现;

(3)该计算方法简化为伸缩因子 a 的函数,而 a 反映了频率信息,对 a 离散化,即可对应一个频率段($f_1:f_2$)的小波变换系数,在该频率段内可以用 Morlet 小波进行模态参数识别,为 Morlet 小波的应用研究奠定了小波变换系数的算法基础。

5.4 小波程序与算例

5.4.1 小波可视化程序

根据上面的理论推导,开发了对结构响应时程进行小波变换的可视化程序。图5.1给出了可视化程序界面,该程序界面简洁、直观,易于操作。图 5.2 为可视化程序的计算结果,关于小波变换时频图的计算与说明,将在 5.4.2 和 5.4.3 节中详细论述。

图 5.1 小波变换可视化程序界面

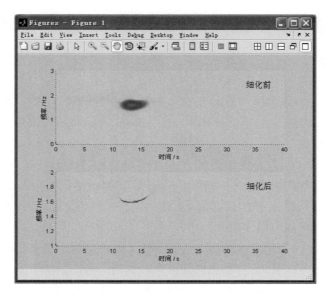

图 5.2　小波变换细化前与细化后的时频图

5.4.2　弹性计算与说明

以直径为 0.03m，长度为 10m，材料为 Q420 的钢结构为例，用 SAP2000 对其进行 X 方向的模态和时程分析，输入时长 30 秒的 El Centro 波，如图 5.3 所示。其中，0～10 秒的傅里叶谱如图 5.4 所示，20～30 秒的傅里叶谱如图 5.5 所示。然后，对求得的时程数据进行小波变换。最后，对小波变换结果与模态分析结果进行对比，具体结构模型如图 5.6 所示。

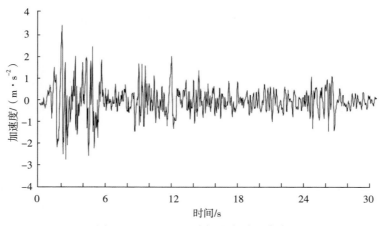

图 5.3　El Centro 波加速度时程曲线

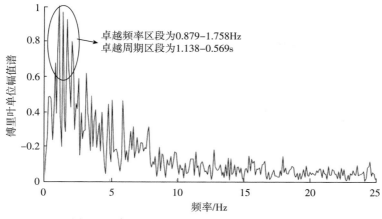

图 5.4　介于 0～10 秒的 El Centro 波傅里叶谱

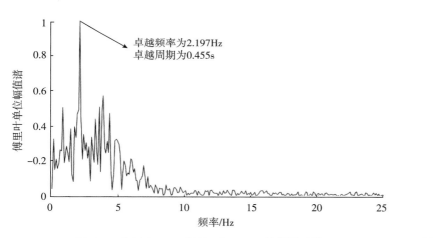

图 5.5　介于 20～30 秒的 El Centro 波傅里叶谱　　　　　图 5.6　模型

运用 SAP2000 分析的结果如表 5.1 所示,具体振型如图 5.7～图 5.9 所示。

表 5.1　模态分析结果

模态阶数	模态周期/s	频率/Hz	质量参与系数/%
1	5.008	0.200	71
2	0.887	1.127	23
3	0.356	2.807	6

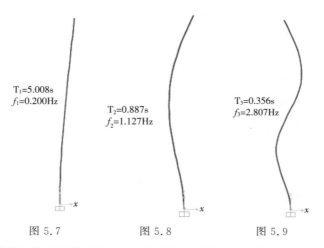

T₁=5.008s
f₁=0.200Hz

T₂=0.887s
f₂=1.127Hz

T₃=0.356s
f₃=2.807Hz

图 5.7　　　　　　　图 5.8　　　　　　　图 5.9

经过时程分析,得到结构顶点 a 反应时程,如图 5.10 所示。

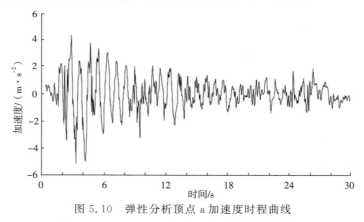

图 5.10　弹性分析顶点 a 加速度时程曲线

将得到的 txt 时程数据进行小波变换,具体操作过程如下:

导入时程反应数据,输入时长、时间间隔以及相应的坐标轴数据,运行即可。需要说明的是,本程序中 s 文件是以行存放数据,所以要注意时程反应数据的存放格式,如果是以列存放数据,需对其进行转置处理,运行后的结果如图 5.11~图 5.13 所示。

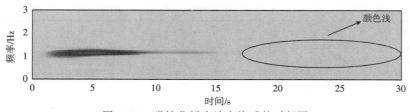

图 5.11　弹性分析小波变换后的时频图

从图 5.11 中可以看到,两条线的纵坐标分别对应着结构的前两阶频率 $f_1=0.200\text{Hz}$,$f_2=1.127\text{Hz}$。颜色较深处是小波系数较大处,之所以第二阶频率比第一阶频率对应的小波系数颜色深,是因为第二阶频率与地震波产生了共振,动力效应比较明显。从图中也可以看到,第二阶频率对应的小波系数在 20~30s 之间的颜色与 0~10s 颜色相比非常浅(如图 5.11 中标识的区域所示),存在如下两个原因:其一,地震波在 0~10s 的卓越频率区段为 0.879~1.758Hz(如图 5.4 所示),与第二阶频率 $f_2=1.127$Hz 很接近,因此结构的激励效果很明显,而地震波在 20~30s 的卓越频率为 2.197Hz,与第二阶频率 $f_2=1.127$Hz 相差相对较远,对结构的激励作用相对小,动力效果未明显显示出来;其二,El Centro 波在 0~10s 之间的加速度幅值较大,能量较高,所以颜色较深,而 El Centro 波在 20~30s 之间的加速度幅值较小,能量较低,所以颜色较浅。与第一阶振型相比,第三阶振型的质量参与系数很小(见表 5.1),所以对结构反应贡献相对很小,故未有明显显示。此外,之所以小波变换后可看到第一阶频率对应的小波系数,是因为其相应的质量参数系数较大(见表 5.1),所以贡献大。为了更清楚的识别小波系数较大处所对应的频率,故对图 5.11 进行细化,所得结果如图 5.12 所示。

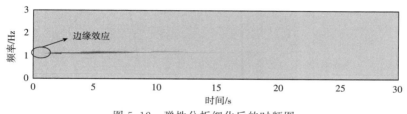

图 5.12　弹性分析细化后的时频图

从图 5.11 可以看出,第二阶频率边缘处小波系数线有些偏离第二阶频率 $f_2=1.127$Hz,这是由边缘效应造成的。所谓边缘效应,即在小波变换过程中,由于积分区间是 $(-\infty,+\infty)$,而实际对某一信号的采样长度为 T,因此造成理论值与实际计算值之间存在误差。为了更加清楚的看到时间与结构自身频率的对应关系,对图 5.12进行最大化处理,所得结果如图 5.13 所示。

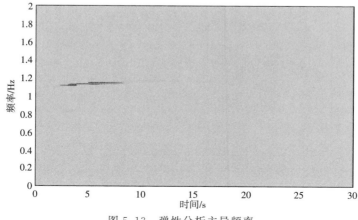

图 5.13　弹性分析主导频率

从图 5.13 可以看出,在最初的前 17s 左右,地震波对第二阶频率的激励较大,从 17s 左右以后对第一阶频率的激励较大。

5.4.3　弹塑性计算与说明

为了简便且直观的阐述小波变换在弹塑性分析中的应用,以单自由度结构模型为例,材料采用 Q420 钢,直径为 0.033m,长度为 3m,结构模型和振型分别如图 5.14 和图 5.15 所示。地震波选用主震与非主震区段有明显区别的 TRI_TREASURE ISLAND_90 波,如图 5.16 所示,相应的傅里叶谱如图 5.17 所示。应该说明,为了考察结构进入塑性后的情形,这里将地震波的峰值放大至 4.5 倍的重力加速度。模型

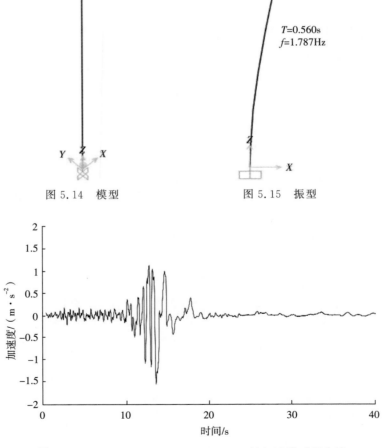

图 5.14　模型　　　　　　　　图 5.15　振型

图 5.16　TRI_TREASURE ISLAND_90 波加速度时程曲线

中,用塑性铰来模拟材料屈服和屈服后的性能,塑性铰的本构关系如图 5.18 所示。其中,AB 段为弹性阶段,BC 段为强化阶段,CD 段为卸载阶段,DE 段为塑性阶段。

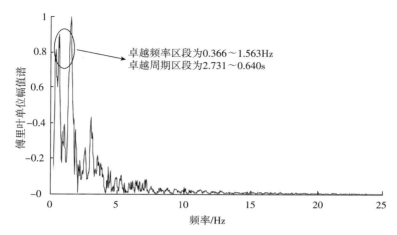

卓越频率区段为0.366~1.563Hz
卓越周期区段为2.731~0.640s

图 5.17　TRI_TREASURE ISLAND_90 波傅里叶谱

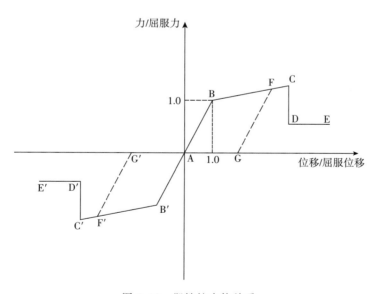

图 5.18　塑性铰本构关系

运用 SAP2000 进行时程分析,得到顶点 b 的反应如图 5.19 所示。

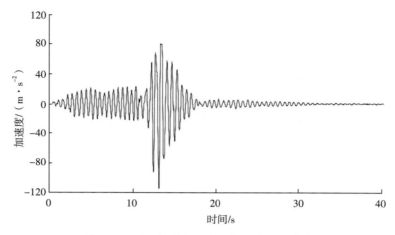

图 5.19　弹塑性分析顶点 b 加速度时程曲线

运用 5.4.1 节开发的可视化小波程序,所得结果如图 5.20～图 5.21 所示。

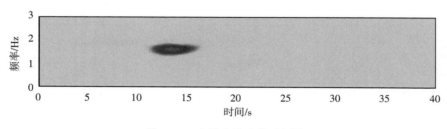

图 5.20　小波变换后的时频图

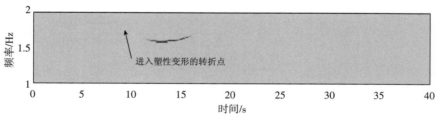

图 5.21　细化后的时频图

　　结构未发生塑性变形时,自振频率为 1.787Hz,结构发生塑性变形后,自振频率
降低,如图 5.21 所示。从图中可以看出:进入塑性阶段的具体时间为 10s 左右,即结
构的自振频率开始降低(如图 5.21 中的标识),结构出现塑性变形;15s 左右,曲线显
示开始回升,即频率增大,这种现象解释为结构进入塑性变形后并未破坏,塑性铰处
于图 5.18 中所示的 BC 段,而此时地震动峰值逐渐降低(如图 5.16 所示),能量减
小,结构卸载而塑性铰处于 FG 段,由于 FG 比 BC 段的弹模大,故频率随之增大;18s

左右后,曲线变浅,这是由于 TRI_TREASURE ISLAND_90 波在 18s 左右后,加速度幅值较小(从图 5.16 可看出),能量较低,所以颜色变浅。

5.5　本 章 小 结

本章简要总结了小波变换的理论,并通过程序予以实现,给出了算例说明与验证,通过对小波变换结果图像的说明,可加深对小波变换的理解,体现小波变换时频特性的优势。本章内容旨在将小波变换用于工程结构弹塑性分析,给出结构频率改变的具体时间点和整个历程,从而有助于对结构大震弹塑性反应的整体把握。

参 考 文 献

［1］胡昌华,张军波,夏军,等.基于 Matlab 的系统分析与设计—小波分析［M］. 西安:西安电子科技大学出版社,2000.

［2］Stéphane M. A wavelet tour of signal processing(Second Edition)［M］. New York:Academic Press,1999.

［3］崔锦泰. 小波分析导论［M］. 西安:西安交通大学出版社,1995.

［4］邸继征. 小波分析原理［M］. 北京:科学出版社,2010.

［5］倪林. 小波变换与图像处理［M］. 合肥:中国科学技术大学出版社,2010.

［6］张贤达. 现代信号处理(第二版)［M］. 北京:清华大学出版社,2002.

［7］Dwight F M,Kraig J O 著,杨志华,杨力华译. 小波基础及应用教程［M］. 北京:机械工业出版社,2006.

［8］Ingrid D 著,李建平,杨万年译. 小波十讲(Ten lectures on wavelets)［M］. 北京:国防工业出版社,2004.

［9］Morlet J. Wave propagation and sampling theory. Part II:sampling theory and complex waves ［J］. Geophysics,1982,47(2):222-236.

［10］Grossmann A,Morlet J,Paul T. Transforms associated to square integrable group represen-tations. I. General Results［J］. Journal of mathematical Physics,1985,26(10):2473−2479.

［11］华容. 信号分析与处理［M］. 北京:高等教育出版社,2004.

第6章　超高层建筑(多)罕遇和超大震动力弹塑性分析

6.1　引　　言

动力弹塑性分析，被认为是目前结构地震反应分析最可靠和最精确的方法，已被广泛应用于工程结构分析中。比如，文献[1]对某框架-核心筒高层混合结构进行了三维空间弹塑性抗震分析，文献[2-4]对各类超限复杂结构进行了弹塑性分析。ABAQUS 软件具有强大的非线性计算能力[5]，它不仅提供了适合模拟梁、柱和剪力墙的纤维单元，同时允许用户进行二次开发。但是，与 ABAQUS 自身强大的计算能力相比，其前处理功能的便捷性还不能满足工程的需要，直接采用 ABAQUS 建立复杂结构模型会占用工程人员较多时间。相比之下，土木工程领域应用广泛的结构分析软件 SAP2000，具有直观的界面、方便的对象捕捉与选择功能，使得用户可以快速生成以及修改结构模型[6]。

本章以某超高层建筑为工程背景，建立了结构的 SAP2000 模型，利用开发的 TJU. SAP2ABAQUS 接口转换程序将 SAP2000 模型导入到 ABAQUS 中，借助 ABAQUS 软件平台，对该超高层结构进行动力弹塑性分析，研究了其在多遇、基本、罕遇地震作用下的变形、损伤与破环情况，模拟了超大震作用下该超高层结构的破坏过程，分析了结构抗震的薄弱部位，研究结果可为此类超高层结构的抗震设计和分析提供参考。

6.2　工程背景与有限元模型

6.2.1　工程概述

本工程为某国际金融中心大楼[7]，结构高度为 423 米，共 113 层。其中，结构周边的框架由钢筋混凝土柱和型钢梁构成，主要承受竖向荷载；结构中间的钢筋混凝土核心筒，具有较高的抗侧刚度，主要抵抗风荷载和地震作用。结构设计使用年限为50 年，抗震设防烈度 7 度，抗震设防类别为丙类，场地类别为Ⅳ类，设计地震基本加速度为 0.1g，设计地震分组为第一组。

6.2.2　材料与几何属性

结构的框架柱部分为钢筋混凝土，1～10 层框架梁为钢筋混凝土，10 层以上框架梁为型钢,结构构件的材料如表 6.1 所示,主要构件的截面参数及楼层分布见表6.2。结构底层的平面尺寸为 44.1m×44.1m,底层核心筒的平面尺寸为 20.8m×21.8m。整个建筑物沿高度方向分为四段,结构的平面尺寸分别在 57 层、84 层、108 层处开始减小,剪力墙布置见图 6.1。

表 6.1　结构构件材料

柱		梁		剪力墙		板		钢梁
混凝土	钢筋	混凝土	钢筋	混凝土	钢筋	混凝土	钢筋	钢材
C60	HRB335	C60	HRB335	C60	HRB335	C60	HRB335	Q345

表 6.2　主要构件截面参数

楼层区间	柱	剪力墙	板	梁	
	截面尺寸/m	墙厚/m	板厚/m	混凝土梁截面尺寸/m	型钢梁截面尺寸/mm
1～10 层	1.8×1.8	1.4	0.2	1×0.8	—
10～23 层	1.8×1.8	1.4	0.2	—	H600×400×20×20
24～40 层	1.7×1.7	1.4	0.2	—	H600×400×20×20
40～56 层	1.5×1.5	1.4	0.2	—	H600×400×20×20
57～70 层	1.4×1.4	1.2	0.2	—	H600×400×20×20
71～84 层	1.2×1.2	1.2	0.2	—	H600×400×20×20
85～108 层	1.0×1.0	0.8	0.2	—	H600×250×16×20
109～113 层	1.0×1.0	0.6	0.2	—	H600×600×40×40

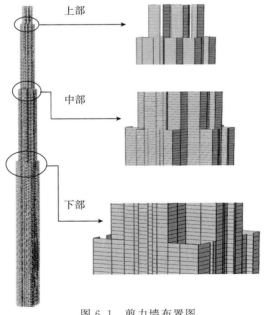

图 6.1　剪力墙布置图

6.2.3　天然与人工波模拟及频谱特性

　　考虑工程所在地的场地条件,选取适用于软土场地的两组天然地震波和一组上海人工波,如表 6.3 所示。图 6.2 比较了生成的上海人工波加速度时程曲线反应谱与《建筑抗震设计规范》(GB50011-2010)[8]加速度反应谱曲线的拟合结果。从图中可以看出,生成的人工波加速度反应谱与规范反应谱能够较好吻合。图 6.3～图 6.5 分别给出了归一化之后的上海人工波加速度时程及其他两组天然波加速度时程及相应的傅里叶幅值谱。

表 6.3　时程分析所用地震波

地震波	地震名称	发生时间
San Fernando 波	圣费尔南多地震	1971.02.09
天津宁河波	唐山地震	1976.11.25
上海人工波	—	—

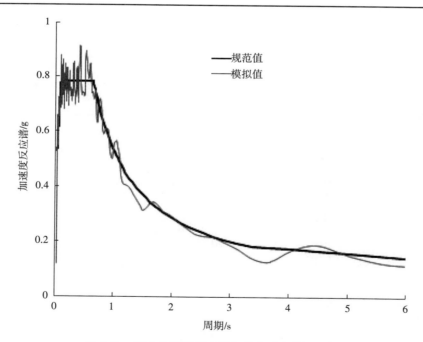

图 6.2　拟合加速度反应谱与规范反应谱的比较

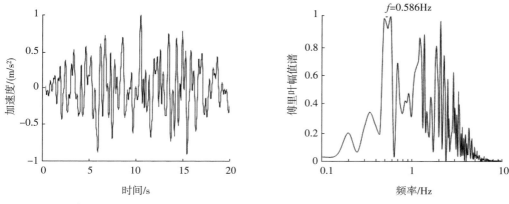

图 6.3　上海人工波加速度时程与傅里叶幅值谱

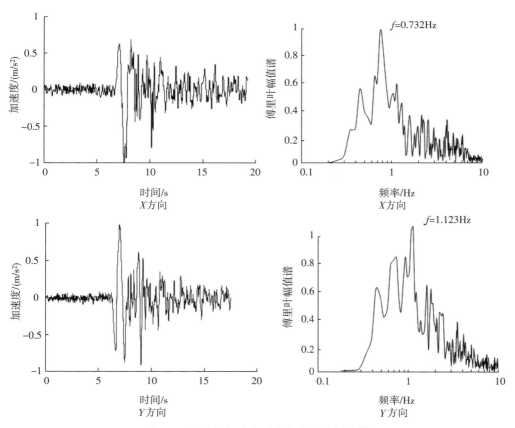

图 6.4　天津波加速度时程与傅里叶幅值谱

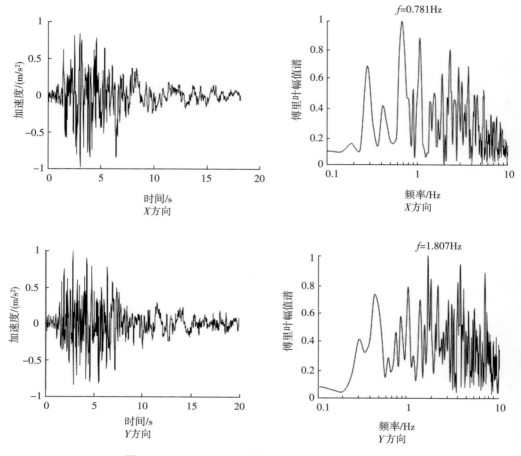

图 6.5　San Fernando 波加速度时程与傅里叶幅值谱

结构所在地的抗震设防烈度为 7 度,按照多遇、基本和罕遇地震三种情况,将地震波主方向加速度峰值分别调整为 35cm/s²,100cm/s² 和 220cm/s²。

根据我国现行抗震设计规范[8],将地震加速度峰值按照 1∶0.85∶0.65 的比例进行调整,分析时三个方向同时输入。

6.2.4　模型转换与几何属性转换前后对比

首先,利用建模方便的 SAP2000 有限元软件,建立结构的 SAP 计算分析模型,如图 6.6 所示。该模型包含 4168 个楼面单元,11596 个剪力墙单元,2758 个梁单元以及 5922 个柱单元。然后,利用天津大学基于 C♯语言开发的接口程序[9-11]TJU.SAP2ABAQUS(图 6.8)生成对应的 ABAQUS 有限元模型,如图 6.7 所示。模型中,梁、柱均采用 ABAQUS 中的 B31 单元进行模拟,楼板和剪力墙均采用四边形缩减积分壳单元 S4R 模拟。图 6.9~图 6.12 分别给出了模型转换前、后剪力墙、楼板、框架柱及整体框架部分的对比图。从图中可以看出,模型转换前、后比较一致。

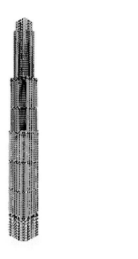 

　　　图 6.6　SAP 有限元模型　　　　　　　图 6.7　ABAQUS 有限元模型

图 6.8　TJU.SAP2ABAQUS 接口程序

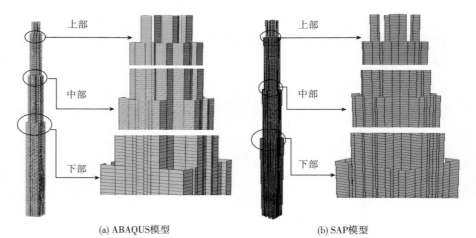

(a) ABAQUS模型   (b) SAP模型

图 6.9 剪力墙部分对比图

(a) ABAQUS模型   (b) SAP模型

图 6.10 楼板部分对比图

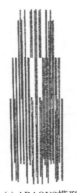   

(a) ABAQUS模型   (b) SAP模型   (a) ABAQUS模型   (b) SAP模型

图 6.11 框架柱部分对比图   图 6.12 整体框架部分对比图

6.2.5　模态与频谱分析对比及模型动力特性验证

表 6.4 给出了利用接口程序 TJU.SAP2ABAQUS 转换得到的 ABAQUS 模型与 SAP 模型前 6 阶模态分析的结果。从表中可以看出,两种模型模态分析的结果相差不大,表明经接口程序转换得到的 ABAQUS 模型具有很好的精度。

表 6.4　模态分析结果

振型 (空间)	周期/s		频率/Hz		振动特征
	SAP 模型	ABAQUS 模型	SAP 模型	ABAQUS 模型	
1 阶	7.60	6.48	0.132	0.154	X 向一阶平动
2 阶	7.45	6.38	0.134	0.157	Y 向一阶平动
3 阶	3.17	2.00	0.315	0.501	Z 向一阶扭转
4 阶	2.40	1.88	0.417	0.532	Y 向二阶平动
5 阶	2.38	1.87	0.421	0.535	X 向二阶平动
6 阶	1.57	1.04	0.636	0.960	Z 向二阶扭转

对建立的 SAP 有限元模型进行功率谱密度分析,其结果如图 6.13 所示。从图中可以看出,功率谱密度峰值所对应的频率与表 6.4 中 SAP2000 计算的结构频率基本一致,从而验证了 SAP 有限元模型的正确性。

图 6.14 和图 6.15 分别给出了 SAP 模型与 ABAQUS 模型前 3 阶振型模态。从图中也可以看出,两模型模态分析结果基本一致。

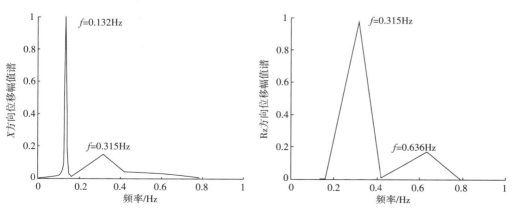

图 6.13　功率谱密度分析

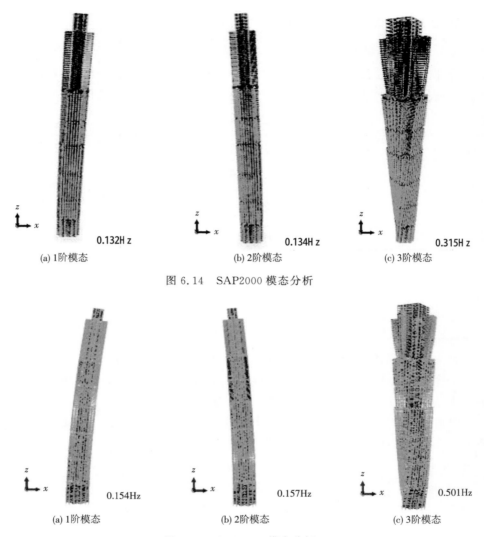

图 6.14　SAP2000 模态分析

图 6.15　ABAQUS 模态分析

6.3　多/罕遇地震下结构动力反应计算与分析

6.3.1　多/罕遇地震作用下的时程及其频谱分析

　　本节对该超高层结构在多、罕遇地震作用下的加速度反应进行傅里叶谱分析。图 6.16 给出了 7 度多遇地震作用下，结构某节点（随机选取，节点位于结构中部）水平方向的加速度时程曲线及相应的傅里叶幅值谱图。从图中可以看出，X 方向的一阶自振频率(0.154Hz)与 Y 方向一阶自振频率(0.157Hz)附近,图中都没有出现明显的较大峰值。从理论上可以做如下解释:该超高层结构的基本周期较大,两水平方向的一阶自振频率较小(0.154Hz 和 0.157Hz),远离地震波两水平方向的卓越频率(0.732Hz 和 1.12Hz)。因此,在结构两个水平方向的一阶自振频率附近激起的地震反应不明显。同时,X 方向傅里叶幅值在频率为 0.537Hz 和 1.074Hz 处出现两个明显的峰值,分别与结构 X 方向二阶自振频率(0.535Hz)和三阶自振频率(1.064Hz)接近;Y 方向傅里叶幅值在频率为 0.537Hz 和 1.12Hz 处出现两个明显的峰值,分别与结构 Y 方向二阶自振频率(0.532Hz)和三阶自振频率(1.056Hz)接近,这表明:在多遇地震作用下,结构基本保持弹性状态,没有出现使结构自振频率变小的塑性变形。从这个角度看,结构满足"小震不坏"的抗震设防要求。

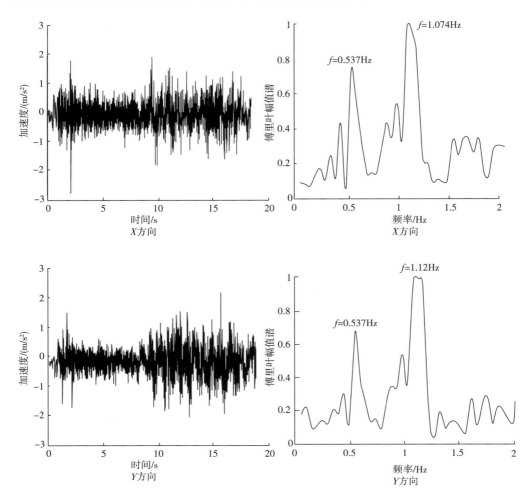

图 6.16　多遇地震下结构加速度时程与傅里叶幅值谱(天津波)

　　图 6.17 给出了 7 度天津波罕遇地震作用下，结构两个水平方向的加速度时程曲线和相应的傅里叶幅值谱图（与多遇地震分析时所选节点相同）。从图中可以看出，结构在二、三阶自振频率附近出现峰值，其原因与多遇地震作用下相同，这里不再解释。对比图 6.16 和图 6.17 可以看出，在罕遇地震用下，傅里叶幅值谱图中两个水平方向的峰值点均明显向左移动，即峰值点对应的频率值较多遇地震作用下减小，表明罕遇地震下结构整体或部分已进入塑性，结构产生了损伤，致使结构刚度降低，周期变大，频率减小。

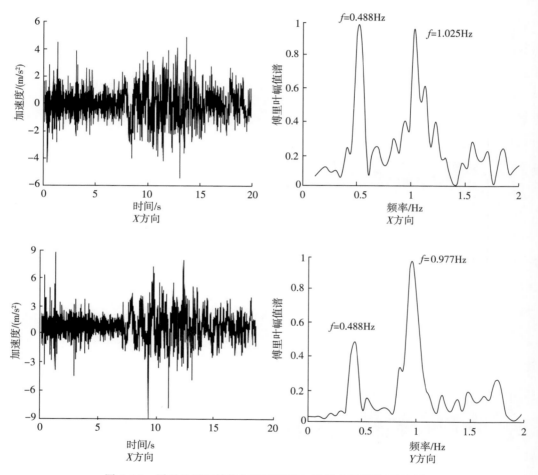

图 6.17　罕遇地震下结构加速度时程与傅里叶幅值谱（天津波）

　　图 6.18～图 6.21 分别给出了 San Fernando 波和上海人工波在多遇、罕遇地震作用下，结构两水平方向的加速度时程曲线和相应的傅里叶幅值谱图（与天津波作用时所选节点相同），从图中可以得到和天津波作用下相似的结论。

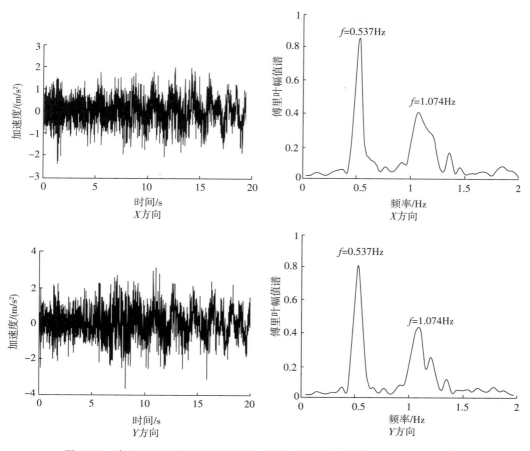

图 6.18　多遇地震下结构加速度反应时程与傅里叶幅值谱(San Fernando 波)

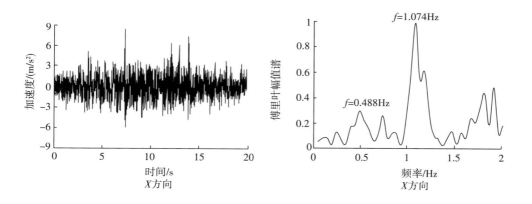

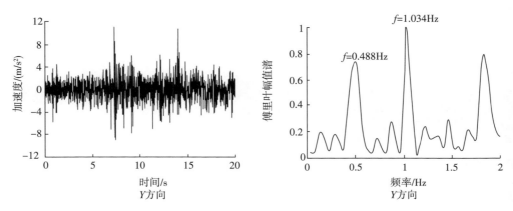

图 6.19　罕遇地震下结构加速度反应时程与傅里叶幅值谱（San Fernando 波）

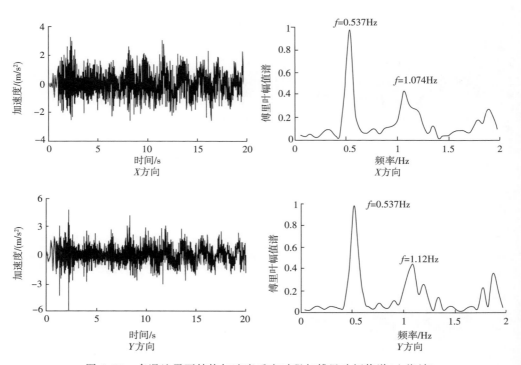

图 6.20　多遇地震下结构加速度反应时程与傅里叶幅值谱（上海波）

　　同时，结合表 6.4 中模态分析结果可以看出，结构水平方向的二阶自振频率为 Y 方向在前、X 方向在后，这也解释了虽然沿结构 X 方向输入的地震波峰值较大，但实际上结构 Y 方向的地震反应要更大一些。

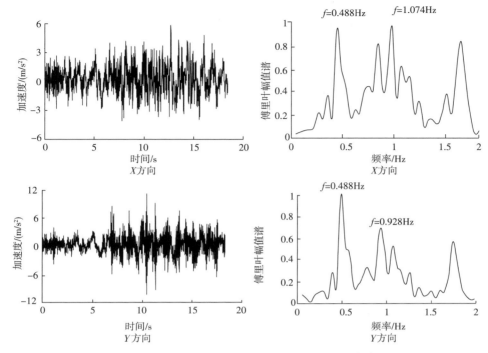

图 6.21　罕遇地震下结构加速度反应时程与傅里叶幅值谱（上海波）

6.3.2　楼层位移、位移角包络线与讨论

　　按照我国《建筑抗震设计规范》要求的"小震不坏、中震可修、大震不倒"的抗震性能目标，将结构的性能目标设定为：多遇地震作用下，结构构件保持完好；基本地震作用下，结构可以正常使用；罕遇地震作用下，结构不发生倒塌，保证生命安全。与此抗震性能目标对应的层间位移角限值分别为：多遇地震作用下 1/800，基本地震作用下 1/200，罕遇地震作用下 1/100。

　　表 6.5 和表 6.6 分别给出了结构两个水平方向的顶层最大位移、结构最大层间位移角及其所在楼层位置。从表中可以看出，在 7 度多遇、基本和罕遇地震作用下，结构的最大层间位移角均小于各自的限值，满足对应的三个水准的抗震性能目标。

表 6.5　结构顶层位移及最大层间位移角（X 方向）

地震波	7 度多遇			7 度基本			7 度罕遇		
	顶层位移/ mm	最大层间位移角	楼层位置	顶层位移/ mm	最大层间位移角	楼层位置	顶层位移/ mm	最大层间位移角	楼层位置
San Fernando	83.32	1/1736	110	395.48	1/407	108	847.54	1/192	108
天津宁河波	55.58	1/2778	113	218.01	1/341	108	542.94	1/145	108
上海波	157.43	1/901	110	624.58	1/228	108	1369.31	1/110	108

表 6.6　结构顶层位移及最大层间位移角（Y 方向）

地震波	7 度多遇			7 度基本			7 度罕遇		
	顶层位移 / mm	最大层间位移角	楼层位置	顶层位移 / mm	最大层间位移角	楼层位置	顶层位移 / mm	最大层间位移角	楼层位置
San Fernando	87.69	1/1412	108	389.15	1/444	108	884.18	1/196	108
天津宁河波	51.10	1/1733	109	216.33	1/329	108	504.21	1/151	109
上海波	206.44	1/870	109	841.79	1/215	108	1805.03	1/106	109

　　图 6.22～图 6.25 分别给出了 7 度多遇、基本和罕遇地震作用下,结构(X 向和 Y 向)各层的最大位移和最大层间位移角包络图曲线。从图中可以看出,结构最大位移曲线在中、上部楼层有内拐现象,其原因为:结构一阶扭转振型的频率(0.501Hz)与地震波的卓越频率较为接近,扭转效应明显所致,并且与卓越频率最接近一阶扭转振型频率的人工波作用下,结构最大位移曲线的内拐现象也最为明显。同时,结构的层间位移角分别在第 57 层和 84 层出现斜率突变,其原因是结构在 57 层和 84 层截面突然减小,结构的刚度发生较大变化所致,其最大层间位移角出现在 108 层附近。

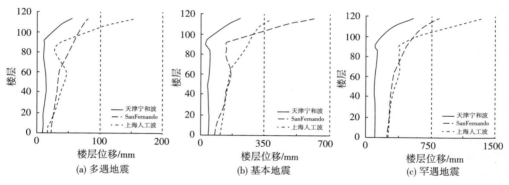

(a) 多遇地震　　　　(b) 基本地震　　　　(c) 罕遇地震

图 6.22　结构 X 向楼层位移包络曲线

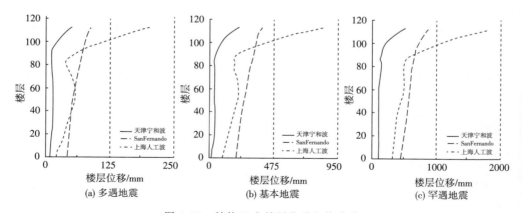

(a) 多遇地震　　　　(b) 基本地震　　　　(c) 罕遇地震

图 6.23　结构 Y 向楼层位移包络曲线

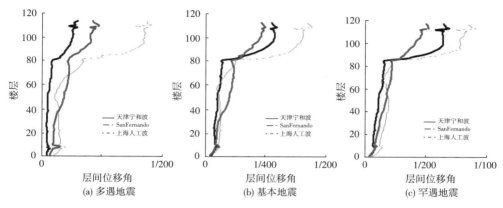

图 6.24　结构 X 向层间位移角包络曲线

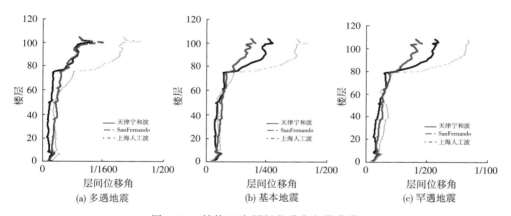

图 6.25　结构 Y 向层间位移角包络曲线

6.3.3　结构基底剪力时程及其分析

图 6.26 和图 6.27 分别给出了不同地震波作用下,结构(X 向和 Y 向)的基底剪力时程曲线。从图中可以看出,不同的地震激励对结构的基底剪力影响很大,基底剪

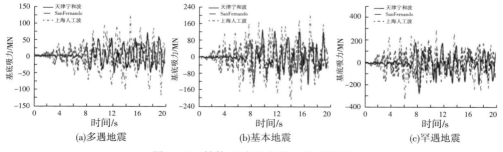

图 6.26　结构 X 向基底剪力时程曲线

力值最大可相差 0.5 倍。随着输入地震波加速度峰值的增大,结构的基底剪力时程
曲线的幅值亦相应增大,但其形状变化不大。与其他两条天然波相比,上海人工波激
励下结构的基底剪力最大。

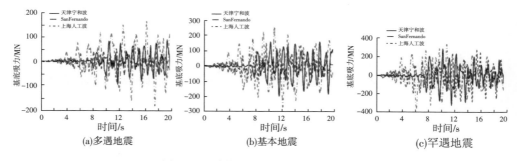

(a)多遇地震　　　　　　　　(b)基本地震　　　　　　　　(c)罕遇地震

图 6.27　结构 Y 向基底剪力时程曲线

6.3.4　剪力墙应力、应变反应分析

图 6.28 给出了上海人工波罕遇地震作用下,最大应力时刻的核心筒 Von Mises
等效应力分布和最大等效塑性应变分布情况。从图中可以看出,核心筒顶部的应力
水平较低,核心筒底部的应力水平相对较高,应力水平最高的位置在中、上部核心筒
的变截面处,应变相对较大的部分也出现在中、上部核心筒的变截面位置,其他部位
应变均较小。图 6.29 和图 6.30 分别给出了天津波和 San Fernando 波罕遇地震作
用下,核心筒剪力墙的应力和应变分布情况,从图中也可以得到与上海人工波作用下
相似的结论。

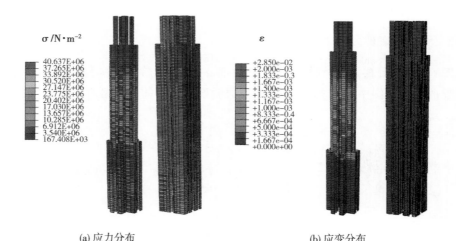

(a) 应力分布　　　　　　　　　　　(b) 应变分布

图 6.28　上海人工波罕遇地震下核心筒剪力墙 Von Mises 应力与应变分布

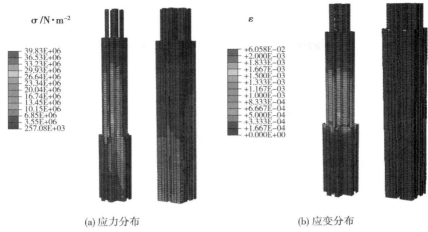

(a) 应力分布　　　　　　　　　　　　　　　(b) 应变分布

图 6.29　天津波罕遇地震下核心筒剪力墙 Von Mises 应力与应变分布

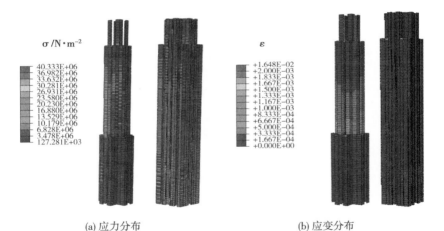

(a) 应力分布　　　　　　　　　　　　　　　(b) 应变分布

图 6.30　San Fernando 波罕遇地震下核心筒剪力墙 Von Mises 应力与应变分布

6.3.5　外框架梁、柱塑性铰出现与发展

从前面的分析可知,上海人工波作用下结构的反应较大。因此,本节以上海人工波为例,介绍结构框架部分塑性铰的出现与发展情况。框架的型钢部分和钢筋混凝土部分进入塑性的时间不同,以下分别进行介绍。

图 6.31 给出了型钢构件塑性铰的发展过程。从图中可以看出,3.7s 时底部的钢斜撑先进入塑性,随后上部横梁进入塑性并且不断发展,但底部几乎不再有新构件进入塑性状态,进入塑性的钢梁主要集中在上部剪力墙较薄的部位。

图 6.32 给出了钢筋混凝土构件塑性铰的发展过程。从图中可以看出,从 4.5s 开始混凝土柱中出现塑性铰,塑性铰由 84 层变截面处的中间柱开始,不断向上和四周发展。

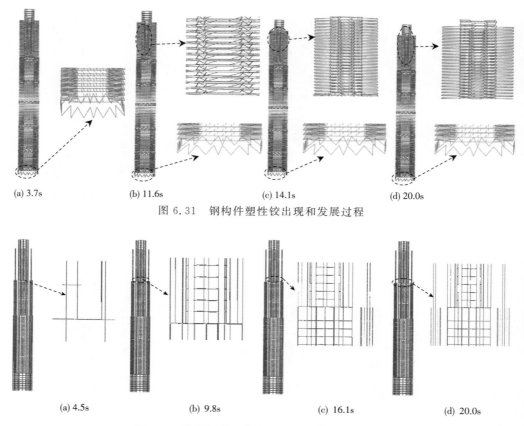

(a) 3.7s　　　　　(b) 11.6s　　　　　(c) 14.1s　　　　　(d) 20.0s

图 6.31　钢构件塑性铰出现和发展过程

(a) 4.5s　　　　　(b) 9.8s　　　　　(c) 16.1s　　　　　(d) 20.0s

图 6.32　钢筋混凝土构件塑性铰出现和发展过程

6.4　超大震下结构动力反应与薄弱环节

6.4.1　超大震下结构的连续动力反应状态

超高层结构一旦在地震作用下倒塌,将导致巨大的财产损失和大量的人员伤亡。因此,有必要对其进行超大震下的动力弹塑性分析,以了解结构在非常规地震作用下的破坏过程,从而为此类超高层结构的抗倒塌设计提供借鉴。

《建筑抗震设计规范》(GB50011-2010)[8]中虽然给出了不同设防烈度的峰值地震动加速度(PGA),然而实际地震发生时,建筑物可能遭遇到比规范给定的 PGA 大几倍的地震动。因此,为更好地研究超大震情况下结构的破坏过程,找出结构潜在的薄弱环节,本节选用引起结构反应较大的上海人工波,并将其 PGA 调为 2g,结构在超大震作用下的破坏过程如图 6.33 所示:当 $t=0.8$s 时,核心筒剪力墙和周边部分框架开始开裂,剪力墙开裂部分主要集中在结构底部,框架沿结构高度方向均有不同程度的开裂;当 $t=1.8s$ 时,结构周边框架柱开始出现破坏,核心筒的部分连梁也开始破坏;当 $t=2.04s$ 时,第 84 层及以上剪力墙开始出现破坏,其原因是核心筒截面在此位置发生变化所致;当 $t=4.2s$ 时,核心筒剪力墙大量破坏,内力重分配,周边框架部分受到的剪力逐渐增大,破坏位置不断向上发展;当 $t=11.24s$ 时,核心筒截面变化处的剪力墙出现大面积破坏,结构变形增大开始进入严重破坏。

6.4.2　超大震下结构的薄弱环节现象和理论分析

从图 6.33 可以看出,整个结构的破坏过程有以下特点:①结构周边框架部分先于核心筒剪力墙破坏,其破坏位置与同层剪力墙基本一致,框架部分的破坏位置从转换桁架的加强层开始,不断向上发展;②剪力墙的破坏位置从核心筒截面变化处开始,不断向上发展,底部和大部分核心筒截面变化处的剪力墙破坏严重;③周边框架中设置转换桁架的加强层,对结构起到了明显的保护作用,避免了结构各部分破坏集中。

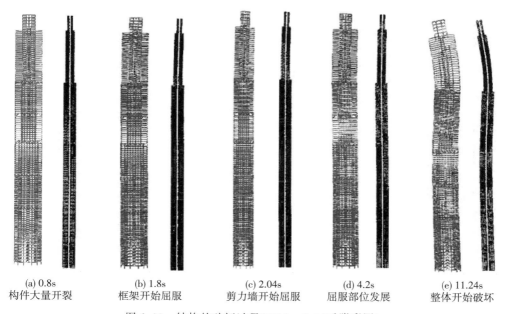

(a) 0.8s	(b) 1.8s	(c) 2.04s	(d) 4.2s	(e) 11.24s
构件大量开裂	框架开始屈服	剪力墙开始屈服	屈服部位发展	整体开始破坏

图 6.33　结构的破坏过程(PGA=2g)(后附彩图)

从以上破坏过程可以看出,该结构潜在的薄弱位置有两处,分别位于核心筒截面变化处以及周边转换桁架加强层以上的部位。在这些位置,结构的竖向刚度发生突变,导致变形较大,是结构潜在的薄弱部位,在抗震设计时应着重考虑对这些竖向截面和刚度突变的部位予以加强。

6.5　本　章　小　结

本章以某超高层建筑为工程背景,利用开发的接口程序将 SAP2000 模型导入到 ABAQUS,通过对模型直观对比、频域分析及模态分析,均表明了转化前、后模型的一致性。随后,借助 ABAQUS 软件平台,对该超高层结构进行动力弹塑性分析,研究了结构在多遇、基本、罕遇地震作用下的变形、损伤与破环情况,模拟了超大震下结构的破坏过程,归纳得到以下结论:

(1)从实际工程角度进一步说明开发的接口程序 TJU. SAP2ABAQUS 转化精度高、速度快,大大提高了在 ABAQUS 中的建模效率。

(2)在多遇、基本和罕遇地震作用下,结构的最大层间位移角均小于各自的限值,满足规范要求对应的三个水准的抗震性能目标,计算结果表明结构具有良好的抗震性能。

(3)罕遇地震作用下,结构核心筒大部分应力水平较低,结构满足大震不倒的抗震设防要求,且有较高的安全储备。

(4)超大震作用下,核心筒剪力墙平面尺寸变化处以及周边转换桁架加强层以上部位,竖向刚度变化较大,是结构潜在的薄弱位置,在抗震设计时应给予重点关注。

参 考 文 献

[1] 缪志伟,吴耀辉,马千里,等. 框架-核心筒高层混合结构的三维空间弹塑性抗震分析[J]. 建筑结构学报,2009,30(4):119-129.

[2] 朱春明,程小燕,陈岩,等. 地铁上盖带转换层框架结构动力弹塑性时程分析[J]. 建筑结构,2014,44(5):66-70.

[3] 尧国皇,陈宜言,郭明,等. 超高层钢筋混凝土框架-核心筒结构的弹塑性时程分析[J]. 工程抗震与加固改造,2013,35(3):1-9.

[4] 刘建飞,蒋航军,郁银泉,等. 大连鞍钢金融中心结构设计[J]. 建筑结构,2013,43(22):43-48.

[5] 庄苗,由小川,廖剑晖,等. 基于 ABAQUS 的有限元分析和应用[M]. 北京:清华大学出版社,2009.

[6] 北京金土木软件公司. SAP2000 中文版使用指南[M]. 北京:人民交通出版社,2012.

[7] 柳国环,刘伟,赵大海. 超高层建筑的 ABAQUS 快速建模、验证及动力弹塑性抗震分析[J]. 计算力学学报,2016,33(2):11-18.

[8] GB 50011-2010. 建筑抗震设计规范[S]. 北京：中国建筑工业出版社，2010.

[9] 柳国环，练继建，国巍. 结构动力弹塑性与倒塌分析(Ⅰ)：滞回曲线改进、ABAQUS 子程序开发与验证[J]. 地震研究，2014，37(1)：123-131.

[10] 柳国环，练继建，国巍. 结构动力弹塑性与倒塌分析(Ⅱ)：SAP2ABAQUS 接口技术、开发与验证[J]. 地震研究，2014，37(1)：132-140.

[11] 柳国环，练继建，孙雪艳，等. 结构动力弹塑性与倒塌分析(Ⅲ)：地震差动作用下输电塔—线体系的弹塑性与倒塌分析[J]. 地震研究，2014，37(1)：141-150.

第7章 大跨空间展览馆地震动力弹塑性及倒塌模式分析

7.1 引 言

随着我国经济的快速发展和人们审美水平的不断提高,建筑形式日益多样化,大跨复杂空间结构得到广泛应用。根据我国相关规范的要求,对这类结构不仅要进行弹性分析,而且还要进行动力弹塑性分析以获得其在大震下的抗震性能。大跨复杂空间结构动力弹塑性分析需要非线性计算能力较强的有限元软件,ABAQUS具有强大的非线性计算功能[1],但是前处理能力并不便捷,尤其是建立大型复杂模型会占用工程人员较多时间,而土木工程领域应用广泛的 SAP2000 软件具备快速建模的优势[2]。因此,作者开发了 SAP2000 模型转化到 ABAQUS 的接口程序 TJU. SAP2ABAQUS,从而缩短了直接在 ABAQUS 中的建模时间,提高了建模效率[3-5]。

实际的地震地面运动是一个复杂的时间—空间过程[6],以往的抗震分析多集中于地震动的时变特性,而较少考虑地震动的空间变化。现行抗震规范中,除欧洲规范考虑了地震动的空间变化特性外,其余规范都仅考虑地震动的时变特性,即采用地震一致输入[7-8]。然而,对大跨复杂空间结构而言,地震动的空间变化对其反应有一定的影响,尤其当结构跨度和规模较大时,这种影响尤其明显[9-10]。哈尔滨工业大学李玉刚等[11]对影响单层球壳结构地震空间相关性效应的因素进行了研究;北京交通大学杨庆山等[12]对多点地震激励下国家体育场结构的反应进行了分析;天津大学丁阳等[13]对大跨度体育馆结构进行了多点地震非平稳随机反应分析。大跨空间展览馆是重要的公共建筑,如何在大跨复杂结构的抗震设计中考虑多点地震激励的影响有待进一步的研究[14]。

本章以某大跨复杂空间展览馆结构为工程背景,采用 SAP2000 软件建立结构的有限元模型,应用开发的 TJU. SAP2ABAQUS 接口程序将 SAP2000 模型转化为相应的 ABABQUS 模型,分别进行了单向一致、单向多点、三向一致和三向多点地震激励下大跨空间展览馆结构的动力弹塑性分析,比较了该大跨结构在地震一致激励和多点激励下的反应,分析了三向多点激励超大震作用下大跨结构的倒塌破坏过程,指出了其潜在的薄弱部位,本研究可为此类大跨结构的抗震分析和设计提供参考。

7.2　工程概况与有限元模型

7.2.1　工　程　概　述

某大跨空间展览馆结构,高度 47.85m,平面形状不规则(关于 x 轴和 y 轴均不对称),近似呈椭圆形,其短轴(平行于 x 方向)和长轴(平行于 y 方向)跨度分别为195.60m 和 208.22m,如图 7.1 所示。结构所在场地的抗震设防烈度为 7 度,设计基本加速度为 0.1g,设计地震分组为第一组,场地类别属于 Ⅱ 类。

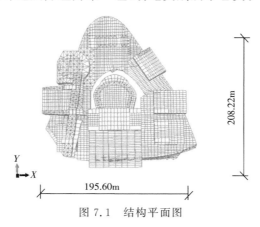

图 7.1　结构平面图

7.2.2　材料与几何属性

本章所用钢材和混凝土的本构骨架曲线分别如图 7.2 和图 7.3 所示。钢材和混凝土滞回曲线的规则改进与相关 ABAQUS 子程序开发参见文献[3]。

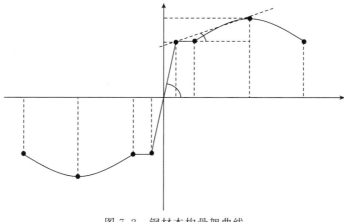

图 7.2　钢材本构骨架曲线

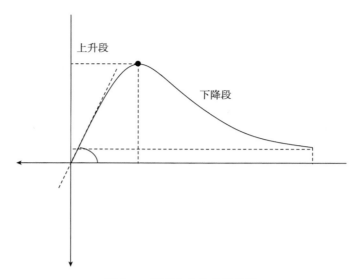

图 7.3　混凝土本构骨架曲线

该大跨空间结构的梁、柱构件大部分使用型钢,还有少部分梁、柱构件使用钢筋混凝土,剪力墙和楼板由钢筋混凝土组成,主要构件的截面参数见表 7.1,结构构件的材料使用情况见表 7.2。

表 7.1　主要结构构件截面参数

构件	柱		剪力墙	楼板	梁	
	混凝土柱 ($b \times h$)	型钢柱	墙厚	板厚	混凝土梁 ($b \times h$)	型钢梁
截面尺寸/mm	700×700 900×900 2500×2500 3000×3000	H1000×300×18×20 H1500×400×25×30 R900×900×22×22 R1000×1000×25×25 R2200×300×16×20 R2500×600×30×30	500	100 120 150 400	300×600 400×900	H200×100×6×8 H250×250×9×14 H350×350×12×19 H400×400×13×21

注:H 代表 H 型钢;R 代表箱型钢。

表 7.2　主要结构构件材料

混凝土梁		混凝土柱		剪力墙		板		型钢梁/柱
混凝土	钢筋	混凝土	钢筋	混凝土	钢筋	混凝土	钢筋	钢材
C30	HRB335	C50	HRB335	C40	HRB335	C30	HRB335	Q345

7.2.3　多点地震动输入、模拟及验证

本章以跨度较大的长轴(y向)作为地震动的主输入方向。结构底部有 281 个支座,采用多点地震动输入时,将结构底部所有支座在 y 方向上平均划分为 5 个区域,在每个区域找出一个代表支座作为多点地震动的输入位置。本文选取 5 个边柱支座作为代表支座,如图 7.4 所示。图中标出了选取的支座 1～支座 5 在 ABAQUS 模型中的位置,其(x,y)坐标分别为($-31.24,11.11$)、($-86.70,56.9$)、($-67.10,106.10$)、($-50.95,147.10$)和($-27,188.10$)。

多点地震激励采用加速度输入的方式,同时在支座 1～支座 5 输入模拟生成的各支座位置的地震动加速度,即可得到该大跨结构在多点激励下的地震反应;以生成的支座 1 处的地震加速度作为所有支座的输入,即各支座具有相同的地震动激励,即可得到大跨结构在一致激励下的地震反应[15]。

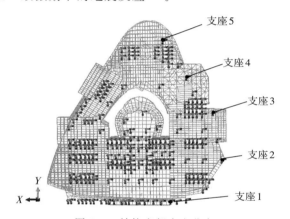

图 7.4　结构底部支座分布

这里,采用谐波叠加方法[10]合成满足给定相干函数和反应谱的非平稳人工模拟地震动,式(7.1)所示的功率谱密度矩阵表示地面运动 n 个不同地点的地震动。

$$S(\omega)=\begin{bmatrix} S_{11}(\omega) & S_{12}(\omega) & \cdots & S_{1n}(\omega) \\ S_{21}(\omega) & S_{22}(\omega) & \cdots & S_{2n}(\omega) \\ \vdots & \vdots & \ddots & \vdots \\ S_{n1}(\omega) & S_{n2}(\omega) & \cdots & S_{nn}(\omega) \end{bmatrix} \qquad (7.1)$$

$$S_{jk}(\omega)=\sqrt{S_{jj}(\omega)S_{kk}(\omega)}\,\gamma_{jk}(\omega,d)\exp(-\mathrm{i}\omega\zeta_{jk}/\upsilon) \qquad (7.2)$$

式中,对角元素 $S_{jj}(\omega)$ 表示 j 点的自功率谱密度,非对角元素 $S_{jk}(\omega)$ 表示 j、k 点之间的互功率谱密度,$\gamma_{jk}(\omega,d)$ 为相干函数,指数项是波速为 υ 的地震波行波效应的影响。

对 $S(\omega)$ 进行 Cholesky 分解,可写成以下两项的乘积

$$S(\omega) = H(\omega) H^{T^*}(\omega) \tag{7.3}$$

式中，$H^{T^*}(\omega)$ 为 $H(\omega)$ 的转置共轭矩阵，$H(\omega)$ 中的各元素可写成以下形式

$$\boldsymbol{H}_{jm}(\omega) = |\boldsymbol{H}_{jm}(\omega)| \exp[\mathrm{j}\theta_{jm}(\omega)], \; \mathrm{j} > m \tag{7.4}$$

其中，

$$\theta_{jm}(\omega) = \tan^{-1} \left\{ \frac{\mathrm{Im}[\boldsymbol{H}_{jm}(\omega)]}{\mathrm{Re}[\boldsymbol{H}_{jm}(\omega)]} \right\} \tag{7.5}$$

则生成的平稳地震动可以表示为

$$f_j(t) = 2 \sum_{m=1}^{n} \sum_{l=1}^{N} |\boldsymbol{H}_{jm}(\omega_l)| \sqrt{\Delta\omega} \cdot \cos[\omega_l t - \theta_{jm}(\omega_l) + \varphi_{ml}] \; j = 1, 2, \cdots, n; N \to \infty \tag{7.6}$$

式中，$\omega_l = \Delta\omega \cdot l$，$\Delta\omega = \omega_{\max}/N$，$\varphi_{ml}$ 是随机相位角。

　　非平稳多点地震动可用生成的平稳地震动乘以时间包络函数来表达，即

$$g_j(t) = f_j(t) \cdot \xi(t) \tag{7.7}$$

其中，时间包络函数用下式表示

$$\zeta(t) = \begin{cases} (t/t_1)^2 & t < t_1 \\ 1 & t_1 \leqslant t \leqslant t_2 \\ \exp[-c(t-t_2)] & t > t_2 \end{cases} \tag{7.8}$$

式中，t_1，t_2 分别为主震平稳段的首、末时间，c 为衰减系数。

　　本节采用可以考虑低频分量的 Clough-Penzien 修正白噪声目标功率谱模型[16]，其表达式为

$$S(\omega) = S_0 \frac{\omega_g^4 + 4\zeta_g^2 \omega_g^2 \omega^2}{(\omega_g^2 - \omega^2)^2 + 4\zeta_g^2 \omega_g^2 \omega^2} \cdot \frac{\omega^4}{(\omega_f^2 - \omega^2)^2 + 4\zeta_f^2 \omega_f^2 \omega^2} \tag{7.9}$$

式中，ω 为圆频率，S_0 为谱强度因子，ω_g 和 ζ_g 分别为场地的卓越圆频率和阻尼比，ω_f 和 ζ_f 分别为低频分量相关的参数。结构所在场地的抗震设防烈度按 7 度考虑，场地类别为 Ⅱ 类，式（7.9）中各参数的取值分别为 $S_0 = 0.042$，$\zeta_g = 0.075$，$\omega_g = 21.40$，$\omega_f = 0.38$，$\zeta_f = 0.49$[17]。

　　相干函数描述了不同频谱的两点地震动之间的相干性，不同场地特征、土质条件的地震动相干函数不同。因此，相干函数选择是否合理将直接影响多点地震动的生成结果。本文采用 Hao 相干模型[18]，如下式所示

$$\gamma_{jk}(\omega, d) = \exp[-(\beta_1, d)] \cdot \exp[-a_1(\omega)\sqrt{d}(\omega/2\pi)^2] \tag{7.10}$$

其中，

$$a_1(\omega) = \frac{2\pi a}{\omega} + \frac{b\omega}{2\pi} + c \tag{7.11}$$

式中，d 为 j、k 的空间距离，β_1、a、b 和 c 为常数，各参数取值[10]分别为 $\beta_1 = 1.109 \times 10^{-4}$，$a = 3.583 \times 10^{-2}$，$b = -1.811 \times 10^{-5}$，$c = -1.177 \times 10^{-4}$。

考虑到地震动的非平稳强度特性,式(7.8)中三段式时间包络函数各参数取值分别为 $t_1=0.8s, t_2=7.0s, c=0.35$[19]。

根据支座的位置关系和选定的地震动参数,采用开发的 MEGMS 多点地震动模拟程序(图 7.5)生成对应于支座 1～支座 5(图 7.6)的地震动加速度时程曲线[5]。图 7.6 给出了生成的支座 2 和支座 3 处的地震动加速度时程,持续时间为 20.46s。

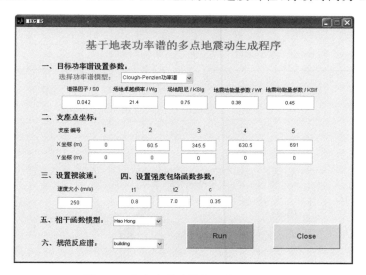

图 7.5　多点地震动模拟程序 MEGMS

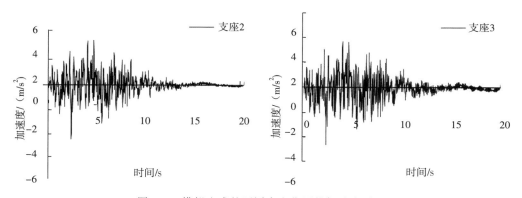

图 7.6　模拟生成的不同支座位置的加速度时程

图 7.7 比较了支座 2 和支座 3 处的地震加速度时程曲线反应谱与《建筑抗震设计规范》(GB50011-2010)[20]加速度反应谱的拟合结果。图 7.8 比较了支座 1 处的地震动功率谱与目标功率谱。图 7.9 比较了支座 2 和支座 3 处地震动加速度时程曲线相干函数与目标相干函数。从图 7.7～图 7.9 可以看出,模拟生成各支座位置的地震动反应谱、功率谱和空间相干性均与理论值吻合较好。

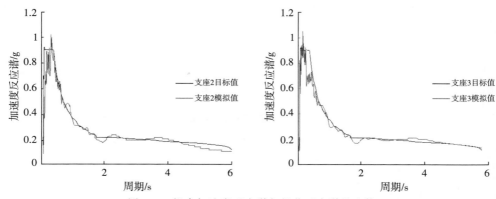

图 7.7　拟合加速度反应谱与规范反应谱的比较

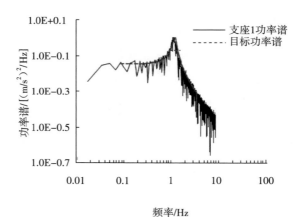

图 7.8　模拟功率谱与目标功率谱比较

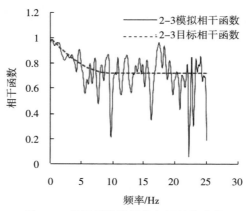

图 7.9　相干函数模拟值与目标值比较

7.2.4　模型转换与几何属性转换前后对比

　　首先,采用 SAP2000 软件建立结构的有限元模型,如图 7.10 所示。整个模型由 2022 个钢筋混凝土杆件、45977 个型钢杆件和 10718 个混凝土薄壳面组成。然后,采用开发的 TJU.SAP2ABAQUS 接口程序(图 7.12),将 SAP2000 模型转化,得到用于进行结构动力弹塑性和倒塌分析的 ABAQUS 模型,如图 7.11 所示。从转换前、后模型的形状可以看出,转换后的 ABAQUS 模型和 SAP2000 模型基本一致。

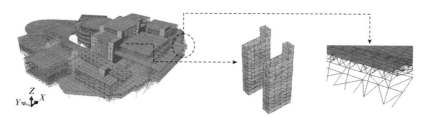

图 7.10　SAP2000 有限元模型

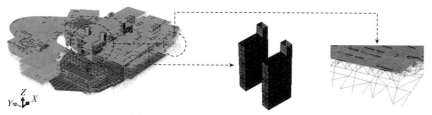

图 7.11　ABAQUS 有限元模型

图 7.12　TJU.SAP2ABAQUS 接口程序

7.2.5　自振与频谱对比及与模型动力特性验证

　　为进一步验证 TJU.SAP2ABAQUS 接口程序转化前、后模型的一致性,分别采用 SAP2000 和 ABAQUS 软件对结构进行模态分析。

　　SAP2000 模型和 ABAQUS 模型前 5 阶自振频率如表 7.3 所示。其中,1 阶、2 阶和 3 阶均为沿 y 轴的平动,4 阶为沿 z 轴的扭转,5 阶为沿 x 轴的平动。从表中可以看出,转换前、后两个模型的自振频率比较接近(最小仅相差 0.4%)。图 7.13 和图 7.14 分别给出了 SAP2000 模型和 ABAQUS 模型 1 阶、4 阶和 5 阶的振型模态。从图中可以看出,转换前、后两个模型的振型模态也基本相似,这也就验证了 TJU.SAP2ABAQUS 接口程序转换模型的准确性。

　　图 7.15 给出了 SAP2000 功率谱密度分析的结果。从图中可以看出,沿 z 轴扭转方向位移谱峰值出现在频率 2.292Hz 处,这与表 7.3 中 SAP2000 模型一阶 z 向扭转的频率 2.292Hz 相一致;x 向位移谱峰值出现在频率 2.817Hz 处,与表 7.3 中 SAP2000 模型一阶 x 向频率 2.333Hz 相差不大。由此可见,功率谱密度分析结果中位移谱峰值所对应的频率与表 7.3 中 SAP2000 模态分析得到的结构自振频率基本吻合,这也就验证了建立的 SAP2000 模型的正确性。

表 7.3　SAP2000 模型和 ABAQUS 模型自振频率比较

振型	自振频率/Hz				
	1 阶 (y 向平动)	2 阶 (y 向平动)	3 阶 (y 向平动)	4 阶 (z 向扭转)	5 阶 (x 向平动)
SAP2000 模型	1.923	1.944	2.025	2.292	2.333
ABAQUS 模型	1.873	1.936	1.937	2.069	2.272
相对误差	2.6%	0.4%	4.4%	9.7%	2.6%

注:相对误差为:|(ABAQUS 频率－SAP2000 频率)|/SAP2000 频率。

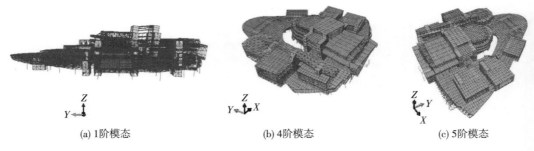

(a) 1 阶模态　　　　　　　(b) 4 阶模态　　　　　　　(c) 5 阶模态

图 7.13　结构振型模态(SAP2000 模型)

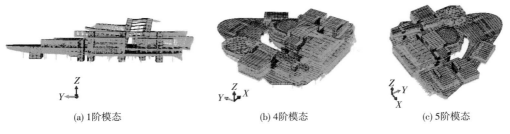

(a) 1阶模态   (b) 4阶模态   (c) 5阶模态

图 7.14 结构振型模态（ABAQUS 模型）

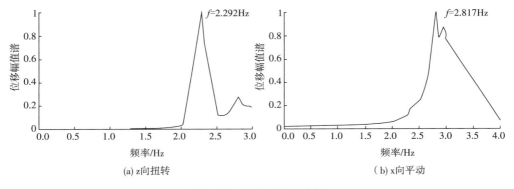

(a) z向扭转   (b) x向平动

图 7.15 功率谱密度分析

7.3 一致与多点激励(单向)的结构动力反应

本节对该大跨空间展览馆结构进行单向多点激励下的地震反应分析,并与单向一致激励下的结构反应进行对比。单向地震动输入沿结构长轴方向(y 向),根据《建筑抗震设计规范》(GB50010-2010)[20]的要求,7 度多遇、基本和罕遇的峰值地震加速度(PGA)分别为 0.035g、0.1g 和 0.22g。本节分析工况考虑单向一致、单向多点地震激励,对应于多遇、基本和罕遇地震的 PGA 分别为 0.035g、0.1g 和 0.22g。

7.3.1 结构体系多/罕遇地震作用下的时程及其频谱分析

图 7.16 给出了 7 度多遇地震下、单向(y 方向)多点激励时,结构顶部节点的加速度时程曲线及其相应的傅里叶幅值谱。从图中可以看出,x 方向傅里叶幅值谱的峰值出现在频率 2.306Hz 处,这与表 7.3 中 ABAQUS 模型的一阶 x 向频率2.272 Hz 接近(仅相差 1.5%),y 方向的傅里叶幅值谱中出现两个较大的峰值,对应的频率分别为 1.953Hz 和 2.031Hz,这与表 7.3 中 ABAQUS 模型的一、二阶 y 向频率 1.873Hz 和 1.936Hz 接近(分别相差 4.3% 和 4.9%)。由此说明,在多遇地震下、单

向多点激励时,结构基本处于弹性状态,结构构件没有发生损伤破坏,满足抗震规范中"小震不坏"的设防要求。

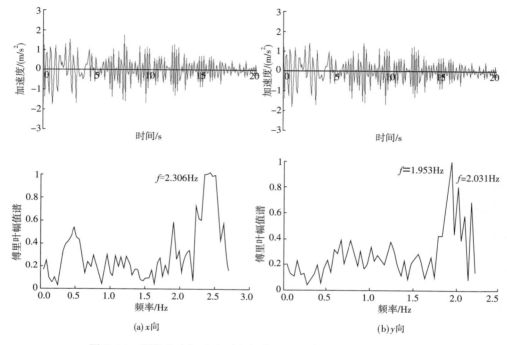

(a) x 向 (b) y 向

图 7.16 顶部节点加速度时程与傅里叶幅值谱（PGA＝0.035g）

图 7.17 给出了 7 度罕遇地震下、单向多点激励时,结构顶部节点(与多遇地震、多点激励时相同)的加速度时程曲线及其相应的傅里叶幅值谱。从图中可以看出,罕遇多点地震作用下,x 方向和 y 方向傅里叶幅值谱的峰值分别出现在频率 0.4Hz 和 0.195Hz 处,明显小于表 7.3 中经模态分析得到的 ABAQUS 模型一阶 x 向频率 2.272Hz 和一阶 y 向频率 1.873Hz(图 7.17 竖线所示)。罕遇多点地震激励下,结构顶部节点加速度时程的傅里叶幅值谱中,两个水平方向的峰值对应的频率与结构的自振频率相比均向左移,即傅里叶幅值谱的峰值对应的频率较模态分析得到的频率减小,说明结构已经进入"塑性"状态。多遇地震下、单向多点激励时,傅里叶幅值谱的峰值对应的频率与模态分析得到的自振频率接近,说明结构基本没有发生破坏,处于弹性状态;而罕遇地震下、单向多点激励时,傅里叶幅值谱的峰值对应的频率远小于结构的自振频率,说明此时结构中的部分构件发生损伤,致使大跨结构的整体刚度减小,周期变大,从而导致结构地震响应的傅里叶幅值谱的峰值对应的频率较多遇多点激励时明显降低,表明此时结构已经进入塑性状态。这也说明,有必要对结构进行罕遇多点地震激励下的弹塑性分析,以了解结构潜在的薄弱部位,从而为此类大跨复杂结构的抗震分析和设计提供参考。

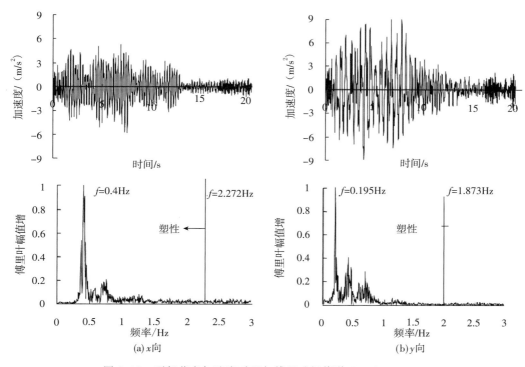

图 7.17　顶部节点加速度时程与傅里叶幅值谱（PGA＝0.22g）

7.3.2　最大柱底剪力和弯矩统计与原因分析

图 7.18～图 7.20 分别给出了 7 度多遇、基本和罕遇地震下、单向多点和一致激励时，结构底层 x-y 平面内（$y=79.1$m 处）24 根柱子底部剪力和弯矩的最大值。

从图中可以看出，与单向一致激励相比，单向多点激励下，受到地震动空间变化的影响，柱底剪力和弯矩变化较大，尤其是 1/4 跨和 1/8 跨附近，柱子内力增大最为明显，其中弯矩最大增加了近 400％；相比较而言，单向多点激励下，结构中部柱底的剪力和弯矩与一致激励相比相差不大，说明地震动的空间变化对 1/4 跨和 1/8 跨附近柱子的影响不能忽略。而且，罕遇地震单向多点激励下，柱底内力增大的柱子数量比多遇和基本地震作用时有所增多，并且对柱底内力的影响逐渐向结构中部位置扩散。

从以上分析可以看出，地震动的空间变化对大跨展览馆结构不同位置的柱子内力影响程度不同，对两侧柱子内力的影响相对中部柱子而言更为显著，其原因为：大跨展览馆结构中部与前侧是分开的，而结构两侧与前侧连为一体，地震动的空间变化对柱子底部激励的不一致性使得对结构两侧柱子内力的影响更大。

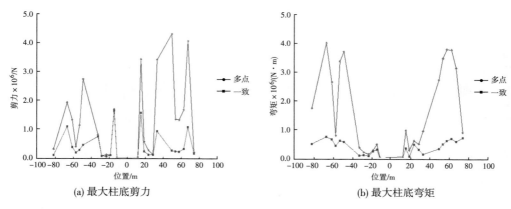

(a) 最大柱底剪力　　　　　　　　　　　　　(b) 最大柱底弯矩

图 7.18　单向地震激励下最大柱底内力（PGA＝0.035g）

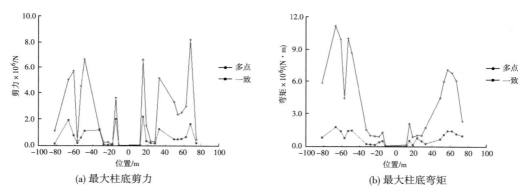

(a) 最大柱底剪力　　　　　　　　　　　　　(b) 最大柱底弯矩

图 7.19　单向地震激励下最大柱底内力（PGA＝0.1g）

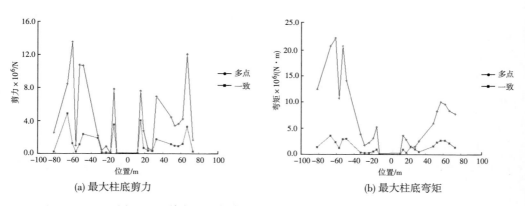

(a) 最大柱底剪力　　　　　　　　　　　　　(b) 最大柱底弯矩

图 7.20　单向地震激励下最大柱底内力（PGA＝0.22g）

7.3.3　剪力墙最大应力与结构顶点位移统计

表 7.4 给出了多遇、基本和罕遇地震下,单向多点和一致激励时,结构底部、中部和上部的剪力墙最大应力,选取的剪力墙单元编号分别为 48090,48261,55027,55702,55899,56765(图 7.21)。从表中可以看出,与单向一致地震激励相比,考虑多点激励时,底部和中部剪力墙的最大应力均有所增加,底部剪力墙的最大应力增加了近 370%,中部剪力墙最大应力增加了近 160%,而上部剪力墙的最大应力减小了近 33%。由此可以看出,地震动的空间变化对此类大跨结构不同位置剪力墙最大应力的影响不同,抗震分析时不能忽略地震动的空间变化对结构剪力墙内力的影响。

表 7.4　剪力墙最大应力

激励方向	工况		应力/MPa					
			底部(编号)		中部(编号)		上部(编号)	
			48090	48261	55027	55702	55899	56765
y 方向	多遇	一致	2.85	3.31	0.71	0.52	0.61	0.64
		多点	11.30	13.10	0.70	0.57	0.57	0.56
	基本	一致	3.90	5.90	1.01	0.56	1.06	0.96
		多点	18.50	13.50	1.16	0.84	0.78	0.68
	罕遇	一致	6.95	11.60	1.56	0.85	2.07	1.89
		多点	29.10	13.30	2.83	2.24	2.00	1.25

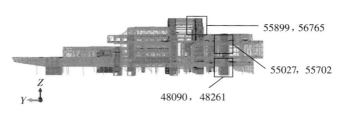

图 7.21　选取剪力墙的位置

表 7.5 给出了多遇、基本和罕遇地震下、单向多点和一致激励时,大跨展览馆结构顶部节点在 y 向的最大位移 D_y。从表中可以看出:单向多点激励下,结构顶部节点的最大位移较一致激励有所增大,最大增加了 38.4%。由此可见,考虑地震动的空间变化,增大了大跨展览馆结构的顶点位移,进行抗震分析时,不能忽略地震动的空间变化对大跨结构位移的影响。

表 7.5　顶部节点最大位移

激励方向	工况		节点位移/m	
			D_y	多点/一致
y方向	多遇	一致	0.280	1.379
		多点	0.386	
	基本	一致	0.804	1.284
		多点	1.032	
	罕遇	一致	1.793	1.384
		多点	2.482	

7.3.4　结构框架部分的动力反应分析

　　7 度多遇、基本和罕遇地震作用下、单向一致和多点激励时,结构顶部节点位移时程曲线如图 7.22~图 7.24 所示。从图中可以看出,与一致激励相比,多点地震激励下结构顶部节点位移逐渐增大。其原因为:结构底部支座地震动输入的不一致性,导

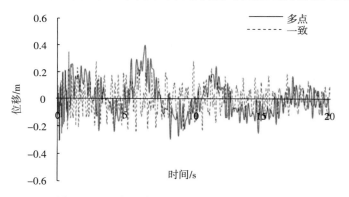

图 7.22　顶部节点位移时程（PGA＝0.035g）

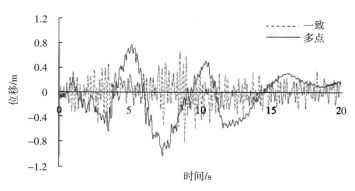

图 7.23　顶部节点位移时程（PGA＝0.1g）

致在多点地震动输入下结构的位移反应明显增大,尤其是在罕遇多点地震作用下,框架中的柱子发生了较大的塑性变形,致使柱子受到损伤,大跨结构整体刚度亦减小,结构周期增大。因此,计算时不能忽视地震多点激励对结构位移响应的影响。

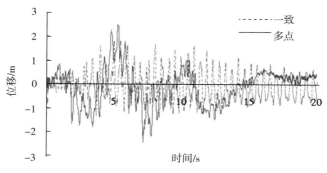

图 7.24 顶部节点位移时程(PGA=0.22g)

7.4 一致与多点激励(三向)的结构动力反应

本节对该大跨空间展览馆结构进行三向多点地震激励下的地震反应分析,并与三向一致激励下的结构反应进行对比。三向地震动输入时,长轴向、短轴向和竖向地震动峰值比例为1:0.8:0.65,分别对应于结构的 y 向、x 向和 z 向。本节分析工况考虑三向一致和三向多点地震激励,依据《建筑抗震设计规范》(GB50010-2010)[20] 的要求,地震输入长轴向对应于 7 度多遇、基本和罕遇地震的峰值地震动加速度(PGA)分别为 0.035g、0.1g 和 0.22g。

7.4.1 结构体系多/罕遇地震作用下的时程及其频谱分析

图 7.25 给出了 7 度多遇地震下、三向多点激励时,结构顶部节点的加速度时程曲线及其相应的傅里叶幅值谱。从图中可以看出,x 方向和 y 方向傅里叶幅值谱的峰值分别出现在频率 2.295Hz 和 1.953Hz 处,这分别与表 7.3 中 ABAQUS 模型的一阶 x 向频率 2.272Hz 和一阶 y 向频率 1.873Hz 接近。由此说明,多遇地震下、三向多点激励时,结构基本没有发生损伤破坏,处于弹性状态。

图 7.26 给出了 7 度罕遇地震下、三向多点激励时,结构顶部节点的加速度时程曲线及其相应的傅里叶幅值谱。从图中可以看出,x 方向和 y 方向傅里叶幅值谱的峰值分别出现在频率 0.195Hz 和 0.711Hz 处,明显小于表 7.3 中 ABAQUS 模型的一阶 x 向频率 2.272Hz 和一阶 y 向频率 1.873Hz。由此说明,罕遇地震下、三向多点激励时,傅里叶幅值谱的峰值对应的频率较结构的自振频率明显减小,其原因为:罕遇地震下、三向多点激励时,结构中的部分构件发生损伤,构件的刚度退化进入塑

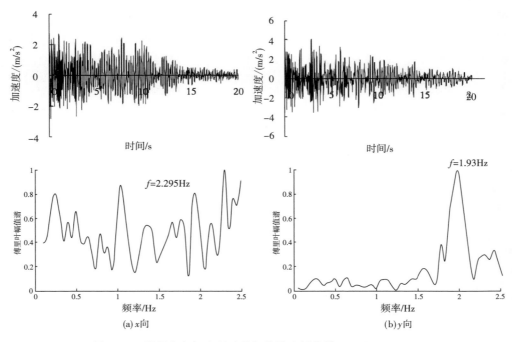

图 7.25　顶部节点加速度时程与傅里叶幅值谱（PGA＝0.035g）

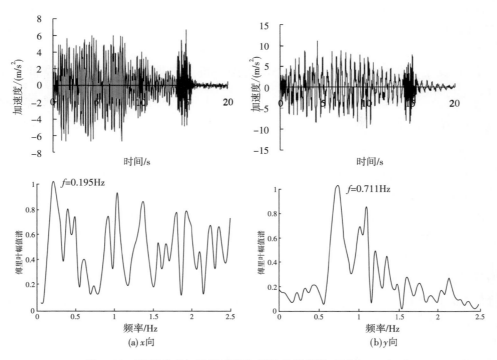

图 7.26　顶部节点加速度时程与傅里叶幅值谱（PGA＝0.22g）

性,大跨结构的整体刚度减小,周期变大,从而导致结构地震响应的傅里叶幅值谱的峰值对应的频率较结构的自振频率明显降低。

7.4.2　最大柱底剪力和弯矩统计与原因分析

考虑三向地震动输入,同样选取结构底部 x-y 平面内($y=79.1\text{m}$ 处)24 根柱子进行分析。图 7.27~7.29 分别给出了 7 度多遇、基本和罕遇地震下、三向多点和一致激励时,柱子底部剪力和弯矩的最大值。从图中可以看出,与三向一致激励相比,三向多点激励下结构最大柱底剪力和弯矩变化较大,尤其是 1/4 跨以外柱子底部的剪力和弯矩变化最为显著,其中柱底剪力最大增加了近 600%;相比较而言,结构中部最大柱底内力较一致激励变化不大,说明地震动的空间变化对大跨展览馆结构不同位置的柱底内力影响不同,结构中部的柱底剪力和弯矩受地震空间变化的影响小于两侧的部分,其原因与单向多点激励时相同。

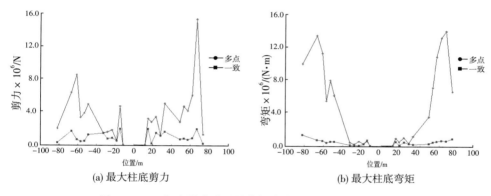

(a) 最大柱底剪力　　　　　　　　　(b) 最大柱底弯矩

图 7.27　三向地震激励下最大柱底内力（PGA＝0.035g）

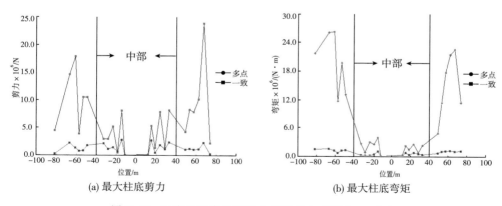

(a) 最大柱底剪力　　　　　　　　　(b) 最大柱底弯矩

图 7.28　三向地震激励下最大柱底内力（PGA＝0.1g）

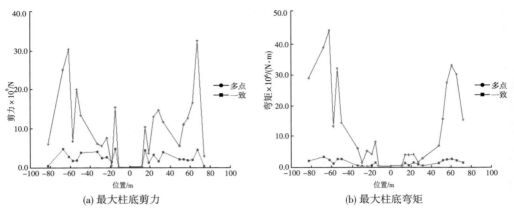

(a) 最大柱底剪力　　　　　　　　　　　(b) 最大柱底弯矩

图 7.29　三向地震激励下最大柱底内力（PGA＝0.22g）

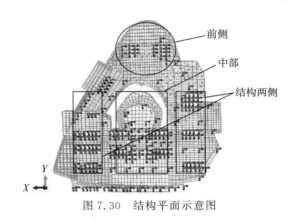

图 7.30　结构平面示意图

　　通过以上分析可以看出，无论是地震动单向输入还是三向输入，与地震一致激励相比，地震动的空间变化对大跨展览馆结构两侧柱子内力的影响较中部柱子更为显著。其原因为：大跨展览馆结构中部与前侧是分开的（图 7.30），多点地震激励时，结构中部柱子受前侧柱子不均匀移动的影响较小，而结构两侧与前侧连为一体，地震动的空间变化对柱子底部激励的不一致性，使得结构前侧柱子的响应对两侧柱子的影响较大。因此，与中部柱子相比，多点地震激励对大跨展览馆结构两侧柱子的影响更为明显。

7.4.3　剪力墙最大应力、损伤分析与结构顶点位移统计

　　表 7.6 给出了多遇、基本和罕遇地震下、三向一致和三向多点激励时，结构底部、中部和上部剪力墙的最大应力（选取的剪力墙单元与单向输入时相同）。从表中可以看出，与三向一致激励相比，考虑三向多点地震激励时，剪力墙的应力同样有增有减，底部剪力墙的应力增大最为明显，最大增加近 340％；与单向多点激励不同，三向多点地震激励时中部剪力墙的应力也有较为明显的增大，上部剪力墙的应力有增有

减,说明三向多点地震激励对结构中部和上部剪力墙内力的影响较单向多点激励时均有所增大。

表 7.6　剪力墙最大应力

激励方向	工况		应力/MPa					
			底部(编号)		中部(编号)		上部(编号)	
			48090	48261	55027	55702	55899	56765
三向	多遇	一致	2.70	3.07	0.71	0.51	0.60	0.68
		多点	8.61	13.60	1.83	1.22	1.09	0.73
	基本	一致	3.40	5.52	0.97	0.65	1.17	1.18
		多点	10.80	14.20	2.83	3.11	1.61	1.35
	罕遇	一致	5.99	13.40	1.72	0.98	2.28	2.27
		多点	12.10	14.80	2.90	5.19	2.26	1.90

图 7.31、图 7.32 分别给出了 7 度罕遇地震下、三向多点与三向一致激励时,剪力墙混凝土的受压和受拉损伤因子分布。从图中可以看出,三向一致激励下,剪力墙的受压和受拉损伤因子较小,此时剪力墙基本没有出现破坏;三向多点激励下,剪力墙的受压和受拉损伤主要分布在底部支座附近,受压和受拉损伤因子分别达到 0.9 和 0.99,此时剪力墙出现压碎和拉裂的现象。

与一致激励相比,多点激励下剪力墙的受压和受拉损伤分布区域增大,损伤也更为严重,受拉损伤的分布范围比受压损伤要大,其原因为:混凝土的抗压强度远大于其抗拉强度,所以结构中的剪力墙在较小外力作用下即可出现受拉损伤。罕遇地震三向多点激励下,剪力墙的受压破坏范围较小,因此不会使结构发生过大变形而倒塌,可认为结构具有较高的安全储备。

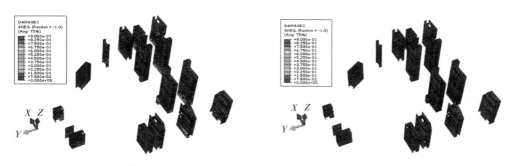

(a) 多点激励　　　　　　　　　　　　　　　(b) 一致激励

图 7.31　剪力墙受压损伤因子分布 (PGA＝0.22g)(后附彩图)

从以上分析可以看出,7 度多遇地震下,考虑多点激励时,结构底部剪力墙均处于弹性状态,未出现损伤。7 度基本地震下,考虑多点激励时,结构底部剪力墙出现

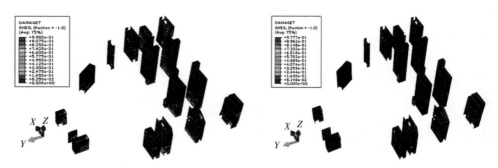

(a) 多点激励　　　　　　　　　　　　　　　　　(b) 一致激励
图 7.32　剪力墙受拉损伤因子分布（PGA＝0.22g）（后附彩图）

一定程度的受拉损伤,基本无受压损伤,剪力墙基本保持弹性状态。7度罕遇地震下、多点激励时,结构底部剪力墙的损伤程度增大,但剪力墙受压损伤的范围较受拉损伤的范围要小,说明结构具有较好的安全性。

表 7.7 给出了多遇、基本和罕遇地震下、三向一致和多点激励时,大跨空间展览馆结构顶部节点的最大位移。从表中可以看出,三向多点激励下,结构顶部的最大位移较三向一致激励均有所增加,最大提高了近 34.8%。由此说明,对此类大跨结构进行抗震设计时,有必要考虑地震动的空间变化对结构位移的影响。

表 7.7　顶部节点最大位移

激励方向	工况		位移/m			
			D_x	多点/一致	D_y	多点/一致
三向	多遇	一致	0.240	1.263	0.369	1.339
		多点	0.303		0.494	
	基本	一致	0.686	1.283	1.058	1.347
		多点	0.880		1.425	
	罕遇	一致	1.511	1.296	2.345	1.348
		多点	1.959		3.162	

7.4.4　结构框架部分的动力反应分析

图 7.33~7.35 分别给出了 7 度多遇、基本和罕遇地震下、三向多点和一致激励时,结构顶部节点 x 向和 y 向的位移时程曲线。从图中可以看出,与三向一致激励相比,三向多点地震激励下顶部节点位移增大,位移时程曲线的变化与 7.3.4 节单向多点地震输入时基本相似,但幅值明显大于单向多点地震输入时的情况。

三向多点地震激励下,在地震发生较短的时间内,结构顶点的位移即达到较大值,而且随着地震激励峰值的增加,尤其是在罕遇多点地震作用下,由于框架部分柱子的塑性变形逐渐增大,大跨结构整体刚度减小,周期增大,位移时程的波动周期也增加,说明忽略地震动的空间方向性会严重低估此类大跨结构的位移反应,结算结果也偏于不安全。

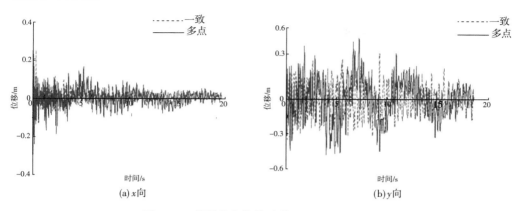

(a) x向　　　　　　　　　　(b) y向

图 7.33　顶部节点位移时程（PGA＝0.035g）

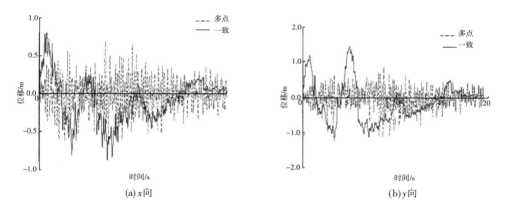

(a) x向　　　　　　　　　　(b) y向

图 7.34　顶部节点位移时程（PGA＝0.1g）

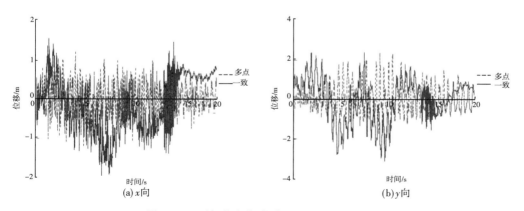

(a) x向　　　　　　　　　　(b) y向

图 7.35　顶部节点位移时程（PGA＝0.22g）

7.5　竖向多点激励反应的数值计算、建议及其理论依据

对大跨结构而言,竖向地震动对此类结构的影响较为显著,在抗震设计中应予以考虑。竖向地震动数据比较少,当需要考虑竖向地震动时,经常以水平地震动为标准按一定比例取值。通常,竖向地震动加速度峰值一般为水平地震动加速度峰值的1/2-2/3。我国《建筑抗震设计规范》(GB50011-2010)规定,竖向地震动加速度反应谱值取水平方向的65%。然而在极震区,竖向地震加速度值有时接近甚至会超过水平地震加速度值,例如1995年日本阪神地震中,竖向地震就对结构的破坏起到了相当重要的作用。因此,对大跨结构除了考虑水平多点激励下的地震反应外,还要对竖向多点激励下结构的地震反应进行研究。

7.5.1　竖向模态与频谱分析

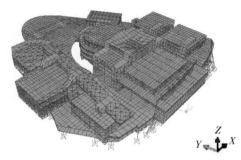

图 7.36　结构的竖向振型模态

对该大跨结构进行模态分析,得到其竖向振动的周期为 0.396s,对应的竖向模态振型如图 7.36 所示。当结构竖向振动的周期在地震动加速度反应谱的峰值周期范围内时,该地震动就会对结构反应产生较大的影响。图 7.37 给出了支座 1 和支座 5 处的竖向地震动加速度反应谱。从图中可以看出,支座 1 处的地震动加速度谱的峰值周期分布范围较窄,而支座 5 处的

地震动加速度谱的峰值周期比较平缓,并且该大跨结构的竖向振动周期没有处于支座 1 处的地震动加速度反应谱峰值周期范围内,而是在支座 5 处的地震动加速度反

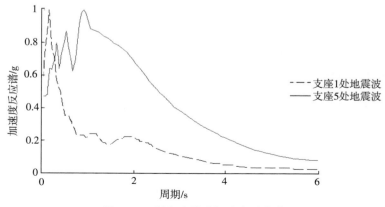

图 7.37　竖向地震动加速度反应谱

应谱峰的周期范围内。因此,对应于支座 1～支座 5 的竖向地震动同时作用(即竖向多点激励)时,会产生怎样的地震响应,有必要进行进一步的研究。

7.5.2　竖向地震动输入波形特征与加速度反应对比

采用开发的 MEGMS 多点地震动模拟程序(图 7.5)生成对应于支座 1～支座 5 的竖向地震动加速度时程曲线。图 7.38 给出了支座 1 和支座 5 处的竖向地震动加速度时程及其相应的傅里叶幅值谱。从图中可以看出,傅里叶幅值谱的峰值对应的频率(即竖向地震动的卓越频率)分别为 0.488Hz 和 0.391Hz。

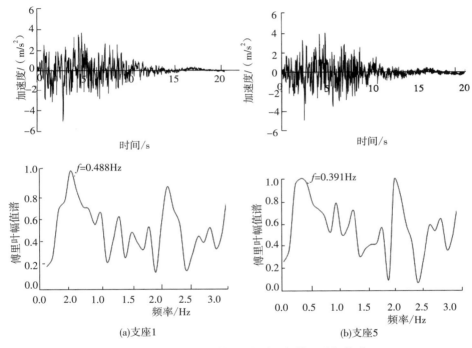

图 7.38　竖向地震动加速度时程与傅里叶幅值谱

图 7.39 和图 7.40 分别给出了 7 度多遇和罕遇地震下、竖向多点激励时,结构顶部节点竖向加速度时程曲线及其相应的傅里叶幅值谱。从图中可以看出,傅里叶幅值谱的峰值对应的频率分别为 0.392Hz 和 0.490Hz,这与图 7.38 中竖向地震动加速度傅里叶幅值谱的峰值对应的频率(即地震动的卓越频率)0.488Hz 和 0.391Hz 接近,说明竖向多点激励对该大跨结构地震响应的影响较为显著。

7.5.3　竖向多点输入下结构反应分析

考虑竖向多点和一致地震动输入,同样选取结构底部 $x-y$ 平面内($y=79.1m$ 处)24 根柱子进行分析。图 7.41、图 7.42 分别给出了 7 度多遇和罕遇地震下、竖向

188地震差动与结构非线性输出——方法、程序开发及实践

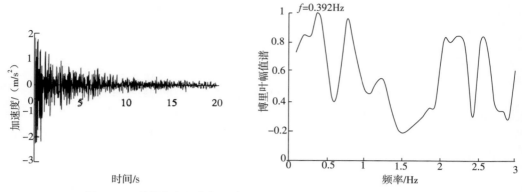

图 7.39　顶部节点竖向加速度时程与傅里叶幅值谱（PGA＝0.035g）

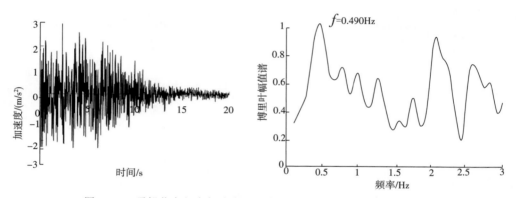

图 7.40　顶部节点竖向加速度时程与傅里叶幅值谱（PGA＝0.22g）

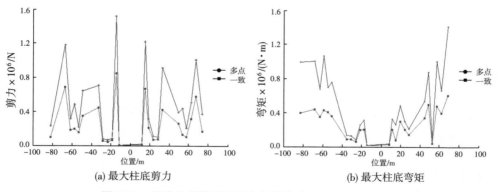

(a) 最大柱底剪力　　　　　　　　(b) 最大柱底弯矩

图 7.41　竖向地震激励下最大柱底内力（PGA＝0.035g）

多点和一致激励时,柱子底部剪力和弯矩的最大值。从图中可以看出,与竖向一致激励相比,竖向多点激励下结构最大柱底剪力和弯矩变化较大,尤其是结构两侧柱底内力增大最为显著,最大增加了近400%。而且,罕遇地震竖向多点激励下,柱底内力

增大的柱子数量比多遇地震作用时增多,说明竖向多点地震激励对结构柱子内力的影响不能忽略。

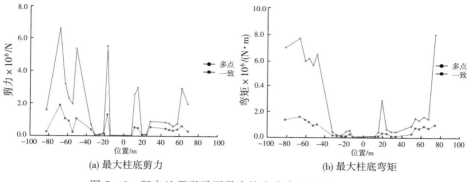

(a) 最大柱底剪力   (b) 最大柱底弯矩

图 7.42　竖向地震激励下最大柱底内力（PGA＝0.22g）

图 7.43、图 7.44 分别给出了 7 度多遇和罕遇地震下、水平单向(y 向)多点和竖向多点激励时,柱子底部剪力和弯矩的最大值。从图中可以看出,与水平多点地震激

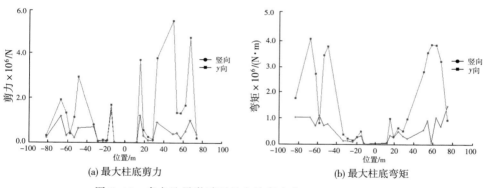

(a) 最大柱底剪力   (b) 最大柱底弯矩

图 7.43　多点地震激励下最大柱底内力（PGA＝0.035g）

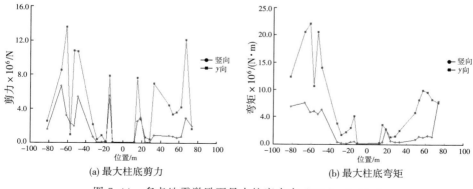

(a) 最大柱底剪力   (b) 最大柱底弯矩

图 7.44　多点地震激励下最大柱底内力（PGA＝0.22g）

励相比,竖向多点激励下柱底的最大剪力和弯矩减小,说明竖向多点地震激励对柱底剪力和弯矩的影响较小。虽然与竖向一致激励相比,竖向多点地震激励下结构柱底的内力变化较大,但与水平多点地震激励相比,竖向多点地震激励对柱底剪力和弯矩的影响较小。因此,计算结构的柱底内力时,可仅依据水平多点地震激励下的结果进行分析,忽略竖向多点地震的影响。

表 7.8 给出了 7 度多遇和罕遇地震下、竖向多点激励时,结构底部、中部和上部剪力墙的最大应力(选取的剪力墙单元与 7.3.3 节相同)。从表中可以看出,在竖向多点地震作用下,结构剪力墙的应力较大。与水平单向多点地震激励相比,竖向多点激励下,大部分剪力墙的最大应力均有所增加,最大增加了约 75%。

表 7.8　剪力墙的最大应力

工况		应力/MPa					
		底部(编号)		中部(编号)		上部(编号)	
		48090	48261	55027	55702	55899	56765
竖向多点	多遇	3.91	8.54	1.58	0.99	0.61	0.65
	罕遇	10.2	19.7	2.43	3.28	1.32	1.44

表 7.9 给出了 7 度多遇和罕遇地震激励下、竖向一致和多点激励时,结构顶部节点的竖向最大位移,从表中看出,多遇、罕遇竖向多点地震激励下,竖向最大位移分别为 0.383m 和 2.417m,这几乎与水平单向多点地震激励下顶部节点的最大位移 0.386m 和 2.482m 相近。因此,对此类大跨结构有必要考虑竖向多点地震激励对结构位移的影响。

表 7.9　顶部节点最大位移

激励方向	工况		节点位移/m	
			D_z	多点/一致
竖向	多遇	一致	0.267	1.434
		多点	0.383	
	罕遇	一致	1.634	1.479
		多点	2.417	

7.6　超大震下结构体系动力反应与薄弱环节

大跨空间展览馆属于复杂的重要公共建筑,地震作用下结构一旦倒塌将导致巨大的人员伤亡和财产损失。因此,有必要研究该大跨结构在超常规地震作用下的倒塌过程,从而为此类结构的抗倒塌设计提供参考。

我国《建筑抗震设计规范》(GB50011-2010)[20]给出了不同设防烈度下的峰值地震动加速度(PGA),其最大值为 0.62g (9 度)。然而,实际地震发生时,其峰值加速度往往大于规范给定值的几倍,所以为了更好的研究此类结构在超大震三向多点激励下的破坏过程,本节分析时将结构 y 向(长轴向)的地震动加速度峰值调至 6.0g。

7.6.1　超大震下结构杆系构件的塑性铰发展及连续动力反应状态

本节介绍在超大震三向多点地震激励下,框架部分的塑性铰发展情况。框架部分的型钢构件和钢筋混凝土构件各自进入塑性的时间不同,因此,以下分别介绍这两类构件塑性铰的出现和发展过程。

图 7.45 给出了超大震三向多点地震激励下,框架型钢构件的塑性铰发展过程。从图中可以看出:$t=1.4s$ 时,结构底部支座位置的部分钢支撑开始出现塑性铰,随后结构底层的部分钢梁也出现塑性铰;$t=7.7s$ 时,结构底部钢支撑和钢梁端部出现塑性铰的数量不断增多,且逐渐向结构的上部发展;$t=13.8s$ 时,随着地震持续时间的增加,型钢构件端部出现塑性铰的数量进一步增大;$t=20s$ 时,结构底层型钢构件柱端、梁端都出现大量塑性铰,结构顶部斜撑端部也出现塑性铰,进入塑性的型钢构件主要集中在结构底部位置,这说明此处为结构抗震的薄弱部位,设计时应予以重点关注。

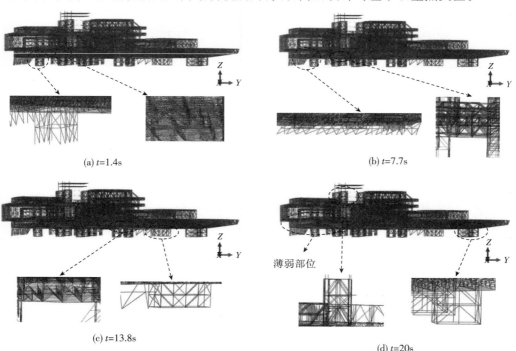

图 7.45　钢构件塑性铰的出现和发展过程

图 7.46 给出了超大震三向多点地震激励下,混凝土构件塑性铰的出现和发展过程。从图中可以看出:$t=1.3$s 时,结构底部柱端出现少量塑性铰;$t=6.8$s 时,随着地面运动的加剧,结构底部柱端出现塑性铰的数量不断增加,部分梁端也出现塑性铰;$t=14.5$s 时,结构柱端、梁端出现塑性铰的数量进一步增多,并不断向结构四周和上部发展;$t=20$s 时,结构柱端出现大量塑性铰,使结构变形逐渐增大,结构开始倒塌。

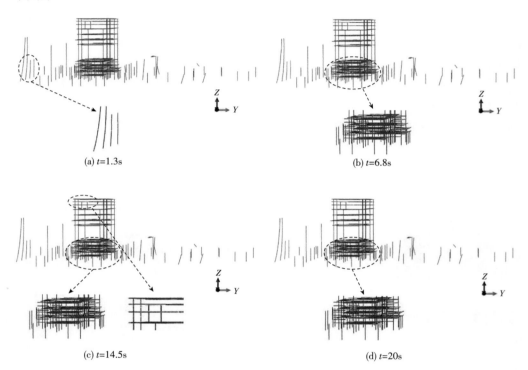

(a) t=1.3s

(b) t=6.8s

(c) t=14.5s

(d) t=20s

图 7.46　混凝土构件塑性铰的出现和发展过程

7.6.2　超大震下结构楼板、剪力墙的连续动力反应状态

考虑超大震三向多点地震激励时,大跨展览馆结构楼板的破坏过程如图 7.47 所示:$t=1$s 时,结构没有发生较大变形,楼板基本保持弹性;$t=2$s 时,结构中部分楼层的楼板发生脱落,底部支撑整体发生较大移动;$t=4$s 时,随着支撑的不均匀移动和变形增大,楼板也发生较大的弯曲变形。随着地震持续时间的增加,楼板的变形进一步增大,发生脱落的楼板数量也进一步增加。

图 7.48 给出了超大震三向多点激励下,大跨展览馆结构剪力墙的破坏过程。从图中可以看出:$t=1$s 时,大部分剪力墙处于弹性状态,只有部分剪力墙的底部发生较小的塑性变形;$t=3$s 时,进入塑性状态的剪力墙数量和范围明显增大,位于大跨

结构两侧的剪力墙几乎整体进入塑性；$t=6s$ 时，产生塑性变形的剪力墙数量进一步增加，位于大跨结构中部和两侧的大部分剪力墙几乎全部进入塑性。随着地震作用时间的增加，剪力墙的承载力和刚度逐渐降低，其变形也逐渐增大，从而导致结构严重破坏。

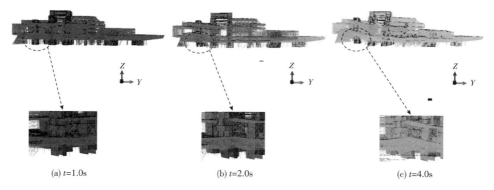

(a) $t=1.0s$　　　　　　(b) $t=2.0s$　　　　　　(c) $t=4.0s$

图 7.47　三向多点超大震激励下结构楼板的破坏过程（后附彩图）

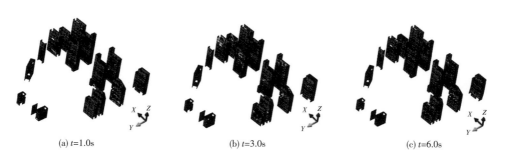

(a) $t=1.0s$　　　　　　(b) $t=3.0s$　　　　　　(c) $t=6.0s$

图 7.48　三向多点超大震激励下剪力墙的破坏过程（后附彩图）

7.6.3　超大震下结构的薄弱环节现象及其讨论

大跨展览馆结构在超大震三向多点地震激励下表现出强烈的非线性行为，其整个破坏过程大致如图 7.49 所示；$t=2s$ 时，结构底部剪力墙刚度较大，承担了大部分地震剪力，因此首先开裂；$t=7s$ 时，结构开裂剪力墙的数量进一步增加，剪力墙开裂后刚度减小，承担的地震剪力也相应减小，从而导致框架部分承担的地震剪力增大，框架梁、柱构件逐渐开裂，端部出现塑性铰；$t=14s$ 时，框架梁、柱的端部出现大量塑性铰，结构中部分型钢斜撑端部也出现塑性铰；$t=20s$ 时，结构的底部位置出现比较大的变形，结构开始倒塌。

从超大震三向多点地震激励下结构的整个破坏过程可以看出，该大跨结构的上部未发生明显破坏，结构底部支撑产生较大变形，底部支撑变形过大是引起该大跨结构倒塌的主要原因，在设计时应给予足够重视。

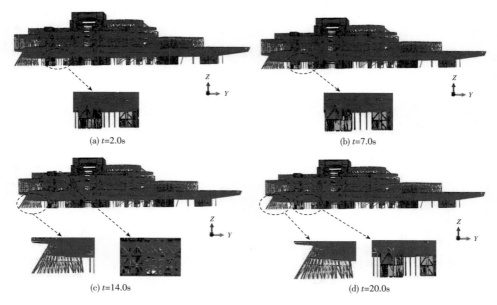

(a) t=2.0s　　　　　　　　　　　　　　　　(b) t=7.0s

(c) t=14.0s　　　　　　　　　　　　　　　(d) t=20.0s

图 7.49　超大震三向多点激励下结构的破坏过程

7.7　本章小结

本章对大跨空间展览馆结构进行了地震安全性分析,利用 ABAQUS 对结构进行了单向一致、单向多点、三向一致和三向多点激励下的动力弹塑性分析和三向多点超大震下的结构倒塌破坏分析,总结如下:

(1)从实际工程角度,验证了开发的 TJU. SAP2ABAQUS 接口程序转化模型的精确性和高效性,从而提高了直接在 ABAQUS 中建立复杂模型的效率。

(2)大跨展览馆结构在地震多点激励下的柱底剪力和弯矩、结构顶部的位移以及剪力墙的应力明显大于一致激励下的情况,计算结果表明对于此类大跨空间结构考虑多点激励的动力弹塑性分析十分必要。

(3)与单向多点激励相比,在三向多点激励下,结构柱底的剪力、弯矩和剪力墙的应力有增有减,结构顶部位移也有显著增大。由此说明,对于此类大跨空间结构,有必要考虑地震动三个方向的空间变化对其内力和位移的影响。

(4)与一致激励相比,地震多点激励对结构中部柱子内力的影响较小,对结构两侧柱子内力的影响较大,说明进行抗震弹塑性分析时,地震动的空间变化对此类大跨空间结构柱子内力的影响不容忽视。

(5)与水平单向多点激励相比,竖向多点地震激励对结构柱底剪力和弯矩影响相对较小,而对剪力墙应力和结构顶部的竖向位移影响较大。因此,有必要考虑竖向多点地震激励对大跨结构内力和位移的影响。

（6）通过超大震三向多点激励下结构的倒塌分析,分析了该大跨空间结构的倒塌过程,指出结构底部支撑是其潜在的薄弱部位,支撑变形过大是引起倒塌的主要原因,设计时应给予关注和充分考虑。

参 考 文 献

[1] 庄茁,由小川,廖剑晖,等. 基于 ABAQUS 的有限元分析和应用[M]. 北京:清华大学出版社,2009.

[2] 北京金土木软件技术有限公司. SAP2000 中文版使用指南(第二版)[M]. 北京:人民交通出版社,2012.

[3] 柳国环,练继建,国巍. 结构动力弹塑性与倒塌分析(Ⅰ):滞回曲线改进、ABAQUS 子程序开发与验证[J]. 地震研究,2014,37(1):123-131.

[4] 柳国环,练继建,国巍. 结构动力弹塑性与倒塌分析(Ⅱ):SAP2ABAQUS 接口技术、开发与验证[J]. 地震研究,2014,37(1):132-140.

[5] 柳国环,练继建,孙雪艳,等. 结构动力弹塑性与倒塌分析(Ⅲ):地震差动作用下输电塔-线体系的弹塑性与倒塌分析[J]. 地震研究,2014,37(1):141-150.

[6] 李宏男. 结构多维抗震理论[M]. 北京:科学出版社,2006.

[7] 刘先明. 大跨空间网格结构多点输入反应谱理论的研究与应用[D]. 南京:东南大学,2003.

[8] Su L, Dong S L, Kato S. Seismic design for steel trussed arch to multi-support excitations [J]. Journal of Constructional steel Research,2007,63(6):725-734.

[9] 全伟,李宏男. 大跨结构多维多点输入抗震研究进展[J]. 防灾减灾工程学报,2006,26(3):343-349.

[10] 柳国环,李宏男,田利. 九江长江大桥在多点多维地震激励下的反应分析[J]. 振动与冲击,2009,28(9):204-209.

[11] 李玉刚,支旭东,范峰. 单层球壳结构地震空间相关性效应的影响因素研究[J]. 空间结构,2013,19(3):9-13.

[12] 杨庆山,刘文华,田玉基. 国家体育场在多点激励作用下的地震反应分析[J]. 土木工程学报,2008,41(2):35-41.

[13] 丁阳,林伟,李忠献. 大跨度空间结构多维多点非平稳随机地震反应分析[J]. 工程力学,2007,24(3):97-103.

[14] 赵大海,沈鹏娟,柳国环. 多点地震下大跨展览馆动力弹塑性分析[J]. 哈尔滨工业大学学报,2016,48(6):36-42.

[15] 白凤龙,李宏男. 地震动多点激励下大跨空间网架结构的反应分析[J]. 工程力学,2010,27(7):67-73.

[16] Clough R W，Penzien J. Dynamics of structure. (2nd edition) [M]，New York：McGraw-Hill，In. ，1993.

[17] 潘晓东. 非平稳随机地震下堤坝非线性有效应力动力响应可靠度分析[D]. 杭州：浙江大学，2004.

[18] Hao H，Oliveira C S，Penzien J. Multiple-station ground motion processing and simulation based on smart-larray data [J]. Nuclear Engineering and Design，1989，111(3)：293-310.

[19] 薛素铎，王雪生，曹资. 基于新抗震规范的地震动随机模型参数研究[J]. 土木工程学报，2003，36(5)：5-10.

[20] GB 50011-2010. 建筑抗震设计规范[S]. 北京：中国建筑工业出版社，2010.

第8章 人工边界-地基-大跨斜拉桥地震弹塑性和破坏机制

8.1 引　言

对于大跨度桥梁结构而言,通过数值分析事先了解其在大震和超大震作用下的弹塑性及抗倒塌性能,是进一步保障桥梁结构工程运营期间安全服役的一条有效途径。地震作用下各桥墩/台输入的地震动存在较大的差异,不同边界条件的地基也会影响桥梁结构在地震作用下的响应[1]。因此,进行数值分析时,不仅要考虑地基与桥梁结构的相互作用,同时还应考虑地基边界条件对结构地震响应的影响。

地震作用时,大跨桥梁除受地震行波效应的影响外,同时还会受到其他荷载的作用,比如大震和超大地震作用时会伴随地震导致的波浪力或海啸。鉴于此,作者基于MATLAB 开发了 WFS 波浪力/海啸模拟程序,生成了地震诱发的波浪荷载,通过计算大跨斜拉桥的地震弹塑性反应,分析了地震与波浪共同作用对大跨斜拉桥反应的影响。

具体研究思路为:首先,利用作者开发的 TJU.SAP2ABAQUS 接口程序[2-4],建立用于数值分析的大跨斜拉桥结构 ABAQUS 有限元模型,并且在模型中考虑了钢筋和混凝土材料的非线性滞回效应[5,6]。随后,对转化前、后的模型进行模态分析,考察了不同边界条件下斜拉桥结构体系(包括单独斜拉桥、固定边界-地基-斜拉桥和粘弹性人工边界-地基-斜拉桥)的自振特性,为后续结构地震反应分析奠定了基础。接下来,基于地表功率谱的多点地震动可视化程序[4],开发了地表多点地震动模拟程序 MEGMS 和地下多点地震动模拟程序 MEUMS,并根据实际情况生成了目标场地对应地基位置的多点地震动[7,8],对不同边界条件的斜拉桥结构体系进行大震、超大震作用下的弹塑性和倒塌分析。最后,讨论了地震诱发波浪/海啸作用对大跨斜拉桥反应的影响

本章以一跨海大跨斜拉桥为例,通过一系列建模方法构建不同边界条件-地基-斜拉桥体系的有限元模型,通过数值计算与分析,目的旨在对前面章节的理论、方法与程序做进一步验证,对比不同地基边界条件对大跨斜拉桥结构自振特性的影响。同时,提出了一种更加实用的粘弹性人工边界模型地震输入的高效加载方法,探讨了地表/地下多点地震动作用下不同地基边界条件对大跨斜拉桥体系弹塑性发展过程

及倒塌模式的影响规律,可为工程实际提供有益参考。

8.2　工程简介与有限元模型

8.2.1　工程概述

某跨海大跨桥梁为双索面双塔斜拉桥,整桥全长 765m,主跨 423m,桥面至桥墩底部高度为 46.5m,斜拉桥两岸各设一座 150m 高的折线“H”型钢筋混凝土桥塔,桥塔两端分别用 22 对斜拉索与桥面连接,斜拉索呈扇形分布[9]。斜拉桥结构的 SAP2000 有限元模型如图 8.1 所示。

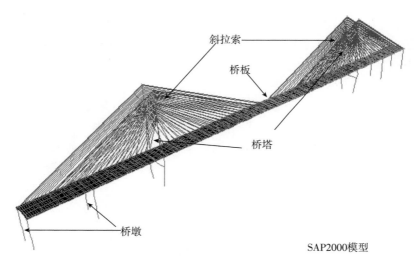

图 8.1　斜拉桥结构的 SAP2000 有限元模型

8.2.2　材料与几何属性

斜拉桥箱型主梁高 1.380m,材料为 C60 混凝土;桥塔高 150m,材料为 C50 混凝土;桥面板现浇层采用 C40 混凝土;斜拉索采用带 PE 环氧涂层的钢绞线,其抗拉强度标准值为 1860MPa。为利用 ABAQUS 软件对大跨斜拉桥结构进行非线性分析,这里采用作者开发的 TJU.SAP2ABAQUS 接口程序,将建立的 SAP2000 模型导入至 ABAQUS 软件,生成对应的斜拉桥 ABAQUS 有限元模型,如图 8.2 所示。

对比图 8.1 和图 8.2 两种斜拉桥有限元模型可以看出,转化前后桥墩、桥塔、桥面板、斜拉索等部件形状与尺寸完全一致,从而说明开发的 TJU.SAP2ABAQUS 接口程序具有良好的实用性与精确性。

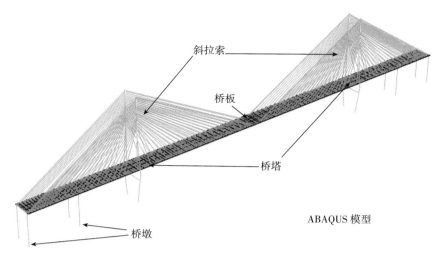

图 8.2　斜拉桥的 ABAQUS 有限元模型

8.2.3　人工边界刚度和阻尼的确定

地震波在土体传播的过程中,会受到土层介质的影响,产生场地效应。对于本章所分析的大跨斜拉桥结构而言,场地效应必然显著影响其在地震作用下的弹塑性发展过程。因此,进行数值分析时,有必要考虑地基－结构的耦合效应,同时应还应考虑地基边界条件的影响。

在利用有限元软件进行分析时,需要给出人工边界的刚度和阻尼值。对于二维粘弹性人工边界,其等效物理系统的刚度系数 K_B 和阻尼系数 C_B[10]分别为

切向(Tangential)边界

$$K_{BT} = \alpha_T \frac{G}{R} \ , \ C_{BT} = \rho c_s, \tag{8.1}$$

法向(Normal)边界

$$K_{BN} = \alpha_N \frac{G}{R} \ , \ C_{BN} = \rho c_P, \tag{8.2}$$

式中,K_{BT}、K_{BN}分别为弹簧的法向刚度与切向刚度,G 为土体的剪切模量,R 为波源至人工边界点的距离,ρ 为介质的质量密度,c_s 和 c_p 分别为 S 波和 P 波的波速,α_T 和 α_N 分别为切向与法向粘弹性人工边界参数,文献[10]中建议的 α_T 取值范围为 0.35～0.65,α_N 的取值范围为 0.8～1.2。

8.2.4　地表/地下多点地震动模拟、验证及输入

本节将斜拉桥地基中的土体分为三层,各层土体高度如图 8.3 所示,每层土体的具体参数如表 8.1 所示。

表 8.1　地基土层参数

土层序号	层高/ m	密度/ （kg/m³）	弹性模量/ Pa	泊松比	内摩擦角/°	粘聚力/ Pa
1	6.75	960	5962846	0.35	15	7300
2	6.15	910	2971181	0.45	30	6700
3	7.5	1000	6704872	0.34	32.2	4300

考虑多点地震动与地震动的传播规律,根据土体属性,利用开发的地下多点地震动软件 MEUMS,模拟得到不同目标点的地下多点地震动(每个地基自底向上生成四条地震动),并自底向上依次输入,如图 8.3 所示。限于篇幅,本节仅给出 1♯ 地基各层土体的地震动时程及相应的频谱,分别如图 8.4 和图 8.5 所示。

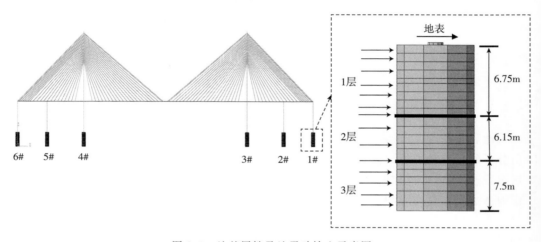

图 8.3　地基属性及地震动输入示意图

从图中可以看出,模拟生成的地基各土层地震动差异显著,即加速度幅值表现为"地表＞一层＞二层＞三层",而卓越频率则表现为"地表＜一层＜二层＜三层"。其原因在于:地基土体刚度表现为"上软下硬",从而导致地震动幅值自下而上逐渐放大,而各土层的主频自下而上逐渐减小。

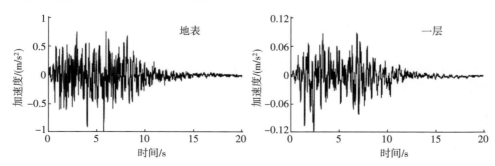

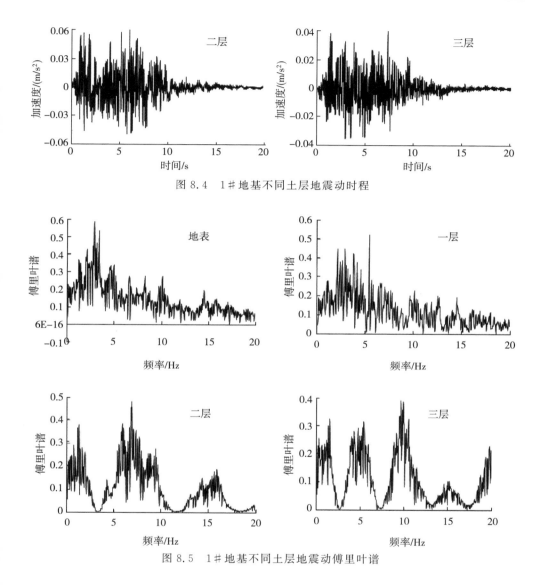

图 8.4　1♯地基不同土层地震动时程

图 8.5　1♯地基不同土层地震动傅里叶谱

8.2.5　人工边界-地基-斜拉桥转换与几何属性对比

为考虑地基土对结构地震弹塑性反应的影响,建立地基-基础-斜拉桥的
SAP2000 整体有限元模型。其中,圆柱形桩基础直径为 2.2m,材料为 C35 混凝土,
沿周边布置 48 根直径为 40mm 的 HRB400 级钢筋,这里选取地基土的直径范围为
11m,利用开发的 Foundation 2013 程序生成分层地基及钢筋混凝土桩基础的
SAP2000 有限元模型,如图 8.6 所示。

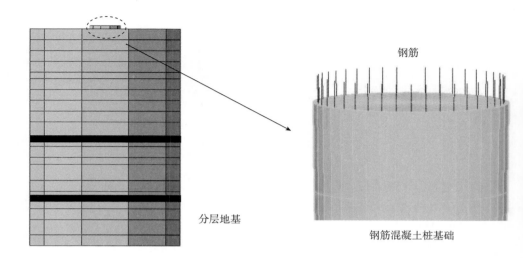

钢筋

分层地基

钢筋混凝土桩基础

图 8.6　分层地基与钢筋混凝土桩模型

地基外围设置粘弹性透射边界,以模拟无限域对有限地基的边界约束和能量耗散。通过 TJU.SAP2ABAQUS 接口程序,将 SAP2000 模型转化为地基-基础-斜拉桥的 ABAQUS 模型。图 8.7 给出了转化前、后两有限元模型的对比图。

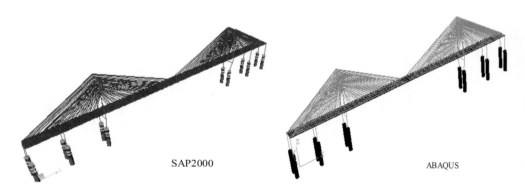

SAP2000

ABAQUS

图 8.7　地基-基础-斜拉桥的 SAP2000 模型与 ABAQUS 模型(后附彩图)

从图中可以看出,转化前后桥墩、桥塔、桥面板、斜拉索等部件的形状与尺寸完全一致。由此说明,开发的 TJU.SAP2ABAQUS 接口程序具有较好的转换精度与可靠性。

这里需要说明的是,通过以上方法得到的斜拉桥体系 ABAQUS 模型,考虑了以下非线性因素:①摩尔-库伦准则的地基土;②粘弹性透射人工边界;③摩擦效应的桩-土非线性接触;④大变形几何非线性效应的悬链线索找形,以及钢筋和混凝土滞回耗能效应的材料非线性。

8.3 地基及人工边界对斜拉桥体系自振特性的影响与分析

8.3.1 固定边界-地基对斜拉桥动力特性的影响与分析

本节分析固定边界-地基对斜拉桥动力特性的影响,对比了单独斜拉桥模型与固定边界地基-斜拉桥模型的模态分析结果。其中,固定边界斜拉桥模型又分为两类,即桩-土固接与桩-土摩擦。本节主要研究纵向地震作用,故主要关注斜拉桥的纵向模态。

表 8.2 给出了不同边界条件的地基-桩-斜拉桥模型纵向自振频率对比情况。从表中可以看出,考虑固定边界的斜拉桥模型,其自振频率明显低于单独斜拉桥模型。固定边界模型的一阶自振频率要比单独斜拉桥模型低 71.6%,二到四阶自振频率较单独斜拉桥模型低 40% 左右,说明考虑固定边界条件时,明显改变了斜拉桥结构的动力特性。因此,在对大跨斜拉桥结构进行抗震分析时,若忽略地基与基础的相互作用,将会造成较大误差。相比之下,固定边界的两种情形,即是否考虑桩与地基土之间的摩擦作用,对斜拉桥结构的动力特性影响不大。

表 8.2 斜拉桥模型与固定边界模型模态分析结果对比

模型	斜拉桥	地基+桩+斜拉桥(固定边界)			
		桩-土固接		桩-土摩擦	
振型	频率/Hz	频率/Hz	较斜拉桥低/%	频率/Hz	较斜拉桥低/%
1	0.296	0.084	71.6	0.084	71.6
2	0.433	0.253	41.6	0.251	42.0
3	0.519	0.312	39.9	0.310	40.3
4	0.696	0.393	43.5	0.392	43.7

图 8.8 给出了不同斜拉桥模型的前四阶振型对比情况,由于是否考虑桩-土摩擦对振型形状的影响不大,所以图中仅给出了与表 8.2 中频率相对应的斜拉桥模型与

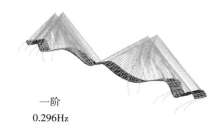

一阶
0.296Hz

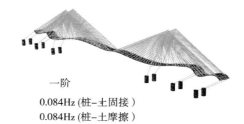

一阶
0.084Hz(桩-土固接)
0.084Hz(桩-土摩擦)

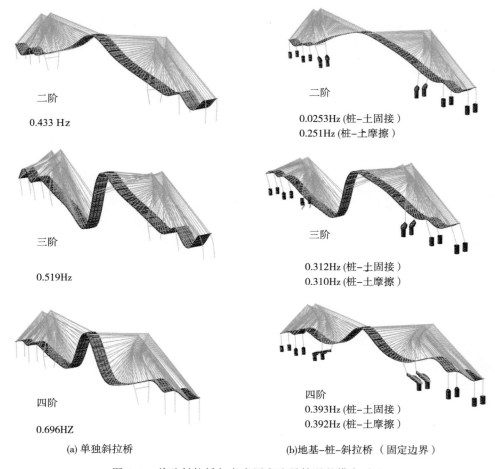

二阶

0.433 Hz

三阶

0.519Hz

四阶

0.696HZ

(a) 单独斜拉桥

二阶

0.0253Hz(桩-土固接)

0.251Hz(桩-土摩擦)

三阶

0.312Hz(桩-土固接)

0.310Hz(桩-土摩擦)

四阶

0.393Hz(桩-土固接)

0.392Hz(桩-土摩擦)

(b)地基-桩-斜拉桥（固定边界）

图 8.8　单独斜拉桥与考虑固定边界情况的模态对比

考虑桩-土固接斜拉桥模型的振型对比情况。从图中可以看出，考虑固定边界条件时，地基-桩-斜拉桥结构的自振频率较单独斜拉桥变化较大，虽然两种模型的各阶振型也有一定的改变，但总体相似程度还是较高的。

8.3.2　人工边界-地基对斜拉桥结构动力特性的影响与分析

本节通过对比单独斜拉桥模型与粘弹性人工边界斜拉桥模型的模态结果，分析粘弹性人工边界-地基对斜拉桥动力特性的影响。同样，带粘弹性人工边界的地基-斜拉桥模型也分为桩-土固接与桩-土摩擦两类。

表 8.3 给出了不同模型的模态分析结果。从表中可以看出，考虑粘弹性人工边界的地基-斜拉桥模型自振频率，明显低于单独斜拉桥模型。人工边界模型的一阶自振频率要比单独斜拉桥模型低 72.3%，二到四阶自振频率较单独斜拉桥模型低 50%

左右。由此可见,考虑粘弹性人工边界条件时,明显改变了斜拉桥结构的动力特性。因此,在进行大跨斜拉桥结构的抗震分析时,若不考虑人工边界的作用,将会造成较大误差。相比之下,粘弹性人工边界的两种情形,即是否考虑桩与地基土之间的摩擦作用对结构动力特性的影响不大。

表 8.3　斜拉桥模型与人工边界模型模态分析结果对比

| 模型 | 斜拉桥 | 地基＋桩＋斜拉桥(粘弹性人工边界) | | | |
| | | 桩-土固接 | | 桩-土摩擦 | |
振型	频率/Hz	频率/Hz	较斜拉桥低/%	频率/Hz	较斜拉桥低/%
1	0.296	0.082	72.3	0.082	72.3
2	0.433	0.190	56.1	0.188	56.6
3	0.519	0.244	53.0	0.241	53.6
4	0.696	0.349	49.9	0.347	50.1

　　由于是否考虑桩-土摩擦对大跨斜拉桥结构的动力特性影响不大,因此,这里只给出了单独斜拉桥模型与考虑桩-土固接的粘弹性人工边界斜拉桥模型的振型对比情况,如图 8.9 所示。

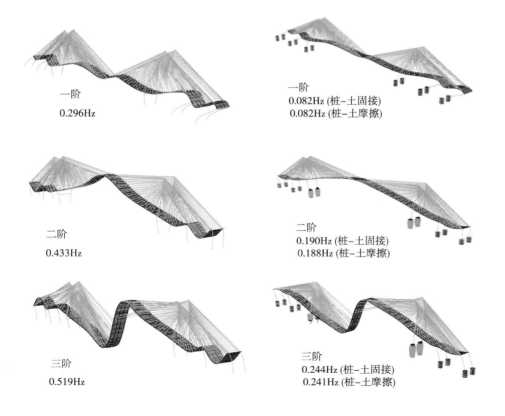

四阶
0.696Hz

（a）斜拉桥

四阶
0.349Hz（桩-土固接）
0.347Hz（桩-土摩擦）

（b）地基+桩+斜拉桥　（粘弹性人工边界）

图 8.9　单独斜拉桥与考虑粘弹性人工边界情况的模态对比

从图中可以看出，引入粘弹性人工边界后，斜拉桥结构的自振频率较单独斜拉桥模型变化较大，两种模型的一阶振型相似度较高，但高阶振型相差较大。与 8.3.1 节中的固定边界模型相比，考虑粘弹性人工边界的地基对斜拉桥自振频率与振型的影响更为显著。因此，进行大跨斜拉桥结构的抗震计算时，有必要考虑地基边界条件的影响，否则将会对分析结果造成较大误差。

8.4　大震和超大震作用下斜拉桥地震弹塑性分析

8.4.1　一致输入与多点输入下斜拉桥地震反应对比

结合本章的长周期大跨斜拉桥结构，选定目标功率谱为可考虑低频分量的Clough-Penzien 修正白噪声模型[11]，其功率谱密度函数为

$$S(\omega)=S_0\ \frac{\omega_{\mathrm{g}}^4+4\zeta_{\mathrm{g}}^2\omega_{\mathrm{g}}^2\omega^2}{(\omega_{\mathrm{g}}^2-\omega^2)^2+4\zeta_{\mathrm{g}}^2\omega_{\mathrm{g}}^2\omega^2}\ \cdot\ \frac{\omega^4}{(\omega_{\mathrm{f}}^2-\omega^2)^2+4\zeta_{\mathrm{f}}^2\omega_{\mathrm{f}}^2\omega^2} \tag{8.3}$$

式中，S_0 为谱强度因子，ω 为圆频率，ω_{g} 和 ζ_{g} 分别为场地的卓越频率和阻尼比，ω_{f} 和 ζ_{f} 分别为模拟地震动低频分量能量变化的参数。

不同特征的场地土环境、土壤条件及地震动，所得到的相干函数不同。综合考虑，本书采用描述百米级区域效果较好的 Hao 相干模型[12]：

$$\gamma_{j,k}(\omega,d)=\exp[-(\beta_1 d)]\ \cdot\ \exp\{-a_1(\omega)\sqrt{d}\,(\omega/2\pi)^2\} \tag{8.4}$$

$$a_1(\omega)=\frac{2\pi a}{\omega}+\frac{b\omega}{2\pi}+c \tag{8.5}$$

式中，d 为 j、k 的空间距离，β_1、a、b 和 c 为常数。

综合上述因素，并考虑计算工作的方便，开发了地表多点地震动软件 MEGMS进行多点地震动时程模拟。根据所需目标点，共生成 6 条地震波，其时程曲线如图8.10 所示。

由于篇幅所限，本书仅给出部分比较结果。图 8.11 比较了目标点 1♯ 与 5♯ 处

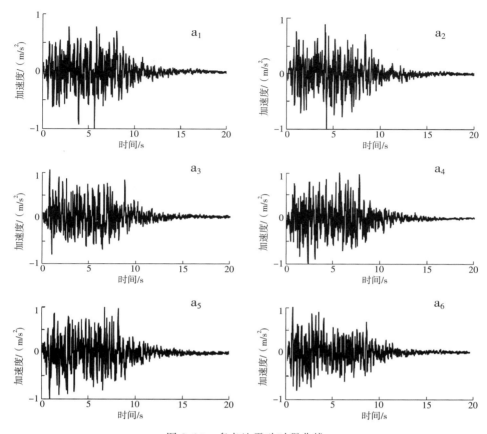

图 8.10　多点地震动时程曲线

的地震动时程曲线功率谱与目标功率谱。图 8.12 比较了目标点 1♯ 与 5♯ 以及目标点 4♯ 与 5♯ 处模拟的地震动加速度时程相干函数与目标相干函数。图 8.13 比较了目标点 2♯ 与 3♯ 处模拟的地震动加速度曲线反应谱与《海港水文规范》(JTJ 213-98)[13] 加速度反应谱的拟合结果。从这些图中可以看出,模拟生成的地表各目标点位置的多点地震动功率谱、空间相干性以及反应谱均与理论值吻合较好。

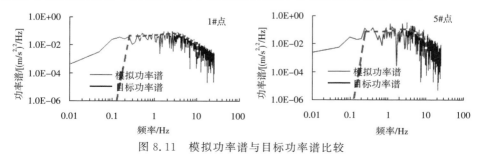

图 8.11　模拟功率谱与目标功率谱比较

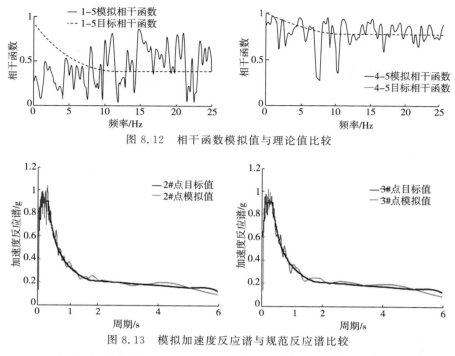

图 8.12　相干函数模拟值与理论值比较

图 8.13　模拟加速度反应谱与规范反应谱比较

地震波的加载目标点均位于桥墩底部,分别考虑地震一致输入与多点输入两种情况,如图 8.14 所示。当采用一致输入时,选用第一条地震波(即 $a=a_1$);当采用多点输入时,分别输入上述生成的六条地震波。显然,地震波一致输入下,桥梁结构受到一致激励作用;在地震波多点输入下,由于各目标点间地震波存在相位差异,此时大跨桥梁结构受到多点激励的作用。

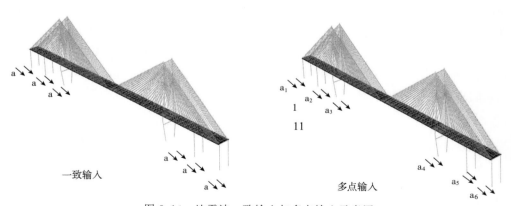

图 8.14　地震波一致输入与多点输入示意图

为探究地震动峰值强度变化及地震动的空间异变性对大跨斜拉桥结构弹塑性反应的影响规律,选取如图 8.15 所示位置为观测点进行分析。图 8.16 给出了地震动峰值加速度分别为 0.1g～0.6g 六种工况下,斜拉桥观测点在一致输入与多点输入下的位移反应时程。从图中可以看出,观测点位移反应的峰值随地震动强度增加而显著增大,但达到峰值之后,结构的位移反应并未随地震动强度增加而明显增大。与地震动一致输入相比,地震动多点输入时,斜拉桥观测点的位移反应有所延迟,并且随着地震动峰值的增加,延迟现象逐渐凸显,而且这种延迟现象在达到反应峰值之后表

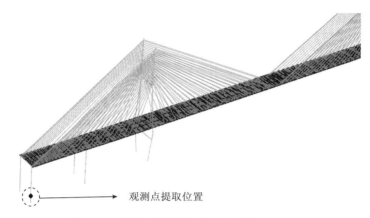

图 8.15　桥墩观测点说明图(后附彩图)

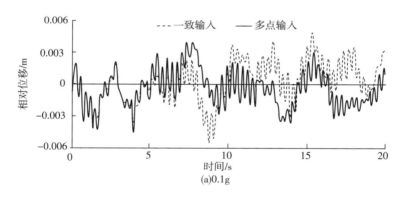

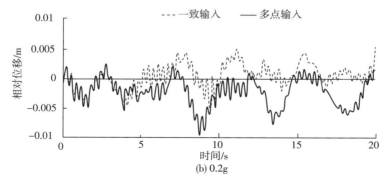

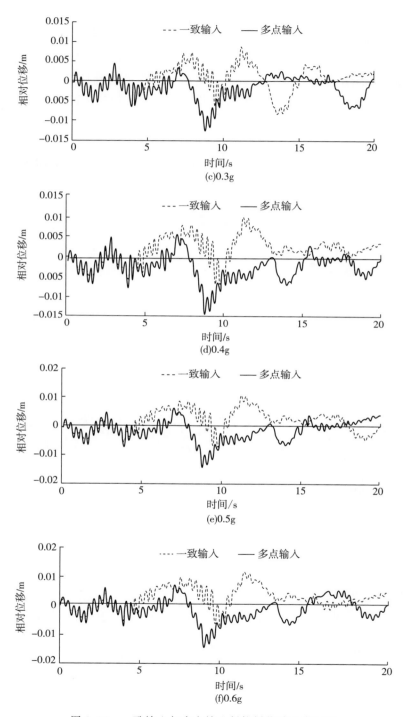

图 8.16　一致输入与多点输入斜拉桥位移反应对比

现的更为突出。多点地震动输入下,斜拉桥观测点的峰值位移反应略大于一致输入的情况,其主要原因在于:多点地震动输入下,斜拉桥桥墩各目标点地震动时程存在相位差,这与一致激励不同。因此,在同一时刻,多点地震动激励下斜拉桥桥墩的位移小于一致输入的情况。

　　为了研究超大震作用下大跨斜拉桥结构的倒塌过程,本节分析时将地震动峰值加速度调整为5g。图 8.17 给出了超大震下斜拉桥结构的倒塌过程,主要分为四个阶段(共 13s)。第一阶段:地震发生的初始阶段,在剪切力作用下,桥墩首先出现较大的塑性变形;第二阶段:随着地震的持续作用,桥墩变形进一步增加,致使桥面板弯曲变形逐渐凸显;第三阶段:桥面板产生纵向漂移,从而导致桥塔发生较大塑性变形;第四阶段:随着地震作用时间的进一步增加,发生塑性破坏的区域蔓延至整个桥体,直致最后由于桥墩塑性变形过大、破坏严重而致使整桥发生倒塌。由于没有考虑地基和结构的共同作用,即分析时假定桥墩底部与地基固接,因此地震过程中桥墩底部单元没有出现大的转角。但是,需要指出的是:地震动一致输入和多点输入下,尽管斜拉桥倒塌模式的差别并不显著,但是其倒塌过程的发展速率却有着明显的差异。图 8.18 给出了地震动一致输入与多点输入下,桥墩顶部竖向位移时程的对比情况。从图中可以看出,多点输入与一致输入下,桥墩顶部竖向位移的发展过程及趋势基本相同;但是,一致输入下位移的发展显然快于多点输入的情况。其主要原因在于:多

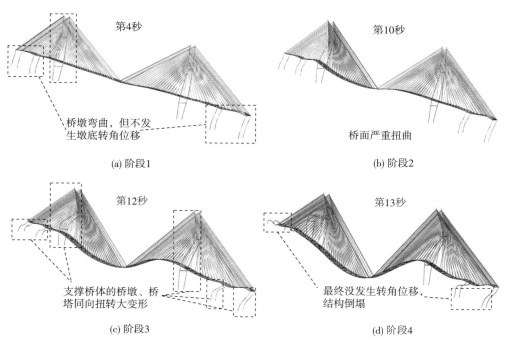

图 8.17　地震下斜拉桥倒塌模式

点地震输入下,各目标点地震动时程存在相位差,这与一致激励不同。因而,在同一时刻,多点地震激励下桥墩的内力小于一致输入的情况,如表 8.4 所示。因此,地震一致输入下,斜拉桥的倒塌发展过程要早于地震多点输入的情况。

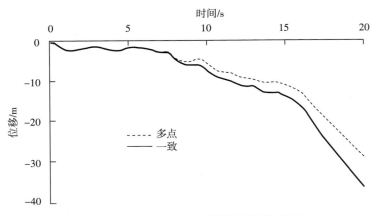

图 8.18　一致与多点输入下桥墩顶部位移比较

表 8.4　不同峰值地震作用下桥墩底部剪力比较

地震动输入方式	观测点剪力值/MN					
	0.1g	0.2g	0.3g	0.4g	0.5g	0.6g
一致	2.987	4.356	4.928	5.183	5.667	6.132
多点	2.859	4.202	4.688	5.020	5.555	5.950

8.4.2　单独斜拉桥与地基-桩-桥耦合结构地震反应对比

选取如图 8.19 所示位置为观测点,图 8.20 给出了不同峰值地震加速度下,独立斜拉桥模型与地基-桩-斜拉桥模型同一观测点的位移反应对比图。需要说明的是,本节所述两模型输入的地震动均为 8.2.4 节生成的地表地震动(包括地基地震动的输入)。从图中可以看出,无论地震动峰值大小,地基-桩-斜拉桥模型的观测点位移均大于独立斜拉桥模型,并且比例达 6～8 倍,如表 8.5 所示。其原因可解释为:相较

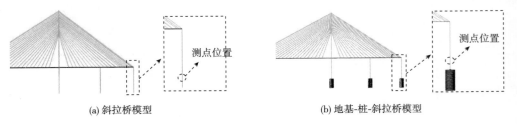

(a) 斜拉桥模型　　　　　　　　　　　　(b) 地基-桩-斜拉桥模型

图 8.19　桥墩观测点

独立斜拉桥模型而言,地基-桩-斜拉桥模型的频率均偏低,模态排列也更为密集,这样就使得地基-桩-斜拉桥模型中进入地震谱带的共振频率更多,从而使结构的反应更为强烈。

表 8.5　斜拉桥模型与地基-桩-斜拉桥模型观测点位移反应均方根比较(单位:m)

地震峰值加速度/g	0.1	0.2	0.3	0.4	0.5	0.6
斜拉桥	0.0016	0.0018	0.0024	0.0032	0.0038	0.0044
地基-桩-桥	0.0128	0.0143	0.0171	0.0192	0.0256	0.0350

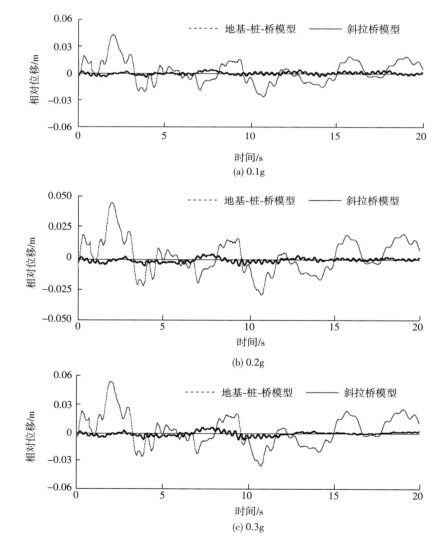

(a) 0.1g

(b) 0.2g

(c) 0.3g

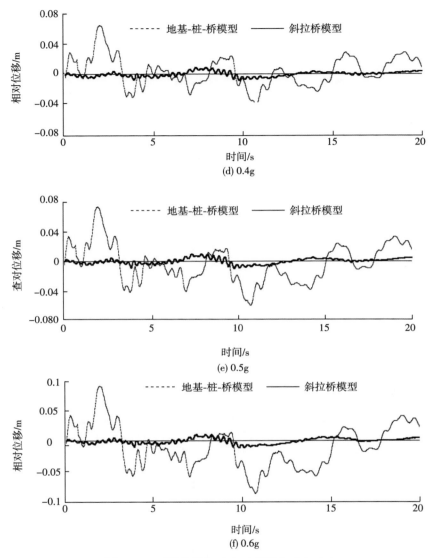

图 8.20　不同峰值加速度下观测点反应对比

　　图 8.21 为单独斜拉桥模型和地基-桩-斜拉桥模型桥面板中段竖向位移对比图。从图中可以看到,考虑地基的斜拉桥模型不仅位移反应远大于单独斜拉桥模型,而且倒塌速度也较单独斜拉桥模型更快。

　　图 8.22 和图 8.23 分别给出了单独斜拉桥模型和地基-桩-斜拉桥模型的倒塌过程。从图中可以看出,地基-桩-斜拉桥模型的倒塌速度(12 秒)快于斜拉桥模型(14秒)。倒塌过程中,斜拉桥模型两侧的桥墩与桥塔的扭摆方向相反,而地基-桩-斜拉桥模型两侧的桥墩与桥塔同方向倒塌。造成上述现象的原因主要有两点:①如8.4.1

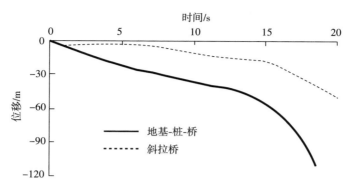

图 8.21 桥面板中部竖向位移比较

节所述,地基-桩-斜拉桥模型纵向模态分布更为密集,进入地震谱带的共振频率更多,从而引起的地震反应也更剧烈;②地基-桩-斜拉桥模型中,桥墩底部为梁单元,地基则为实体单元,桥墩底部与基础连接,地震时桥墩底部的梁单元相对地基实体单元会发生塑性大转角,故地基-桩-斜拉桥模型倒塌过程快。而且,若发生同向转角,桥墩与桥塔即发生快速同向倒塌趋势;相反,不考虑地基的斜拉桥模型,桥墩底部与基础固接,地震过程中桥墩底部单元无大转角,故倒塌过程较慢。

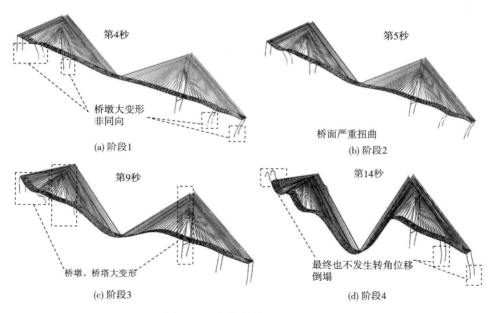

图 8.22 斜拉桥模型倒塌模式

由此可见,地基起到了弱化结构抗震性能的负作用。然而,传统的分析方法基本不考虑地基的影响,而是人为的将桥墩底部的约束设定为"固接"形式,这显然与实际情况并不相符。因此,对此类大跨斜拉桥结构的抗震分析,有必要考虑地基的影响,否则将导致结果将偏于不安全。

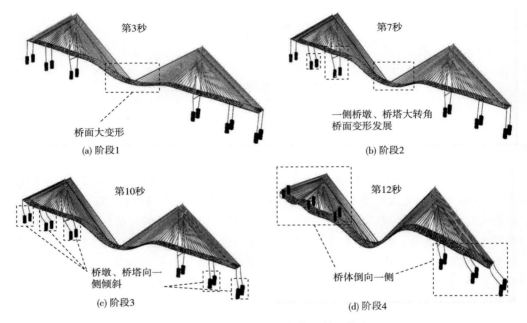

图 8.23　地基-桩-斜拉桥模型倒塌模式

8.4.3　粘弹性人工边界地震输入的高效加载途径

对粘弹性人工透射边界模型,地震波的输入包括三项内容:①刚度力;②阻尼力;③节点反力。

对于多层地基土而言,同一层土体各节点的切向或法向刚度(或阻尼)数值均相同。但是,由于各节点运动方向(速度、位移)为某一线性方向,所以各节点实际的刚度(或阻尼)为其切向分量与法向分量在该方向上的分量之和,如图 8.24 所示。

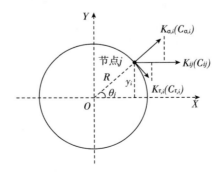

图 8.24　圆形地基节点的刚度、阻尼分量分解图

对于圆形地基土,第 i 层土第 j 个节点的刚度系数 K_{ij} 为

$$K_{ij} = K_{\sigma,i} \cdot \cos\theta_j + K_{\tau,i} \cdot \sin\theta_j \tag{8.6}$$

式中, $\cos\theta_j = \dfrac{|y_j|}{R}$, $\sin\theta = \dfrac{\sqrt{R^2 - y_j^2}}{R}$。

由此,第 i 层土第 j 个节点的刚度力 $F_{K,ij}$ 为

$$F_{K,ij}(t) = K_{ij} u_i(t)$$

$$= (K_{\sigma,i} \cdot \frac{|y_j|}{R} + K_{\tau,i} \cdot \frac{\sqrt{R^2 - y_j^2}}{R}) \cdot u_i(t) \tag{8.7}$$

同理,第 i 层土第 j 个节点的阻尼力 $F_{C,ij}$ 为

$$F_{C,ij}(t) = C_{ij} v_i(t)$$

$$= (C_{\sigma,i} \cdot \frac{|y_j|}{R} + C_{\tau,i} \cdot \frac{\sqrt{R^2 - y_j^2}}{R}) \cdot v_i(t) \tag{8.8}$$

式中, $K_{\sigma,i}$ 和 $K_{\tau,i}$ 分别为第 i 层土体法向刚度系数与切向刚度系数, $C_{\sigma,i}$ 和 $C_{\tau,i}$ 分别为第 i 层土体法向阻尼系数与切向阻尼系数, R 为地基直径, y_j 为节点 j 与地基圆心 Y 向位移, $u_i(t)$ 和 $v_i(t)$ 分别为第 i 层土体的位移与速度。

从式(8.7)和(8.8)可以看出,无论刚度力或阻尼力,其大小均与 y_i 有关,说明土体的刚度力与阻尼力仅与节点位置有关。那么,上述荷载的施加采用 GUI 中的"场函数"功能即可完成。

粘弹性人工透射边界模型中,节点反力数据采用固定边界模型的计算结果。由于 GUI 不具备单个数据(单节点、单方向)的自动输出能力,若采用手动输入方法,工作量大,且易发生错误。因此,可先利用 ABAQUS-REPORT 功能输出所有反力的整体文件,随后利用其他工具将其分割为单个数据进行加载。

本书基于 MATLAB 开发了反力分割处理工具,如图 8.25 所示。利用该程序,可以将固定边界条件下各节点反力的时程数据提取出来,并按节点分割成单个节点反力幅值文件,同时可以按照 ABAQUS 语法规则生成调用这些幅值文件的 INP 格式反力加载语句。

8.4.4　固定边界与人工边界对斜拉桥体系地震弹塑性反应的影响

本节比较固定边界地基-斜拉桥体系与人工边界地基-斜拉桥体系的地震弹塑性反应。利用 MEUMS 软件模拟不同目标点的地下多点地震动,将地震动的峰值加速度分别调整为 0.2g,0.4g 和 0.6g,地基土分层与地震动输入方法如 8.2.4 节所述。选取桥塔顶点为观测点,观测点位置如图 8.26 所示。不同峰值地震加速度下观测点的位移时程如图 8.27 所示。从图中可以看到,随着地震波峰值的增加,地面运动不断加剧,固定边界与粘弹性人工边界条件下观测点的峰值位移均增加。但是,粘弹性人工边界条件下观测点的位移反应要小于固定边界条件下的情况,并且位移时程曲

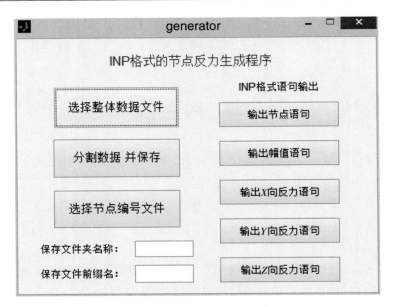

图 8.25　节点反力处理程序

线也相对和缓,其原因在于:粘弹性人工边界条件下,地基运动受到周围土体的限制,相当于在地基周围均匀添加了一圈弹簧和阻尼器,其中阻尼器消耗部分地震能量,起到了减轻结构地震反应的作用。同时,从 8.3 节的分析可知,粘弹性人工边界基础-桩-斜拉桥模型的自振周期比固定边界基础-桩-斜拉桥模型的周期长,并且远离地震动的卓越周期。因此,粘弹性人工边界条件下观测点的位移反应较小。但是,随着地震波峰值加速度的增加,两种边界条件下观测点的最大位移反应的差距逐渐减小。由此可见,粘弹性人工边界考虑了周围土体对地基变形的限制作用,这对结构抗震是有利的,也与实际情况更符合。因此,进行大跨桥梁结构的抗震研究时,考虑粘弹性人工边界条件较固定边界条件更为合理。

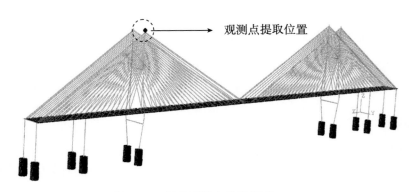

图 8.26　桥塔观测点位置说明

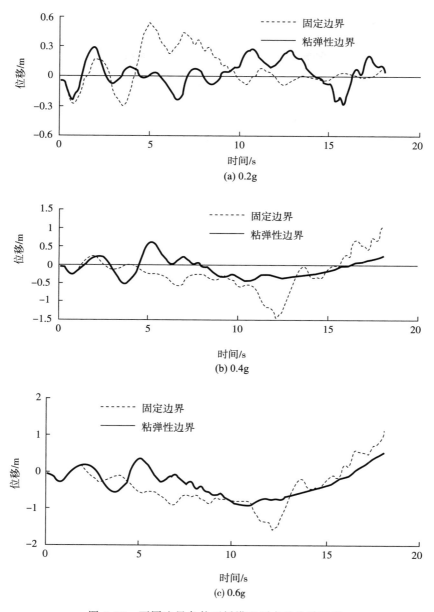

图 8.27　不同边界条件下桥塔观测点的位移反应

8.4.5　固定边界与人工边界斜拉桥体系破坏模式与薄弱环节

本节考察不同边界条件对斜拉桥体系破坏模式的影响，分析时对不同边界条件的斜拉桥体系进行地下多点地震动输入，并将地震动峰值加速度调整为5g。

图8.28给出了固定边界地基-桩-斜拉桥模型的破坏倒塌过程。从图中可以看出，固定边界条件下，斜拉桥模型的破坏倒塌过程主要分为四个阶段。第一阶段：地震作用开始阶段，对斜拉桥结构输入地下多点地震动，各层地基土的运动存在差异较大。此时，在剪力作用下地基和基础首先发生较大塑性变形［图8.28（a）］；第二阶段：随着地震作用的持续以及地基变形的进一步发展，各桥墩的相对变形逐渐增大，桥面发生扭曲变形［图8.28（b）］；第三阶段：桥面严重扭曲并向一侧漂移，迫使桥墩发生较大的同向塑性转角［图8.28（c）］；第四阶段：随着地震动持续时间的进一步增加，塑性破坏蔓延至整个桥体，桥塔也发生严重弯曲，桥梁两侧桥墩倒向一侧，整个桥体发生倒塌［图8.28（d）］。

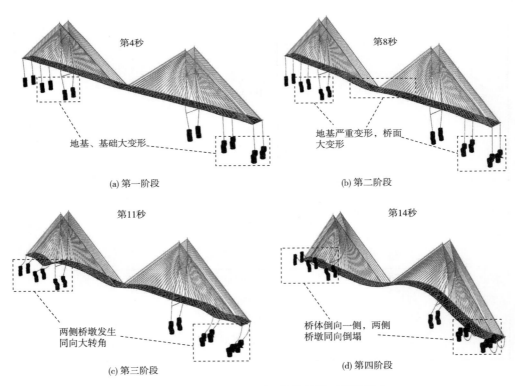

(a) 第一阶段　　　　　　　　　　　　(b) 第二阶段

(c) 第三阶段　　　　　　　　　　　　(d) 第四阶段

图8.28　固定边界地基-桩-斜拉桥模型倒塌模式

图8.29给出了粘弹性人工边界地基-桩-斜拉桥模型的破坏倒塌过程。同样，粘弹性人工边界下，斜拉桥体系的破坏倒塌过程也可以分为四个阶段。第一阶段：地震

作用的开始阶段,在剪力作用下,桥墩位置首先出现塑性变形[图 8.29 (a)];第二阶段:随着地震作用的持续,桥梁两侧的桥墩发生较大转角,但与固定边界地基的情况不同,桥墩转角并非同一方向[图 8.29 (b)];第三阶段:桥面发生严重扭曲,但与固定边界地基不同的是,一侧桥墩和桥塔弯曲变形严重,而另一侧桥墩和桥塔未出现大变形[图 8.29 (c)];第四阶段:随着地震作用的进一步增加,桥面向一侧漂移,致使一侧桥墩和桥塔倒塌,另一侧桥墩和桥塔发生较大变形,整个斜拉桥结构并未全部发生倒塌[图 8.29 (d)]。

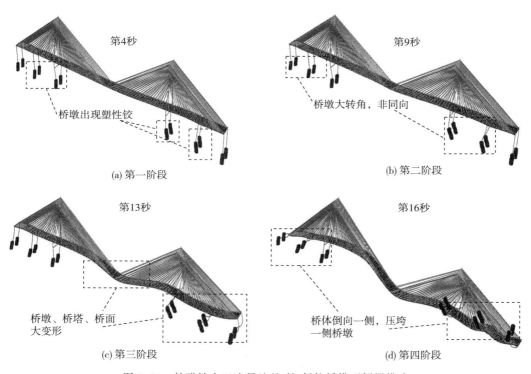

图 8.29　粘弹性人工边界地基-桩-斜拉桥模型倒塌模式

对比固定边界和粘弹性人工边界条件下斜拉桥体系的倒塌破坏过程可以看出,地基-桩-斜拉桥的破坏模式具有如下特点:①两种边界条件下桥体的倒塌方向一致,其原因在于两种模型的地震动输入相同,区别仅在于粘弹性人工边界条件下附加了弹簧力和阻尼力,而这两种力都是被动力,分别与地基的位移和速度方向相反,并不能改变地震动的整体走向,因此人工边界条件下桥体倒塌方向与固定边界模型一致;②地基变形差异较大,固定边界下地基各层土体的相对变形严重,从第一阶段开始,地基一直保持着较大的相对变形;与此不同的是,人工边界条件下,地基自始至终未发生如此大的相对变形,原因在于:粘弹性人工边界条件下,考虑了周围土体对地基的嵌固作用(地基周围均布弹簧和阻尼器),地基相对变形较小;③结构倒塌方式不同,具体表现为:固定边界条件下,桥体沿着桥面漂移方向倒向一侧,两侧桥墩和桥塔均被压垮;人工边界条件下,一侧桥墩和桥塔被压垮,另一侧桥墩桥塔并未倒塌,整个桥梁呈现一种半倒塌模式,其原因主要是:人工边界条件下,地基周围引入了弹簧和阻尼器,阻尼力消耗了地震输入的部分能量,对上部结构起到了一定程度的保护作用。

从以上两种边界条件下斜拉桥的倒塌过程不难看出,斜拉桥体系的薄弱环节均出现在桥墩与地基的接触部位,而倒塌过程也都是从桥墩与地基之间出现相对转角开始,随后由于地震输入能量的增加,致使桥墩与地基间的相对转角逐渐增大,从而最终导致斜拉桥倒塌。

8.5　地震诱发波浪力及其对斜拉桥地震反应的影响

8.5.1　地震诱发波浪力的基本介绍与程序

本章研究的斜拉桥桥墩属于小尺度构件,波浪力的计算可通过莫里森方程[14]实现,主要包括惯性力与速度力,计算公式表达如下:

$$F_w = F_i + F_v \qquad (8.9)$$

式中,F_w 是波浪力,F_i 和 F_v 分别为水产生的惯性力和速度力,可通过如下公式计算:

$$F_i = -F_{imax} \sin\omega t \qquad (8.10)$$

$$F_v = F_{vmax} \cos\omega t \, |\cos\omega t| \qquad (8.11)$$

$$F_{imax} = C_m \frac{\gamma \pi D^2 kH}{8} \frac{\cosh[k(z+d)]}{\cosh(kd)} \qquad (8.12)$$

$$F_{vmax} = C_d \frac{\gamma DkH^2}{4} \frac{\cosh^2[k(z+d)]}{\sinh(2kd)} \qquad (8.13)$$

式中,C_m 和 C_d 分别为惯性力与速度力系数,对于圆形截面构件分别取为 2.0 和 1.2[13];γ、H 和 d 分别表示水重度、浪高和净水深度;D 和 z 分别表示直径(圆柱体)和计算点的高度;k 为 2π 长度上的波数,对于不确定的随机波,可按下式计算:

$$k = \frac{2\pi}{L_m}, L_m \approx \frac{2}{3}\left(\frac{2g\pi}{\omega_m^2}\right) \qquad (8.14)$$

式中,ω_m 和 L_m 分别表示峰值频率和 ω_m 对应的波长,并具有统计性的平均意义。

随机波浪理论中波高具有统计意义,其计算公式也较多。本节采用应用最广的 P-M 谱,P-M 谱的波谱计算公式为[15]

$$S_H(\omega) = \frac{\alpha g^2}{\omega^5} \exp\left[-\beta\left(\frac{\omega_m}{\omega}\right)^4\right] \qquad (8.15)$$

式中,$S_H(\omega)$ 是波高谱,单位为 m²/(rad·s⁻¹);α 和 β 为无因次常数,分别为 8.1× 10⁻³ 和 0.74;g 为重力加速度;$\omega_m = 1.253/\sqrt{H_s}$,$H_s$ 是有效波高。通过上述 P-M 谱

的计算,即可得到不同频率所对应波的高度。

从以上公式可以看出,采用莫里森方程计算波浪力方便、快捷,但是幅值恒定不变,浪高 H 与频率无关,这与实际并不相符。相反,随机波浪理论的波高与频率不仅相关,而且能够体现波浪作用的卓越频段,这更符合实际情况。为此,本书结合这两种方法的优点,在确定卓越频率 ω_m 和频段 $[\omega_b, \omega_u]$ 的基础上,利用 P-M 谱计算与频率相关的波高 $H(\omega)$,并将莫里森方程中与频率无关的 H 替换为 $H(\omega)$,再依据震级 M 与浪高的关系(伴有地震发生的破坏性海啸,地震震级一般大于里氏 6.5 级[16])调整 $H(\omega_m)$,同时定义并引入式(8.17)中的峰值因子 λ_p 对 $H(\omega_m)$ 峰值化,最后计算得到波浪力时程。

$$H_s = \sqrt{S_H(\omega) \cdot \Delta\omega} \tag{8.16}$$

$$\lambda_p = \frac{H_{ep}}{H_s} \tag{8.17}$$

式中,$\Delta\omega$ 表示 $S_H(\omega)$ 对应的圆频率微段,H_{ep} 为最大高度的上限值。

由此,形成了不同于以往模拟波浪力时程的一种有效的新途径。从以上分析可以看出,该方法具有如下特点:①考虑了波高与频率关系;②能直接体现震级与波高关系;③可以对波高幅值峰值化。

这里需要说明的是,由于 $S_H(\omega)$ 谱自身具有统计归纳效应,因此该方法同样具有有效值意义,联合式(8.10)～(8.13)计算得到的波高为有效波高。

为方便应用,根据上述思路,采用 MATLAB 语言进行编程,并通过 Lcc 编译器生成可视化程序 WFS(TJU. Wave Force Simulation),如图 8.30 所示。图中,(a)为程序主界面,确定参数后选择"运行"按钮,可生成如图(b)、(c)和(d)所示结果,依次为浪高频谱、波浪作用力和面压的历程图。为了方便结果数据的处理,该程序还具有如下功能:运行后可以自动生成波浪作用力与面压时程的 excel 和 txt 数据文件,方便后续使用。

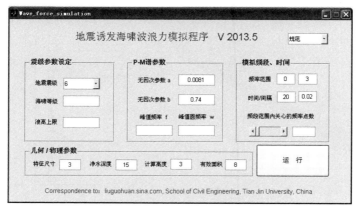

(a) 波浪作用模拟程序WFS主界面

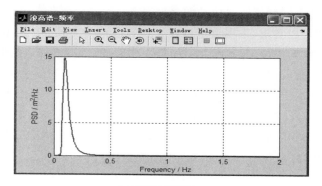

(b) 浪高的频谱图

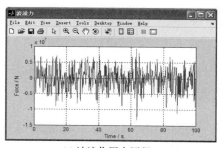

(c) 波浪作用力历程

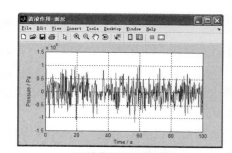

(d) 波浪作用面压历程

图 8.30　波浪作用模拟程序

　　本节利用开发的波浪力可视化程序 WFS,讨论波浪力作用及其频谱特性。由于作用在桩柱结构物上的波浪力自上而下逐渐减小,为表征该特性,将波浪力自上而下分为 6 部分($P_1 \sim P_6$),如图 8.31 所示。采用开发的程序 WFS 分别进行波浪力时程模拟,计算水深 23m,相关计算参数以前述桥梁模型为准。

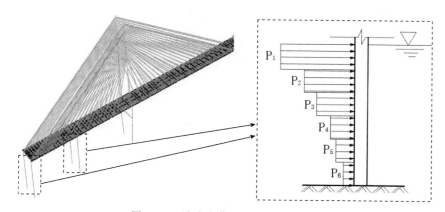

图 8.31　波浪力作用及分布示意图

从模拟结果可以看出:波浪属宽频荷载,但能量多集中于低频部分,易引起结构低阶振型的振动。对于 8 级地震且波高 0.5m 的波浪荷载进行模拟,该情形下作用在桥墩上最大波浪面压 P_1 时程曲线及相应的频谱图分别如图 8.32 和图 8.33 所示,其余面压($P_2 \sim P_6$)时程与频谱规律与面压 P_1 类似,各波浪面压均方根值如表 8.6 所示。

表 8.6　波浪力均方根值/Pa

荷载	P_1	P_2	P_3	P_4	P_5	P_6
均方根值	56868.6	5489.6	515.5	46.4	4.8	0.4

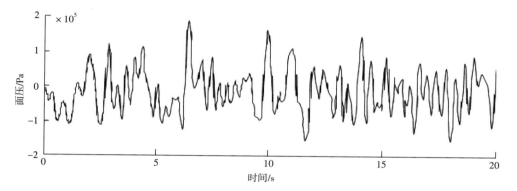

图 8.32　P_1 波浪力面压时程

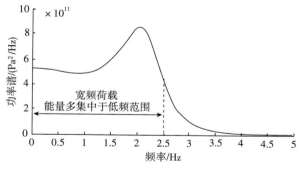

图 8.33　P_1 波浪压力频谱

8.5.2　小震与波浪力激励下斜拉桥反应与理论分析

本节比较小震与波浪力激励下斜拉桥的弹塑性反应,选取观测点位置与 8.4.1 节相同,地震动峰值加速度考虑 0.1g 和 0.2g 两种情况。图 8.34(0.1g)和图 8.35(0.2g)分别给出了考虑地震诱发波浪力与不考虑地震诱发波浪力两种情形下,斜拉桥观测点处的位移时程。从图中可以看到,小震作用下,波浪力的影响不容忽视。考虑波浪力时,观测点的位移峰值比不考虑波浪力时增大约一倍。由此可见,小震作用下,波浪力对斜拉桥的位移贡献起主要作用。对于斜拉桥而言,小震诱发的波浪力属于宽频荷载,并且荷载能量多集中于低频部分,故更易引起低频长周期大跨桥梁结构的振动。而与之相反的是,地震作用相对桥梁结构而言属于高频荷载,其卓越频率与桥梁低阶纵向频率(1 阶 0.296Hz,2 阶 0.433Hz)相距甚远。根据结构动力学理论:高频(地震卓越频率相对于该桥梁纵向频率)作用对低频结构的影响基本等同于静力作用。因此,单独地震作用下,大跨斜拉桥结构的动力响应略小一些。

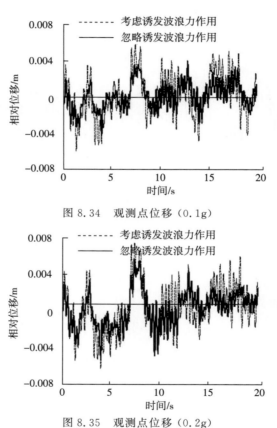

图 8.34　观测点位移（0.1g）

图 8.35　观测点位移（0.2g）

　　而且,从图中也可以看出,斜拉桥结构观测点位移时程曲线形状的整体走向主要由地震力决定。但是,在考虑波浪力后,观测点的位移时程曲线沿原曲线"抖动"比较明显,使观测点位移幅值增大。其原因在于:考虑地震诱发波浪力时,从桥墩输入斜拉桥结构的能量更多,并且在小震作用下,地震力与波浪力在量级上相差不大。当波浪力与地震作用方向相同时,观测点位移幅值大幅增加,波浪力与地震作用方向相反时,观测点位移大幅减小,而地震诱发的波浪力与地震作用是否同向有相当大的随机性。因此,考虑波浪力时,观测点位移时程曲线抖动明显。同时,随着地震动峰值的增加,观测点整体位移曲线形状基本不变,仅仅峰值反应增大。小震作用下,波浪力对观测点位移反应贡献较大,此时位移峰值主要由波浪力决定。因此,考虑波浪力时,观测点的位移峰值并未随地震动峰值增加而明显增大。

8.5.3 大震与波浪力激励下斜拉桥反应与理论分析

选取与上节相同的观测点,对大震和超大震情况下,波浪力对大跨斜拉桥结构弹塑性反应的影响进行分析。图 8.36 给出了地震峰值加速度分别为 0.3g~0.6g 时,考虑与忽略波浪力工况下,斜拉桥结构观测点的位移时程曲线。

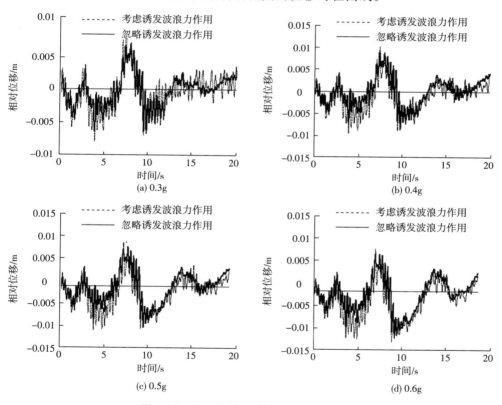

图 8.36　大震作用下桥梁观测点位移比较

从图中可以看出,大震情况下,波浪力对斜拉桥结构位移反应的贡献明显下降,并且随着地震峰值加速度的增加,波浪力对位移的影响也逐渐减弱。当地震峰值加速度达到 0.6g 时,波浪力已经完全不能改变观测点位移的整体走向。同时可以看出,考虑波浪力时,斜拉桥结构观测点位移曲线仅是围绕着忽略波浪力的观测点位移曲线做小幅摆动。但是,从总体上看,波浪力对斜拉桥结构位移反应影响的贡献不容忽视,考虑波浪力不仅增大了斜拉桥结构观测点的位移反应,而且使输入结构的能量大幅增加。同时,考虑地震诱发波浪力时,斜拉桥结构观测点位移时程曲线"抖动"比较明显,而且幅值与频率均较大,容易引起斜拉桥结构的疲劳破坏,这对于构成桥墩的脆性混凝土材料而言,有时可能是致命的。因此,对有波浪作用的结构物进行地震反应分析时,有必要考虑地震可能诱发波浪力作用的这种不利情况。

　　下面,通过对比不同地震峰值加速度下桥墩底部的最大内力,进一步考查波浪力对斜拉桥结构内力影响的敏感性,这里选取桥墩底部单元为观测点,如图 8.37 所示。

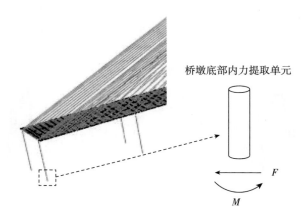

图 8.37　桥墩底部单元提取示意图

　　不同地震加速度峰值情况下,桥墩底部观测点的最大剪力和弯矩如图 8.38 所示。从图中可以看出,考虑波浪力时,桥墩底部最大剪力和弯矩均大于单独地震作用

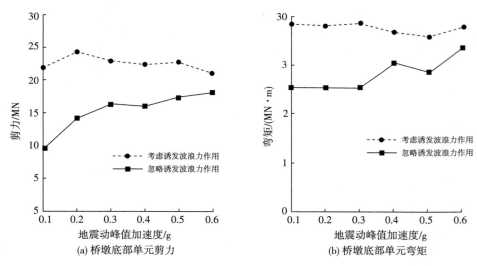

(a) 桥墩底部单元剪力　　　　　　　　(b) 桥墩底部单元弯矩

图 8.38　桥墩基底剪力与弯矩对比

下的剪力和弯矩,并且地震加速度峰值越小,波浪力引起的桥墩观测点的剪力权重越大,上述现象也就越为突出。其原因在于:随着地震持续时间的增加,地震加速度峰值不断增大,从而地震对结构的影响也不断增大。但是,随着地震动峰值的增大,地震引起的波浪力并不发生显著增加。因此,波浪荷载对结构物的影响也就相对减小。由此可见,大跨斜拉桥结构在地震峰值较小的情况下,波浪力作用所引起的观测点的内力变化相对更为明显,而在地震动峰值较大的情况下,地震作用是引起斜拉桥弹塑性反应的主要因素,但此时波浪力对斜拉桥的作用相对则比较弱。

8.6　本 章 小 结

本章通过开发的系列程序构建了大跨斜拉桥结构模型,并对考虑地基土及桩-土耦合效应的大跨斜拉桥结构地震弹塑性问题进行了讨论,分析了地震诱发波浪和海啸及对大跨斜拉桥结构反应的影响,主要结论如下:

(1)进一步检验了开发的接口程序 SAP2ABAQUS 转化模型的实用性和准确性,实现了 SAP2000 与 ABAQUS 间的实体模型转换,并将该技术应用于实际工程。同时与开发的地表多点地震动 MEGMS 与地下多点地震动 MEUMS 程序相结合,大大提高了直接在 ABAQUS 中分析复杂模型的效率。

(2)指出了地表多点地震动输入下,是否考虑边界条件对地基-桩-大跨斜拉桥结构弹塑性发展过程和倒塌模式的影响不同。与单独斜拉桥结构相比,考虑地基土时,大跨斜拉桥结构自振频率减小,模态频率更加密集,地震反应也更为强烈。由此说明,对于此类大跨斜拉桥结构的地震分析,有必要考虑地基边界条件的影响。

(3)针对 ABAQUS 提出了一种更加实用的粘弹性人工边界模型地震输入的高效加载方法。地下多点地震动输入下,粘弹性人工边条件与固定边界条件对地基-桩-大跨斜拉桥结构地震弹塑性反应和倒塌模式的影响不同。与固定边界条件相比,粘弹性人工边界条件模型中考虑了周围土体对地基的作用,消耗了输入结构的部分能量,地基相对变形较小,从而对斜拉桥上部结构起到了一定程度的保护作用。

(4)小震下波浪力对斜拉桥的反应贡献起主要作用,其主要原因为:对于斜拉桥而言,小震诱发的波浪力属于宽频荷载,低频能量大,易引起低频斜拉桥结构的振动;而地震作用对与于低频长周期大跨斜拉桥结构而言,属于高频荷载,所以引起的结构反应较小。考虑地震诱发波浪力时,斜拉桥结构观测点位移时程曲线"抖动"比较明显,易引起结构的疲劳破坏,建议对有波浪作用的结构物进行地震反应分析时,要考虑地震可能诱发波浪力作用的不利情况。

参 考 文 献

[1] Kahan M，Gibert R. Influence of seismic waves spatial variability on bridges：a sensitivity analysis [J]. Earthquake Engineering and Structural Dynamics，1996，25(8)：795-814.

[2] 柳国环，练继建，国巍. 结构动力弹塑性与倒塌分析（Ⅰ）：滞回曲线改进、ABAQUS 子程序开发与验证[J]. 地震研究，2014，37(1)：123-131.

[3] 柳国环，练继建，国巍. 结构动力弹塑性与倒塌分析（Ⅱ）：SAP2ABAQUS 接口技术、开发与验证[J]. 地震研究，2014，37(1)：132-140.

[4] 柳国环，练继建，孙雪艳，等. 结构动力弹塑性与倒塌分析（Ⅲ）：地震差动作用下输电塔-线体系的弹塑性与倒塌分析[J]. 地震研究，2014，37(1)：141-150.

[5] 柳国环，陆新征，国巍，等. 考虑地震动多点激励与材料应变率效应的主跨 300m 级独塔斜拉桥弹塑性分析[J]. 计算力学学报，2014，31(4)：486-494.

[6] 柳国环，李宏男，林海. 结构地震响应计算模型的比较与分析[J]. 工程力学，2009，26(2)：10-15.

[7] 柳国环，李宏男，国巍. 求解结构地震响应位移输入模型存在的问题及其 AMCE 实效对策[J]. 计算力学学报，2009，26(6)：862-869.

[8] 柳国环，李宏男，国巍，等. 求解结构地震响应位移输入模型中存在问题的一种新解决方法[J]. 工程力学，2010，27(9)：55-62.

[9] 柳国环，练继建，燕翔，刘伟. 地基差动下考虑边界-地基作用的大跨斜拉桥弹塑性分析与破坏特征[J]. 土木工程与管理学报，2016.33(1)：25-31.

[10] 刘晶波，谷音，杜义欣. 一致粘弹性人工边界及粘弹性边界单元[J]. 岩土工程学报，2006，28(9)：1070-1075.

[11] Clough R W，Penzien J. Dynamics of structure [M]. （2nd edition) New York：McGraw-Hill In，1993.

[12] Hao H，Oliveira C S，Penzien J. Multiple-station ground motion processing and simulation based on smart-1 array data [J]. Nuclear Engineering and Design，1989，111(3)：293-310.

[13] JTJ 213-98. 海港水文规范[S]. 北京：人民交通出版社，1998.

[14] 李玉成，滕斌. 波浪对海上建筑物的作用[M]. 北京：海洋出版社，1993.

[15] 竺艳蓉，谢峻龚，佩华. 各种波浪谱在海洋工程中适用性的研究[J]. 海洋学报，1995，17(6)：126-131.

[16] 何永金. 地震与海啸关系探讨[J]. 水文地址工程地址，2005，43(2)：82-84.

第9章 大跨越输电塔-线体系地震动力弹塑性与薄弱环节

9.1 引　　言

为进一步考察所开发程序的可靠性与适用性,本章将第 2 章开发的 ABAQUS 子程序 TJU.Plastic-E/S 和第 3 章开发的 TJU.SAP2ABAQUS 接口程序两部分内容结合起来,应用于浙江舟山大跨越输电塔工程分析,分别对其进行地震一致和多点激励下的动力弹塑性反应和倒塌分析[1-3]。

以往对输电塔-线体系地震反应的研究大多限于弹性分析,主要的关注点也大多围绕在内力、位移和加速度等反应上,尚未充分涉及到多点输入对结构体系破坏环节和倒塌模式的影响,尤其对大震和特大震作用下的情形关心甚少。本章除了重点从工程实际角度进一步检验第 2 章和第 3 章所开发程序的现实性和可靠性外,同时分析该结构体系在超大震和多点地震动激励下的抗震薄弱环节、弹塑性反应和倒塌模式。主要包括以下内容:

(1) 利用本书第 3 章开发的 TJU.SAP2ABAQUS 接口程序对该实际输电塔工程进行模型转化,对转化前、后模型中的构件细节与模态结果进行对比,旨在从实际工程层面进一步检验 TJU.SAP2ABAQUS 接口程序的转化精度。

(2) 采用本书第 2 章所开发的子程序 TJU.Plastic-E/S 链接到 ABAQUS 主程序,计算输电塔-线结构体系的反应,旨在为工程实际提供有效依据,并从实际工程层面进一步检验所开发子程序的现实可靠性。

(3) 给出了通过施加相对长周期低频动力荷载方式实现静力加载效果的方法,该方法理论严格合理、现实可行,克服了 ABAQUS 分析中 General/static 的重力加载方式与 Explicit/dynamic 分析工况不续接的问题。

(4) 从模态分析与结构反应两方面考察边界条件对输电塔-线结构体系动力特性的影响,尤其是对输电塔-线结构体系薄弱环节和倒塌模式的影响,旨在根据计算分析结果得到可用于指导工程设计的有益建议。

(5) 对比分析地震动输入模式(一致与多点激励)对输电塔-线结构体系动力反应的影响,尤其是对结构体系薄弱环节、影响区域以及倒塌模式的影响,进而强调此类大跨输电塔-线结构体系的倒塌模式对多点地震动输入敏感。

9.2　ABAQUS 显式计算条件下重力加载方式与理论依据

9.2.1　加载方式与依据

　　ABAQUS 中的隐式计算方法在每一个计算步中都需要求解耦联的方程组,而且要进行刚度矩阵的求逆运算,计算工作量大,但积分步长可以取得较大。为了控制误差,对于非线性问题需要进行迭代求解,因而就涉及分析的收敛问题。但是,对于几何大变形、弹塑性甚至倒塌等动力分析而言,这种情况下的计算结果往往难于收敛甚至不收敛。同时,隐式算法随着计算规模的增加计算量呈超线性增长,而与之对应的显式算法则是随着计算规模的增加计算量呈线性增长。因此,从计算所用时间成本的角度上看,显式算法更有优势。而且,与隐式算法相比,显示算法由于不存在大量的迭代步,对磁盘内存的需求也较少。ABAQUS 中的显式算法适用于求解复杂的动力学非线性问题,并且提供了允许失效的材料模型,更适于模拟地震作用下结构的倒塌和破坏问题。但是,尽管显式计算方法不存在收敛问题,可是为了获得足够的计算精度,计算时需要将积分步长 Δt 设置成足够小,以满足如式(9.1)所示的条件。但是,足够小的积分步长需要计算机具有足够强的计算能力。考虑到数值计算不收敛在某种意义上来说就等于徒劳无益,因此在对输电塔-线体系进行动力弹塑性和倒塌分析时,建议用足够快的计算机并通过设置足够小积分步长的显式方法进行计算。

$$\Delta t \leqslant L_{\min}\left[\frac{\rho/E}{v/(1+v)(1-2v)+1/(1+v)}\right]^{0.5} \qquad (9.1)$$

式中,$L_{\min}$、ρ、E 和 ν 分别表示结构体系中最小构件的尺寸、材料密度、弹性模量和泊松比。ABAQUS 显式分析中,如果 $L_{\min}$ 过小,即出现过小的单元(特别是小而粗的梁单元)时,整个模型的计算耗时就会大大增加。

　　不同于其他的结构形式,本章所研究的输电塔-线结构中有将近 3000m 长的超长悬链线索,而索的刚度与其当前的形状和受力有关,或者说具有刚度时变性,这就需要通过事先找形和施加重力使其具有初始刚度。在 ABAQUS 软件中,当前没有Explicit/Static 计算方法,因而无法通过显式方法进行重力初始找形。若直接采用隐式的 General/Static 方法进行找形,则无法续接 Explicit/Dynamic 方法进行地震反应分析,这是与模态分析不同的地方。为了解决这一问题,可以变换一种思路,即采用 Explicit/Dynamic 方来法间接实现重力作用下的静力效果。理论上,采用动力分析法来实现静力效果有两种思路:

　　(1)增加结构体系的阻尼至足够大。采用该方法时,虽然对当前计算步的重力加载没有影响,但是会影响结构的阻尼参数,从而导致后续模型的动力分析和计算结果失真。

（2）加载周期设置成足够长。采用该方法时,需要将重力加载时间设置成足够长,其理论根据是:长周期(低频)动力荷载对短周期(高频)结构的作用效应等同于静力效果。也可以从另外一个角度理解,即促使加载幅值对反应限于静力贡献,而避开荷载频率与结构发生共振产生的动力效果。

9.2.2　加载步长与结果验证

本节从计算精度的角度,依据上述思路选择合适的积分步长和加载周期,对通过施加相对长周期(低频)动力荷载的方法,实现静力加载效果的有效性给出验证。

根据式(9.1)计算得到的显式计算步长应满足 $\Delta t \leqslant 1.71 \times 10^{-5}$,这里取为 $\Delta t = 1.0 \times 10^{-5}$。重力加载时间定义为 $T = 10\mathrm{s}$,与之对应的隐式算法重力加载时间定义为 $T = 1\mathrm{s}$,将 Explicit/dynamic 与 Standard/static 分析结果的应力图和变形图进行比较,以检验分析结果的可靠性。

图 9.1 给出了 Explicit/dynamic 与 Standard/static 两种不同算法得到的 Von Mises 等效应力分布云图。从两个模型的对比图中可以看出,导线处的应力大小和分布情况相近。在局部放大图中可以看到,无论是导线还是塔身,应力大小和分布情况都有高度的一致性。

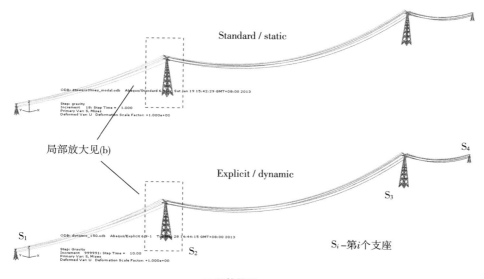

(a) 整体模型

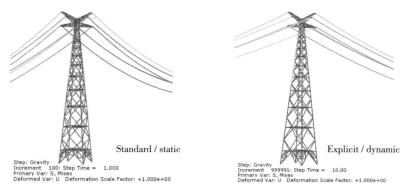

(b) 局部放大图

图 9.1　Mises 应力对比图(后附彩图)

图 9.2 给出了 Explicit/dynamic 与 General/static 两种算法得到的输电塔-线结构模型的竖向变形对比情况。从图中可以看出:两种算法得到的输电塔-线模型变形情况具有很好的一致性。由此说明,显式算法中所选的积分步长 $\Delta t=1.0\times10^{-5}$ 合理,所选的加载时间 $T=10\mathrm{s}$ 合适,计算结果的精度也足够高,从而验证了通过 Explicit/dynamic 方法实现 General/static 分析效果的可行性与可靠性。

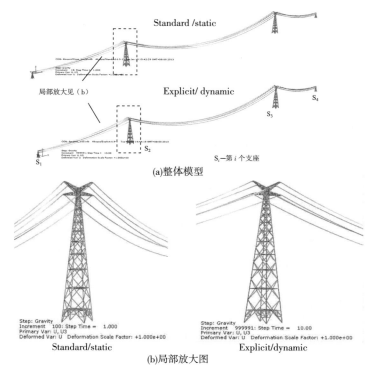

图 9.2　竖向变形对比图(后附彩图)

9.3　工程简介与有限元模型

9.3.1　工程概述

　　浙江舟山大跨越输电塔工程主要由两个主塔、两个边塔和塔间连接导线组成,为四塔三跨线结构体系,于 2010 年 6 月 9 日全线贯通,最终效果如图 9.3 所示。该工程是保证舟山地区正常用电的枢纽工程,创造了多项世界之最:主塔高 375m,为全球输电铁塔第一高;最大档距为 2756m,导线(索)长 2900m,为亚洲第一跨;高塔重达 5999 吨,为世界铁塔第一重;大跨越耐张段长度 6215 米,为世界之最。两座主塔分别坐落于大猫山和凉帽山,边塔与主塔间通过悬链线型导线索连接。该输电塔是由大陆向舟山地区输送电的主要载体,线路最大输送能力为 60 万千瓦,相当于此前海底电缆输送容量的 6 倍,也是此前舟山总装机容量的 2 倍多,是保障舟山正常用电的枢纽。同时,线路还可以升压为 500 千伏超高压线路,输送电能力还有可能进一步扩大。因此,输电塔结构在地震作用下的安全运行,是正常发挥其输送电功能的重要保障。

图 9.3　舟山大跨越输电塔工程

9.3.2　钢管混凝土主材与 3000m 级悬链线索

　　钢管中灌注混凝土形成钢管混凝土构件,钢管约束了混凝土,可延缓其受压时的纵向开裂,而混凝土也可以防止钢管过早地发生局部屈曲。两种材料相互弥补了彼此的弱点,可以充分发挥各自的长处,从而使钢管混凝土构件具有很高的承载能力。

从大量的试验情况来看,钢管混凝土构件的承载能力都高于钢管和核心混凝土各自承载力之和。输电塔中采用钢管混凝土构件最早由瑞士莫托-哥伦布(Motor-Con-lumabos)公司提出。1955 年,日本关西电力公司首次引进采用,并称其为 MC 铁塔。目前,日本有专门的 MC 铁塔设计所,可见其应用之广泛。

　　舟山大跨越输电塔工程中竖向构件多采用钢管混凝土,主柱则全部采用钢管混凝土构件,最大外径达到 2m。图 9.4 是建立的该输电塔-线体系的 SAP2000 有限元模型,其中圆钢管、角钢、钢管混凝土构件均采用框架单元模拟,3000m 级导线用索单元模拟,整个模型包含 3332 个框架单元与 1800 个索单元。模型中,圆钢管的钢材型号主要为 Q345,钢材的材料强度、弹性模量等信息均与《钢结构设计规范》(GB50017-2003)中相同,大部分竖向构件为钢管混凝土,其中的混凝土采用 C50,混凝土的材料强度、弹性模量等信息与《混凝土结构设计规范》(GB50010-2010)相同,

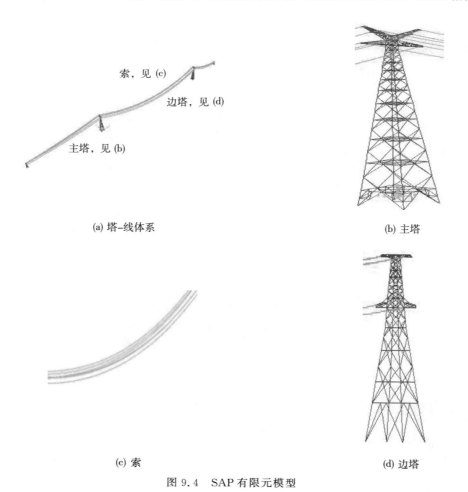

(a) 塔–线体系

(b) 主塔

(c) 索

(d) 边塔

图 9.4　SAP 有限元模型

索(导线与地线)的密度分别为 $1231kg/m^3$ 和 $5607kg/m^3$。采用本书第 3 章开发的接口程序 TJU.SAP2ABAQUS 将 SAP 模型转化,得到相应的 ABAQUS 有限元模型,如图 9.5 所示。对比图 9.4 和图 9.5 可以看出:不论是整体还是局部,转化前、后模型的各部分均具有很好的一致性。

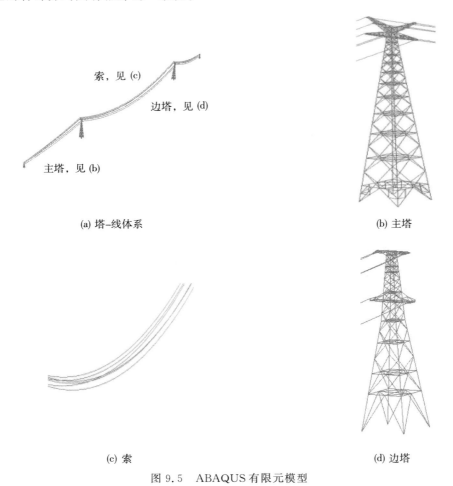

(a) 塔–线体系

(b) 主塔

(c) 索

(d) 边塔

图 9.5　ABAQUS 有限元模型

9.3.3　多点地震动模拟、验证以及输入

　　本章中所分析的输电塔-线体系中各塔之间距离较大,应考虑采用多点地震动作为输入。这里,利用所开发的 MEGMS 程序生成地表多点地震动,程序界面如图 9.6 所示。

　　本节采用基于地表谱的多点地震动理论模拟多点地震动,建立如式(9.2)所示功率谱矩阵和拟合反应谱时,涉及如下三个模型:

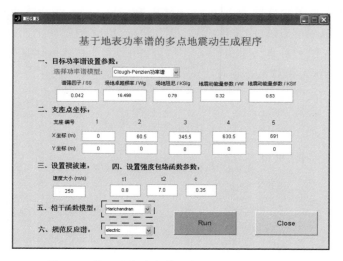

图 9.6　基于地表功率谱的多点地震动生成程序

（1）地表规范反应谱，可直接依照《电力设施抗震设计规范》（GB50260-2013）[4]选取。

（2）地表目标功率谱，如式（9.3）所示[5]。

（3）地表相干函数，为式（9.4）中 $\gamma_{ij}(\omega,d)$。

$$S(\omega)=\begin{bmatrix} S_{11}(\omega) & \cdots & S_{1j}(\omega) & \cdots & S_{1n}(\omega) \\ \vdots & \cdots & \vdots & \vdots & \vdots \\ S_{i1}(\omega) & \cdots & S_{ii}(\omega) & \cdots & S_{in}(\omega) \\ \vdots & \vdots & \vdots & \ddots & \vdots \\ S_{n1}(\omega) & \cdots & S_{nj}(\omega) & \cdots & S_{nn}(\omega) \end{bmatrix} \tag{9.2}$$

式中，对角线元素是自谱，其值为实数，其物理意义为同样位置信号完全相关；非对角线元素是互谱，其值为虚数，体现的物理意义是不同位置信号之间幅值与相位不完全相关。

$$S_{ii}(\omega)=S_0\left[\frac{\omega_g^4+4\zeta_g^2\omega_g^2\omega^2}{(\omega_g^2-\omega^2)^2+4\zeta_g^2\omega_g^2\omega^2}\cdot\frac{\omega^4}{(\omega_f^2-\omega^2)^2+4\zeta_f^2\omega_f^2\omega^2}\right],1\leqslant i\leqslant n \tag{9.3}$$

式中，S_0 为谱强度因子；ω_g 和 ζ_g 分别为场地的卓越频率和阻尼比；ω 为圆频率；ω_f 和 ζ_f 分别为模拟地震动低频分量能量变化的参数。以上参数与场地类别、常/罕遇地震及设防等级有关，考虑到工程所在地的具体情况，这里各参数的取值分别为 $S_0=0.042$，$\zeta_g=0.79$，$\omega_g=16.498$，$\omega_f=0.32$，$\zeta_f=0.63$。

$$S_{ij}(\omega)=\gamma_{ij}(\omega,d)\cdot\sqrt{S_{ii}(\omega)S_{jj}(\omega)},1\leqslant i\neq j\leqslant n \tag{9.4}$$

式中，$\gamma_{ij}(\omega,d)$ 为相干函数，是关于频率和不同位置之间距离的函数，其物理意义是不同两点之间的相干性。

在自谱（目标功率谱）确定的条件下，互谱的计算则取决于相干函数。相干函数描述了不同频谱的两点地震动之间的相干性,不同场地特征、土质条件的地震动相干函数不同。因此,相干函数选择合理与否将直接影响多点地震动的模拟结果。在众多相干函数的模型中,Hao 模型[6]具有较大影响力,但文献[7]指出:Hao 模型在低频段衰减较快,与真实记录的地震动相干性有所差异。在本章中,一维多点地震动的模拟,采用的是如式(9.5)所示的 Haricharidran-Vanmarcke 模型[8],之所以采用该模型主要是考虑两点:①此模型能够体现多点地震动在低频段的相干性比较平缓、衰减较慢(即在低频段有较小"平台段")的特点[7],而这一点符合多点地震动实测记录之间的客观相关特性;②此模型具有的低频段特性,对于大跨长周期(低频)结构的影响更为显著。

$$|\gamma(\zeta,\omega)| = A\exp\left[-\frac{2B|\zeta|}{av(\omega)}\right] + (1-A)\exp\left[-\frac{2B|\zeta|}{v(\omega)}\right] \tag{9.5}$$

其中,

$$v(\omega) = k\left[1+\left(\frac{\omega}{2\pi f_0}\right)^b\right]^{-0.5}, B = 1-A+aA \tag{9.6}$$

式中,A、a 和 k 均为模型参数,这里取为 $A=0.736$、$a=0.147$ 和 $k=5210$[8],$v(\omega)$ 体现了相干性与频率的关系。

非平稳多点地震动可用生成的平稳地震动乘以时间包络函数来表达,即

$$g_j(t) = f_j(t) \cdot \xi(t) \tag{9.7}$$

其中,时间包络函数用下式表示

$$\xi(t) = \begin{cases} (t/t_1)^2 & t < t_1 \\ 1 & t_1 \leq t \leq t_2 \\ \exp[-c(t-t_2)] & t > t_2 \end{cases} \tag{9.8}$$

式中,t_1、t_2 分别为主震平稳段的首、末时间,c 为衰减系数。考虑到地震动的非平稳强度特性,式(9.8)中三段式时间包络函数各参数取值[9]分别为 $t_1=0.8\text{s}$、$t_2=7.0\text{s}$、$c=0.35$。

塔-线体系支座处的多点地震动位移时程曲线模拟结果如图 9.7 所示。为了检验多点地震动的模拟结果,这里给出了两个主塔支座位置的地震加速度时程、地震动功率谱与目标功率谱拟合、相干函数验证以及规范反应谱的拟合曲线,如图 9.8 所

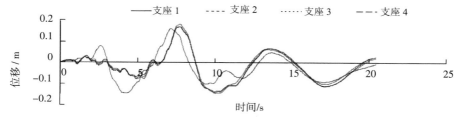

图 9.7　支座处多点地震动位移时程

示。从图中可以看出,模拟生成的主塔支座位置地震动的功率谱、反应谱和空间相干性的结果均比较理想。

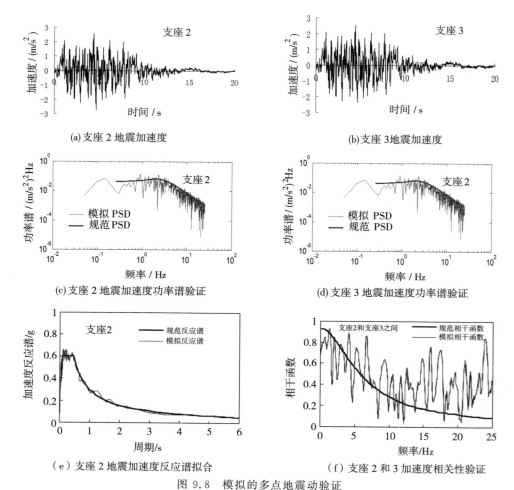

(a)支座 2 地震加速度   (b)支座 3地震加速度

(c)支座 2 地震加速度功率谱验证   (d)支座 3 地震加速度功率谱验证

(e)支座 2 地震加速度反应谱拟合   (f)支座 2 和 3 加速度相关性验证

图 9.8 模拟的多点地震动验证

9.4 输电塔-线体系模态分析、现象分析与理论解释

9.4.1 重力加载施加初始刚度与模态计算

为检验转化前、后模型的一致性,分别对转化前、后的输电塔-线有限元模型进行模态分析。图 9.9 和图 9.10 分别给出了 SAP 与 ABAQUS 两种软件的模态分析结果。

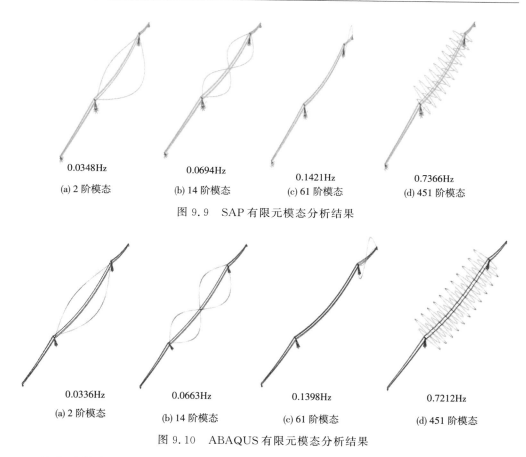

0.0348Hz　　　　0.0694Hz　　　　0.1421Hz　　　　0.7366Hz

(a) 2 阶模态　　(b) 14 阶模态　　(c) 61 阶模态　　(d) 451 阶模态

图 9.9　SAP 有限元模态分析结果

0.0336Hz　　　　0.0663Hz　　　　0.1398Hz　　　　0.7212Hz

(a) 2 阶模态　　(b) 14 阶模态　　(c) 61 阶模态　　(d) 451 阶模态

图 9.10　ABAQUS 有限元模态分析结果

从各阶模态的变形与计算结果可以看出：第 2,14,61 和 451 阶振型形状不仅形似,而且对应的各阶自振频率结果也相近,相对误差分别为：3.39%,4.42%,1.63% 和 2.09%。通过以上模态对比分析,表明转换后的模型具有令人满意的精度,转换前、后两个模型的各阶振型相似、频率相近,而且较高阶自振频率都具有相当的一致性,由此进一步验证了 SAP 模型通过 SAP2ABAQUS 接口程序转化为 ABAQUS 模型的准确性。

综上所述,本节从该实际工程角度进一步验证了本书第 3 章中开发的 SAP2ABAQUS 接口程序的现实性、有效性和可信性。

9.4.2　模态的规律性分析与特征

数值分析结果与有限元模型选取直接相关,不考虑 3000 米级导线的模型可能无法真实反应输电塔-线结构体系在实际地震中的表现,计算结果的可靠性也有待商榷。本节针对这一实际工程,对不同边界条件下的主塔(单塔、1 塔 2 跨线、2 塔 1 跨线和 4 塔 3 跨线)进行模态分析,旨在考察不同边界的主塔频率大小,以及振型形状(包括方向)的区别,计算结果如表 9.1 和图 9.11 所示。

表 9.1   不同模型模态计算结果对比

分析工况	单塔	1 塔 2 跨线	2 塔 1 跨线	4 塔 3 跨线
主塔振动 1 阶频率/Hz	0.258	0.227	0.251	0.198
与 4 塔 3 跨线相比	30.3%	14.6%	26.8%	—
振型形状	平行于横担	平行于横担	与横担成 40 度角	平行于横担

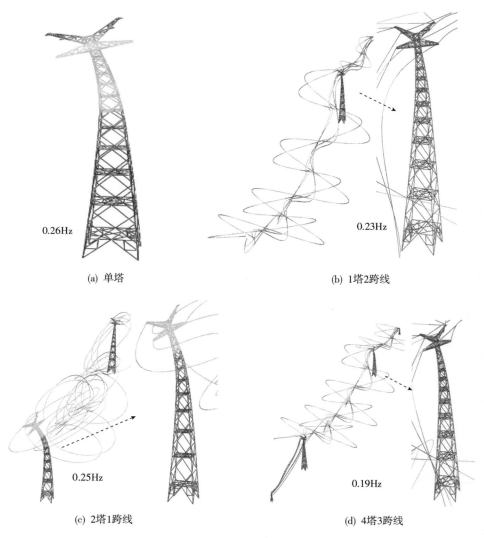

(a) 单塔

(b) 1塔2跨线

(c) 2塔1跨线

(d) 4塔3跨线

图 9.11   不同有限元模型的一阶模态

从表中可以看出,与 4 塔 3 线模型主塔一阶振型计算结果相比,其他模型主塔的一阶自振频率最小相差 14.6%,最大相差 30.3%。从图中可以看出,不同边界条件对主塔振型的形状确有较大影响,尤其对塔头位置振型形状的影响尤为明显。由此可见,输电导线的存在使塔的周期增大,自振频率减小,这说明输电塔-线结构体系中导线的作用不容忽视,不考虑导线作用的模型无法反应输电塔-线结构体系的真实情况。

9.4.3　模态计算结果的理论解释

结合图表和常识分析,可以得到如下 3 点结论:

(1)与 4 塔 3 线模型主塔一阶振型计算结果相比,其他模型主塔的一阶自振频率最小相差 14.6%,最大相差 30.3%。同时,不同的边界条件还可能影响主塔的振型方向,如 2 塔 1 跨线模型,主塔的振型方向为与横担成 40 度角,这与其他边界条件下的主塔振型(平行于横担)方向不同,说明如此大跨度的导线,其质量、刚度等因素对主塔的影响不容忽视。

(2)悬链线索作为输电塔之间唯一的连接,在不均匀地面地震动输入的情况下,会导致主塔和边塔运动不一致,由此将会对相邻塔的地震反应产生影响,这属于客观事实。

(3)目前,文献中所记载的输电塔-线结构在地震动多点激励下的研究基本局限于弹性材料的范围,主要的关注点也大多围绕在内力、位移和加速度反应等上面,尚未充分涉及多点输入对结构体系破坏环节和倒塌模式的影响,尤其对大震和特大震作用下的情形关心甚少。对于这部分内容的研究,需要从整个输电塔-线结构体系出发,充分考虑由导线连接的主塔与边塔之间的相互作用以及导线振动对塔头的牵制作用,否则仅仅以单个塔体为研究对象难以将各种因素考虑全面,甚至会导致对输电塔线结构倒塌机制产生错误的认识。

综合以上分析,以下将以具有几何非线性和刚度硬化时变性的输电塔-线结构体系为对象,对其在地震作用下的反应与薄弱环节进行讨论。

9.5　一致与多点超大震作用下输电塔-线体系地震反应与薄弱环节

当前,执行的《电力设施抗震设计规范》(GB50260-2013)[4]仅给出了电力设施抗震设计基本加速度,如烈度为 9 度时峰值地震加速度(Peak Ground Acceleration,简称 PGA)为 0.4g。同样,目前所执行的《建筑抗震设计规范》(GB50011-2010)[10]也仅给出了不同设防烈度的常遇和罕遇地震加速度峰值,如规范中给出的最大加速度峰值为 0.62g(9 度罕遇)。然而,近年来发生的几次地震(例如:汶川地震、日本东海岸地震），实际地震动加速度峰值均大于以上规范中的数值，有时甚至是倍数级的。同时，考虑到本章研究的输电塔-线体系属于超大跨、超高的重要生命线工程，是保障舟山正常用电的枢纽。因此，本节对该输电塔-线体系进行了超大震作用下的反应分析，以了解该其在极端荷载作用下的薄弱环节和倒塌性能。分析时，分别考虑地震一致输入和多点输入两种情况，研究了地震动输入模式对输电塔-线结构体系倒塌过程的影响。

9.5.1　一致地震作用下动力反应分析

本节分析工况按地震一致输入考虑，地震动的峰值加速度考虑三种情形，即 PGA 分别为 1.5g，3.0g 和 6.0g。结构主塔的倒塌破坏过程分别如图 9.12～图 9.14 所示。

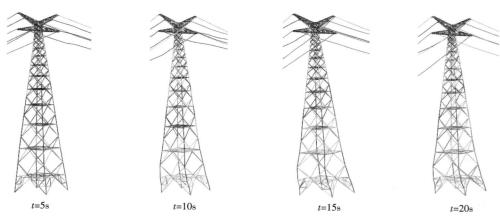

$t=5\mathrm{s}$　　　　$t=10\mathrm{s}$　　　　$t=15\mathrm{s}$　　　　$t=20\mathrm{s}$

图 9.12　一致输入下结构体系中主塔的地震反应（PGA＝1.5g）

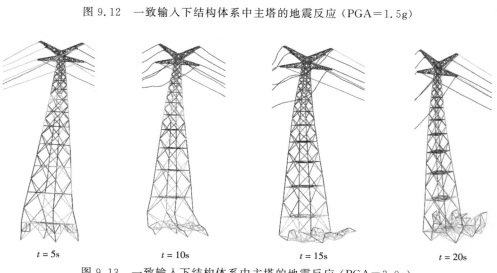

$t=5\mathrm{s}$　　　　$t=10\mathrm{s}$　　　　$t=15\mathrm{s}$　　　　$t=20\mathrm{s}$

图 9.13　一致输入下结构体系中主塔的地震反应（PGA＝3.0g）

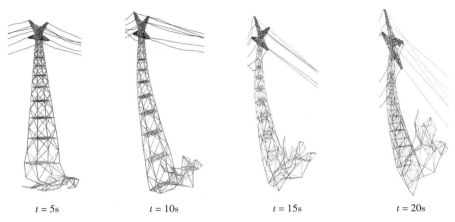

$t = 5\mathrm{s}$　　　　　　$t = 10\mathrm{s}$　　　　　　$t = 15\mathrm{s}$　　　　　　$t = 20\mathrm{s}$

图 9.14　一致输入下结构体系中主塔的地震反应（PGA＝6.0g）

从图中可以看出：地震作用初始阶段,薄弱位置出现在塔腿部分,塔头和塔腰未出现明显的破坏现象,而是作为整体随塔腿共同倒塌。随着地震动峰值加速度的增大,输入的地震能量增多,塔身破坏程度加剧,而且倒塌破坏发生的时间也更早,但破坏位置均集中在塔腿部分,其原因是:输入到塔身的能量不能快速分散到其他部位,塔腿部位吸收过多地震能量而导致破坏严重。

9.5.2　多点地震作用下动力反应分析与薄弱环节

本节分析工况按地震多点输入考虑,地震动峰值加速度同样考虑三种情形,即PGA 分别等于 1.5g,3.0g 和 6.0g,结构主塔倒塌破坏过程分别如图 9.15～图 9.17所示。

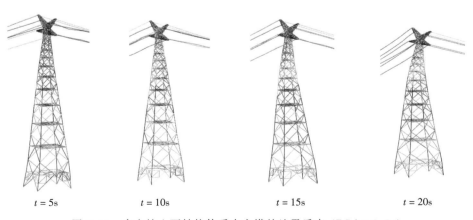

$t = 5\mathrm{s}$　　　　　　$t = 10\mathrm{s}$　　　　　　$t = 15\mathrm{s}$　　　　　　$t = 20\mathrm{s}$

图 9.15　多点输入下结构体系中主塔的地震反应（PGA＝1.5g）

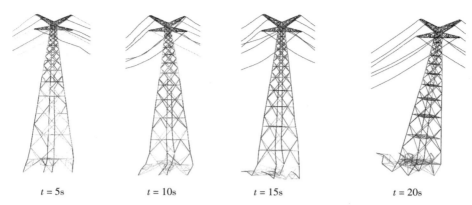

| $t=5$s | $t=10$s | $t=15$s | $t=20$s |

图 9.16　多点输入下结构体系中主塔的地震反应（PGA＝3.0g）

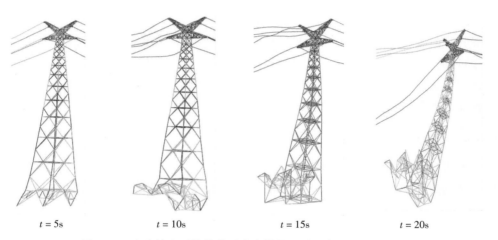

| $t=5$s | $t=10$s | $t=15$s | $t=20$s |

图 9.17　多点输入下结构体系中主塔的地震反应（PGA＝6.0g）

　　从图中可以看出：考虑多点输入时，输电塔的薄弱位置出现在塔腿部分，破坏时，首先是塔腿部分整体软化，然后塔头和塔腰随塔腿共同倒塌。随着地震动峰值加速度的增大，地震输入能量增加，塔身的破坏程度加剧，倒塌破坏发生的时间也更早，但在不同地震峰值加速度下，塔体破坏的方向均一致。输电塔的破坏部位均集中在塔腿部分，与地震一致输入情况相同，地震输入的能量并未被塔体上部充分耗散，致使塔腿部位吸收过多地震能量而破坏严重。

9.5.3　超大震作用下结构体系倒塌模式

　　对比一致输入和多点输入下输电塔-线结构体系主塔的地震反应，可以明显看出，超大震作用下，一致输入与多点输入下输电塔-线结构体系的倒塌破坏模式不同，表现出如下特点：

（1）从薄弱环节角度分析：塔腿位置是输电塔-线体系明显的薄弱位置，而且一致或多点输入下输电塔-线结构体系的破坏部位均出现在塔腿，地震动加速度峰值的增大使得塔腿位置的破坏程度加剧，破坏时间提前，但并未对薄弱区域的位置产生明显影响。这表明，超大震作用下，塔腿位置首先发生破坏，需要给予重视。

（2）从倒塌破坏模式角度分析：地震多点输入的计算结果与一致输入情形有明显区别，两者引起的输电塔-线结构体系的倒塌方向不同。但是，不同地震峰值加速度输入下，同一种地震动输入模式下的倒塌方向相同，而且一致输入下结构整体破坏更加严重，破坏开始的时间也更早。这说明，倒塌模式对地震动输入模式比较敏感，但对输入地震动的峰值加速度不敏感。

（3）从最终破坏部位的角度分析：塔头和塔腰位置均未出现明显的局部破坏现象，而是作为整体随塔腿共同坍塌。该现象表明，塔头和塔腰不仅未显示出薄弱之处，而且对地震动输入模式和峰值均不敏感。

（4）从破坏区域集中现象和能量角度分析：随着 PGA 的增大，地震输入能量增大，导致输电塔的破坏程度加剧，但破坏位置均集中在塔腿部分，原因是地震输入到输电塔的能量未能及时分散到结构的其他部位，从而使塔腿位置破坏最为严重。这也说明，地震一致和多点激励下输电塔-线结构体系的强弱分区比较明显，建议设计时要充分考虑输电塔-线结构体系在超大震作用下的结构选型问题，旨在最大限度避免超大震对重要生命线电力工程可能带来的危害。

9.6　本 章 小 结

本章以舟山大跨越输电塔工程为例，从工程实际角度验证了第 2 章开发的子程序 TJU.Plastic-E/S 以及第 3 章开发的接口程序 TJU.SAP2ABAQUS 的实效性，分析了由圆钢管、角钢、圆钢管混凝土与导/地线等丰富构件组成的大跨越输电塔-线结构体系的地震弹塑性反应，并结合塔-线结构体系在一致和多点地震作用下可能面临的问题进行了分析，主要结论如下：

（1）从实际工程角度验证了开发的接口程序 TJU.SAP2ABAQUS 转化输电塔-线结构模型的精确性和高效性，从而大大提高了利用 ABAQUS 程序进行非线性分析时建立复杂模型的效率。

（2）明确给出并验证了输电塔-线这类长周期结构应用 Explicit/dynamic 方法实现 Standard/static 加载的静力效果，这种方法理论合理、现实易行，可以从本质上完全避免 Standard/static 静力分析与后续 Explicit/dynamic 动力分析不续接的问题。

（3）不论是地震一致输入还是多点输入，输电塔-线结构体系的薄弱环节均出现在塔腿位置,并且薄弱部位对输入模式(一致或多点)与输入地震动的加速度峰值不敏感。输电塔-线结构体系的破坏程度、倒塌方向及程度对于地震动输入模式很敏感,一致输入与多点输入情况下不仅破坏程度不同,倒塌方向与破坏过程也不相同,这一点不容忽视。

(4)不同输入模式下,输电塔-线结构体系的塔头和塔腰均未出现明显的局部破坏,而是作为整体的一部分随塔腿共同坍塌。而且,地震激励下输电塔-线结构体系的强弱分区比较明显,这与地震能量应尽量均匀分布在结构体系的原则不相符,建议考虑输电塔-线体系在超大震作用下结构形式的合理选则问题,避免超大震作用对此类重要的生命线电力工程可能造成的灾害。

参 考 文 献

[1] 柳国环,练继建,国巍. 结构动力弹塑性与倒塌分析(Ⅰ):滞回曲线改进、ABAQUS 子程序开发与验证[J]. 地震研究,2014,37(1):123-131.

[2] 柳国环,练继建,国巍. 结构动力弹塑性与倒塌分析(Ⅱ):SAP2ABAQUS 接口技术、开发与验证[J]. 地震研究,2014,37(1):132-140.

[3] 柳国环,练继建,孙雪艳,等. 结构动力弹塑性与倒塌分析(Ⅲ):地震差动作用下输电塔-线体系的弹塑性与倒塌分析[J]. 地震研究,2014,37(1):141-150.

[4] 中华人民共和国国家标准.《电力设施抗震设计规范》(GB50260-2013)[S]. 北京:中国计划出版社,2013.

[5] 田利,李宏男. 基于《电力设施抗震设计规范》的地震动随机模型参数研究[J]. 防灾减灾工程学报,2010,30(1):18-22

[6] Hao H, Oliveria, C S, Penzien. Multiple-station ground motion processing and simulation based on SMART-1 array data [J]. Nuclear Engineering and Design,1989,111(3):293-310.

[7] 李英民,吴遮赛,陈辉国. 地震动的空间变化特性分析与修正相干模型[J]. 振动与冲击,2013,32(2):164-170.

[8] Harichandran R S, Vanmarcke E H. Stochastic variation of earthquake ground motion in space and time [J]. Journal of Engineering Mechanics,1986,112(2):154-174.

[9] 柳国环,陆新征,国巍,等. 考虑地震动多点激励与材料应变率效应的主跨 300m 级独塔斜拉桥弹塑性分析[J]. 计算力学学报,2014,31(4):486-494.

[10] 中华人民共和国国家标准.《建筑抗震设计规范》[S]. 北京:中国建筑工业出版社,2010.

彩　图

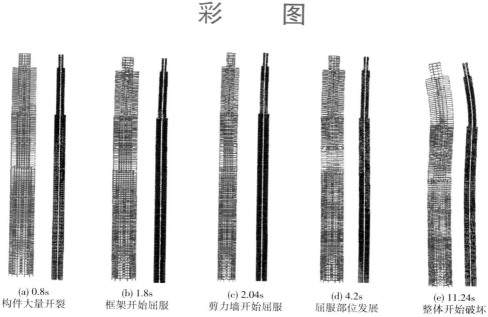

(a) 0.8s
构件大量开裂

(b) 1.8s
框架开始屈服

(c) 2.04s
剪力墙开始屈服

(d) 4.2s
屈服部位发展

(e) 11.24s
整体开始破坏

图 6.33　结构的破坏过程(PGA＝2g)

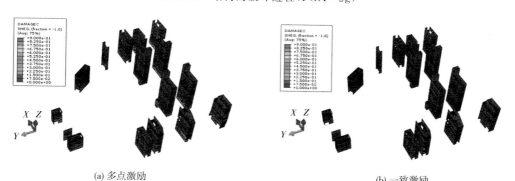

(a) 多点激励

(b) 一致激励

图 7.31　剪力墙受压损伤因子分布 (PGA＝0.22g)

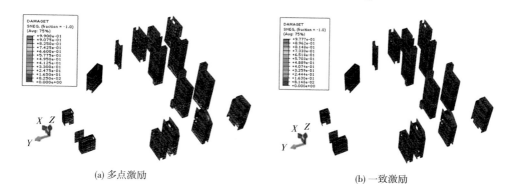

(a) 多点激励

(b) 一致激励

图 7.32　剪力墙受拉损伤因子分布 (PGA＝0.22g)

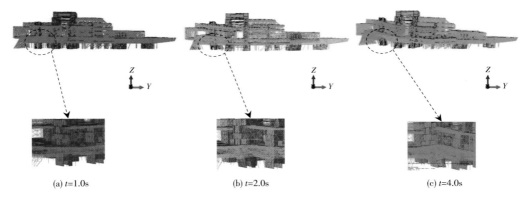

(a) t=1.0s   (b) t=2.0s   (c) t=4.0s

图 7.47　三向多点超大震激励下结构楼板的破坏过程

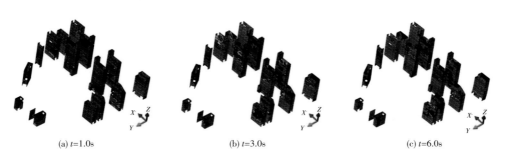

(a) t=1.0s   (b) t=3.0s   (c) t=6.0s

图 7.48　三向多点超大震激励下剪力墙的破坏过程

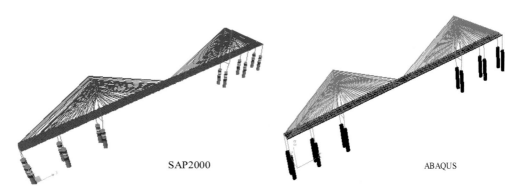

SAP2000   ABAQUS

图 8.7　地基-基础-斜拉桥的 SAP2000 模型与 ABAQUS 模型